高等职业教育机电类系列教材

数控机床几何精度检测

主　编　李玉兰
副主编　张　丽　庄　严
参　编　刘文平　宋　昀
　　　　张冬颖　张　娜
主　审　顾春光

机械工业出版社

本书以常用数控车床、数控铣床和加工中心为载体，介绍了几何精度应用传统检具的检测方法和应用雷尼绍激光干涉仪的先进检测方法。本书内容安排遵循认知规律，并根据机床几何精度检测的工作过程设计四个项目：知识准备、数控车床几何精度的检验、数控铣床和立式加工中心几何精度的检验以及用激光干涉仪测量数控机床导轨的直线度、垂直度和平行度。几何精度检验过程用图示展示，直观引导学生学习和操作。每个项目后有实训任务，有效锻炼学生的实际操作能力。

本书配有电子课件，凡使用本书作教材的教师可登录机械工业出版社教育服务网（http://www.cmpedu.com）下载，或发送电子邮件至cmpgaozhi@sina.com索取。咨询电话：010-88379375。

本书可作为高等职业技术学院机电类和数控机床维护专业教材，也可作为数控机床机械维修技术人员的培训教材。

图书在版编目（CIP）数据

数控机床几何精度检测/李玉兰主编. —北京：机械工业出版社，2014.7（2024.1重印）
高等职业教育机电类系列教材
ISBN 978-7-111-46649-9

Ⅰ.①数… Ⅱ.①李… Ⅲ.①数控机床—几何误差—高等职业教育—教材 Ⅳ.①TG659

中国版本图书馆CIP数据核字（2014）第115734号

机械工业出版社（北京市百万庄大街22号 邮政编码100037）
策划编辑：王英杰 责任编辑：王英杰 武 晋 版式设计：赵颖喆
责任校对：张 征 封面设计：鞠 杨 责任印制：邓 博
北京盛通数码印刷有限公司印刷
2024年1月第1版·第7次印刷
184mm×260mm·14.5印张·349千字
标准书号：ISBN 978-7-111-46649-9
定价：44.00元

电话服务
客服电话：010-88361066
010-88379833
010-68326294

网络服务
机 工 官 网：www.cmpbook.com
机 工 官 博：weibo.com/cmp1952
金 书 网：www.golden-book.com
机工教育服务网：www.cmpedu.com

前　言

数控机床的制造能力和拥有量是衡量国家综合实力的一个重要指标。国内的数控机床无论在产品种类、技术水平，还是在质量和产量上都取得了迅速发展，几乎覆盖了整个金属切削机床的种类和主要的锻压机械，标志着国内数控机床已进入快速发展的时期。

数控机床的几何精度是指机床基础部件的几何精度，它指的是机床在不运动或运动速度较低时的精度，规定了影响加工精度的各主要零部件间及这些零部件的运动轨迹之间的相对位置公差。

数控机床的几何精度是机床精度的基础，几何精度好的机床，才具有良好的性能和高的加工精度。定期检验数控机床几何精度，如果有关几何精度项目的误差超过规定值，应及时调整，有效保证数控机床处于良好的加工状态。数控机床几何精度检验结果可为分析零件加工质量问题提供指导作用，这也是数控机床几何精度的意义所在。

本书对数控机床几何精度的检验是从传统的检验方法和精准的检验方法进行论述的。在传统的检验方法中，常用精密水平仪、角尺、平尺、高精度主轴检验棒、直检验棒、千分表、杠杆表等检验工具和磁力座等。精准的检验方法利用国外著名的Renishaw公司生产的激光干涉仪测量系统等检验数控机床的几何精度，这是因为对于数控机床线性运动的高直线度测量，传统的测量手段已经远远不能适应。

本书遵循最新的国家标准，采用图示手段细化数控机床每项几何精度检验方法。数控机床几何精度检验标准有国家标准和机械行业标准，属于机械工业标准。机械工业标准是机械行业组织产品生产、交货和验收的技术依据，也是促进产品质量提高的技术保障，更是企业获得最佳经济效益的重要条件。

本书编写原则是：坚持职业活动为导向，以机械工业标准和岗位需求为依据，以培养职业能力为核心，把岗位工作项目作为教学内容，以实际工作任务作为教学主线，强调数控机床几何精度检验的专业性和实际技能。本书内容构建既可服务于学生终身职业生涯的发展，又可服务于生产与服务一线培养应用型技能人才。

本书语言简练，条理清晰，深入浅出。在编写过程中尽可能做到理论性与实用性相互结合，在讲完原理和理论之后，给出了大量应用实例，帮助读者更好地掌握有关内容。

本书可作为高等院校机械工程及机电专业教材，也可作为与制造工程领域相关的其他专业的教材，还可作为制造行业的工程技术人员、管理人员、操作人员阅读参考用书。

本书由北京电子科技职业学院李玉兰任主编，张丽、庄严任副主编，刘文平、宋昀、张冬颖、张娜参加编写。项目一任务二中数控车床和数控铣床、项目一任务三中几何精度检验方法、项目二和项目三任务一由李玉兰编写，项目一任务一中激光干涉仪和项目四由张丽编写，项目一任务一中常用工具和检验使用的量、检具由刘文平编写，项目一任务二中四轴加工中心由张冬颖编写，项目一任务三中数控车床几何精度检验标准由张娜编写，项目一任务三中立式加工中心几何精度检验标准由宋昀编写，项目一任务一中检验使用的工装和项目一任务三中数控铣床几何精度检验标准、项目一任务三中钻削加工中心精度检验标准、项目三任务二由庄严编写。

顾春光高级工程师认真审阅了全书，并对书稿提出了许多宝贵意见。大连机床集团有限责任公司的付承云高级工程师、南京高传四开数控装备制造有限公司的郑卫副总经理和张志恒工程师等、北京第一机床厂王禹高级工程师、雷尼绍公司北京办事处刘振国工程师、沈阳第一机床厂安达高级工程师和吴岗高级工程师等、北京电子科技职业学院陈则均副教授和南京机电职业技术学院许德琪高级工程师等为本书提供了卓有成效的建设性建议，为编写本书提供了多方面帮助，在此一并表示感谢。

由于编者水平有限，书中难免存在错误与不足，敬请读者批评指正。

编　者

目　录

项目一　知识准备

任务一　认识和使用工量具

数控机床几何精度检验具有重要的实际意义，不仅需要精密水平仪、平尺、角尺、检验棒、指示表（如千分表、百分表、杠杆表）和激光干涉仪等，还需要一些调整工具。为完成数控机床调平和几何精度检验，现介绍常用的工具、量具和检具。

一、常用工具

常用工具有扳手、螺钉旋具、钳子、锤子、铜棒、铝棒、千斤顶、油壶、油枪、撬棍等，其中扳手包括活扳手、呆扳手、梅花扳手、内六角扳手、扭力扳手、成套手动套筒扳手和钩形扳手等，常用的螺钉旋具有一字槽螺钉旋具和十字槽螺钉旋具，其实物和功能见表 1-1。

表 1-1　常用工具的实物和功能

1)活扳手	2)呆扳手	3)梅花扳手
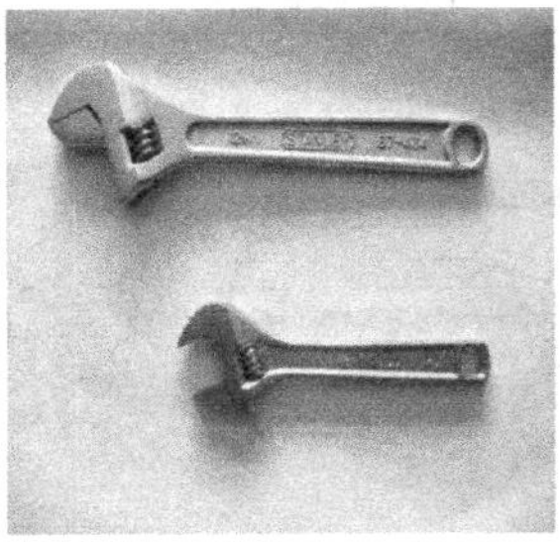		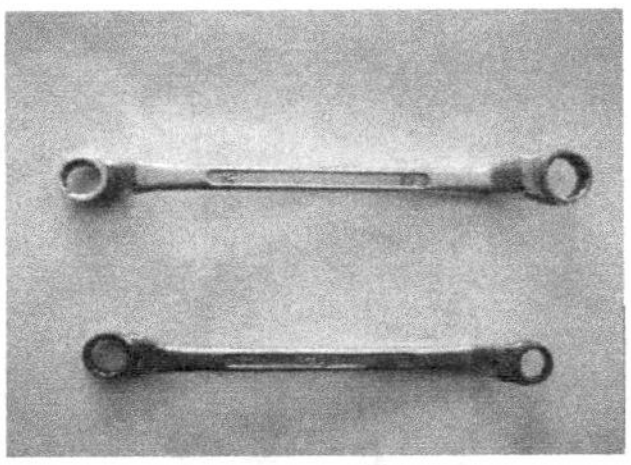
开口宽度可以调节，能紧固或松开一定尺寸范围内的六角头或方头螺栓、螺钉和螺母 GB/T 4440—2008 活扳手	双头呆扳手用于紧固、拆卸两种尺寸的六角头、方头螺栓和螺母 GB/T 4393—2008 呆扳手、梅花扳手、两用扳手 技术规范	用于拧紧和松开两种尺寸的六角头螺栓、螺母，扳手可以从多种角度套入六角头，特别适于空间狭小、螺栓或螺母位于凹处的场合
4)内六角扳手	5)扭力扳手	6)手动套筒扳手
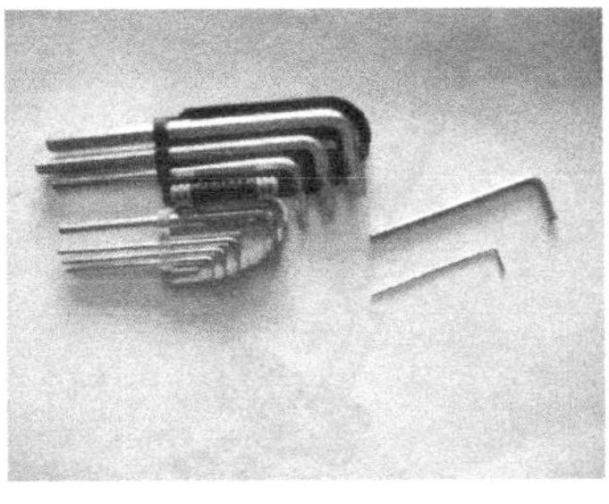	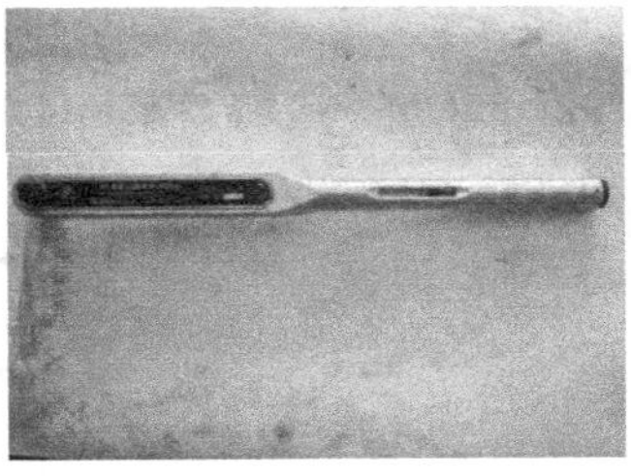	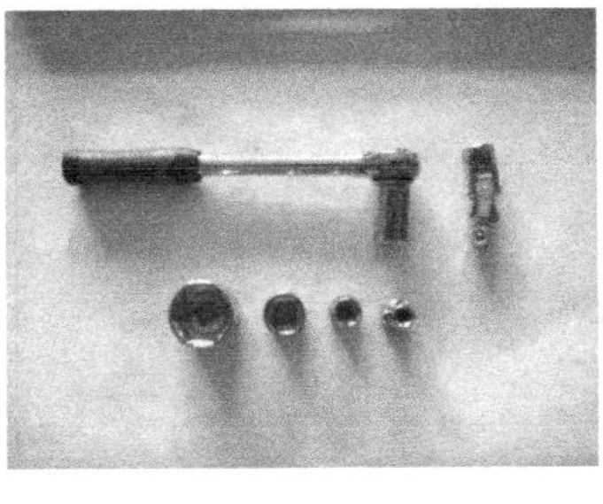

（续）

4）内六角扳手	5）扭力扳手	6）手动套筒扳手
供紧固或拆卸内六角螺钉用 GB/T 5356—2008 内六角扳手	与套筒扳手的套筒头相配，紧固六角头螺栓、螺母，用于对拧紧扭矩有明确规定的场合 GB/T 15729—2008 手用扭力扳手通用技术条件	除具有一般扳手功能外，特别适用旋转空间狭窄、螺栓或螺母位于深凹的地方
7）钩形扳手	8）一字槽螺钉旋具	9）十字槽螺钉旋具
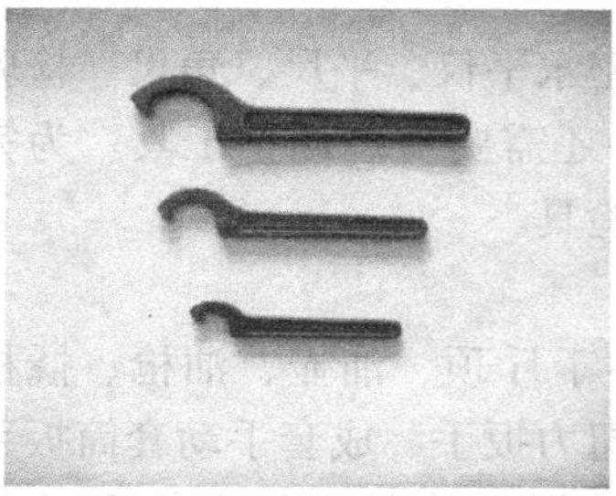	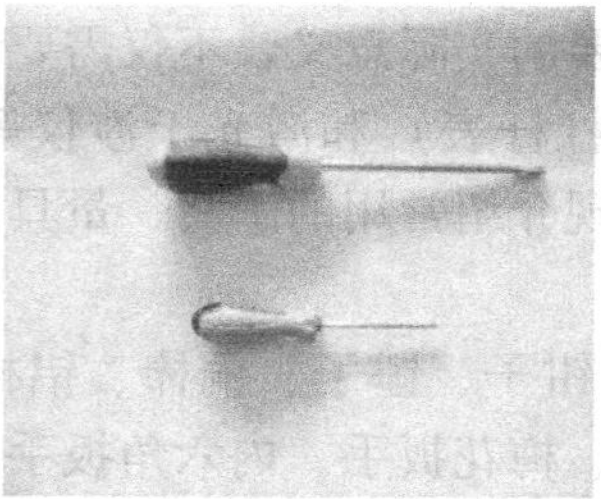	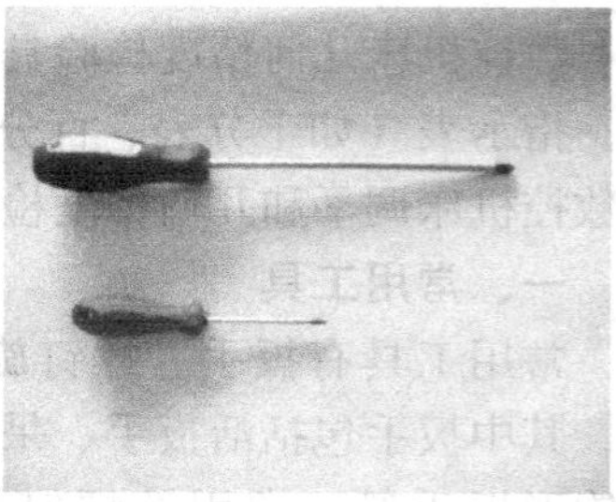
专用于扳动在圆周方向上开有直槽或孔的圆螺母	用于紧固或拆卸一字槽形的螺钉 GB/T 10635—2003 螺钉旋具通用技术条件	用来紧固或拆卸十字槽形的螺钉和旋杆 GB/T 10635—2003 螺钉旋具通用技术条件
10）钢丝钳和尖嘴钳	11）锤子	12）铜棒和铝棒
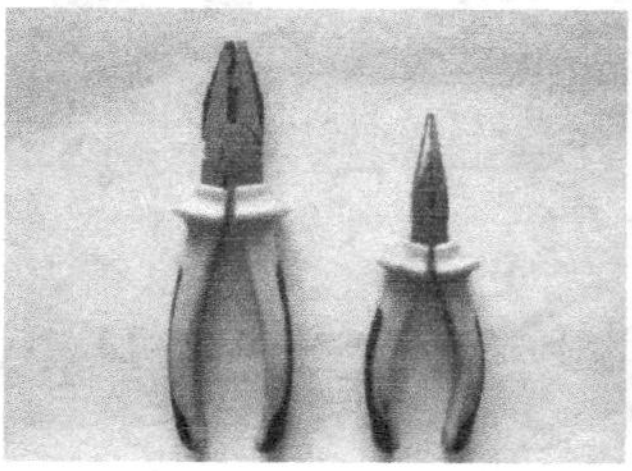		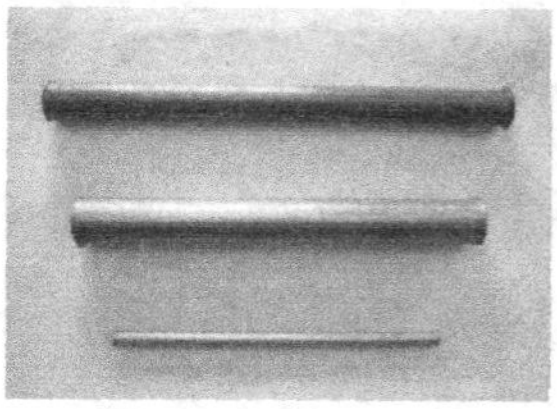
用于夹持或弯折薄片及金属丝材；在较窄小的工作空间夹持工件，用于夹持小零件和扭转细金属丝	用于一般锤击，也可作平整部件或零件用	铜棒主要用于敲击机床部件，这是因为铜棒较软，不会损坏零件；铝棒比铜棒轻，敲起来力量小
13）液压千斤顶	14）油壶和油枪	15）撬棍
	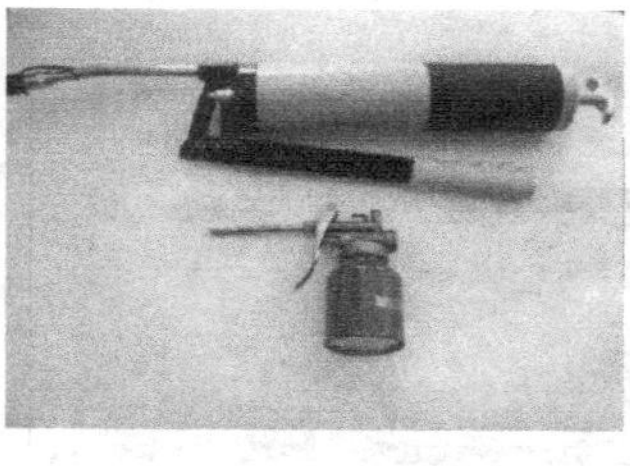	

（续）

利用油液的静压力来顶举重物，是数控机床安装常用的一种起重或顶压的手工工具，其行程有限	具有操作简单、携带方便、使用范围广的优点	是调整机床水平的辅助工具，图示撬棍是搭配组合爪式起重装置

二、量具、检具及工装

（一）常用量具、检具及工装的简介

1. 指示表

检验数控机床几何精度的指示表有百分表、千分表和杠杆表。

百分表是利用齿条-齿轮或杠杆-齿轮传动，将测杆的直线位移变为指针角位移的计量器具。百分表可检验数控机床几何精度，其分度值为0.01mm；百分表的测量范围一般有0～3mm、0～5 mm、0～10mm，特殊情况下有0～20mm、0～30mm，甚至还有0～50mm、0～100mm大量程的百分表。在检验数控机床几何精度中常用0～5mm和0～10mm这两种规格的百分表。此外还有数显百分表，常用规格是0～12.7mm。

千分表的分度值为0.001mm，常用测量范围为0～1mm。数显千分表的规格是0～12.7mm，示值分辨力0.001mm。数显千分表功能多，可以任意位置置零，便于微差测量；制式任意转换，适应不同的单位制；可以数据保持；快速显示；快速跟寻最大值（只显示一组测量数据中的最大值）；快速跟寻最小值（只显示一组测量数据中的最小值）。

杠杆表有机械式和电子数显式，其规格有杠杆百分表和杠杆千分表，杠杆百分表的分度值为0.01mm，杠杆千分表的分度值为0.001mm和0.002mm。

常用量具的实物和功能见表1-2。

表1-2 常用量具的实物和功能

1）百分表	2）数显百分表	3）千分表
		1 2 3 4 5 6 7 8 9
百分表的外形和内部结构见上，主要用于直接或比较测量工件的长度尺寸、几何形状偏差，也用于检验机床几何精度或调整工件装夹位置偏差	高清晰度显示，任意位置测量、米制和英制单位转换、任意位置清零，具有精度高、读数直观和可靠等特点	千分表组成部件有：主指针1、转数指示盘2、防尘帽3、表盘4、转数指针5、表圈6、套筒7、量杆8、测头9

（续）

4）数显千分表	5）杠杆表	6）数显杠杆表
	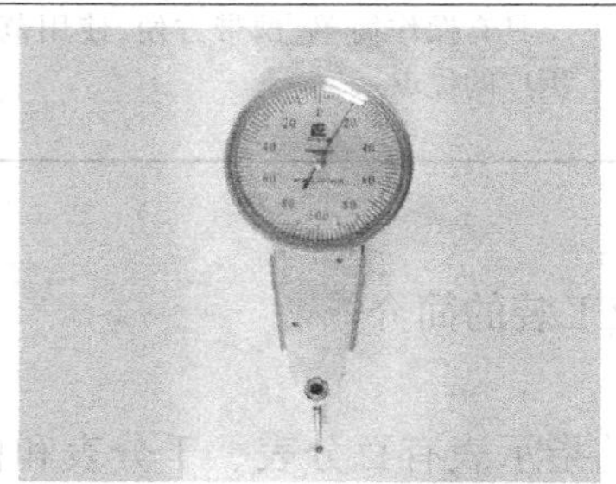	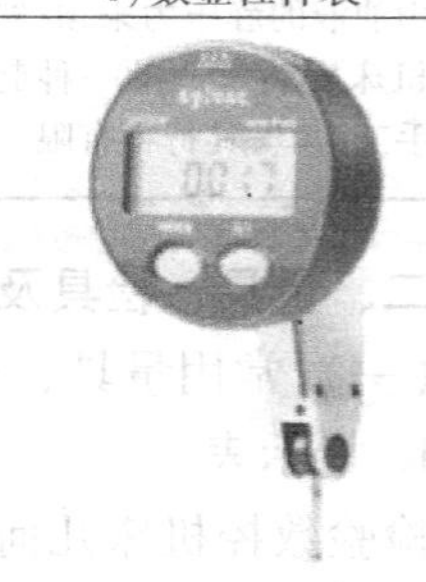
以数字方式显示的千分表，可以任意位置置零、起始值设置可满足特殊要求、公差值设置可进行公差判断、米制和英制转换	适用于测量百分表难以测量的小孔、凹槽、孔距和坐标尺寸等。杠杆表是一种借助于杠杆-齿轮或杠杆的螺旋传动机构，将测杆摆动变为指针回转运动的指示式量具，其测量范围一般为0～0.8mm	具有电感测量系统，模拟及数字双重显示，其分辨力为0.01mm/0.001mm，可选标尺分度值为0μm、20μm、50μm/1μm、2μm、5μm，米制和英制制式转换，标称、最小、最大、最大-最小的模式显示和存储，自动关闭电源
7）平头测量头	8）平头千分表	9）平头数显百分表
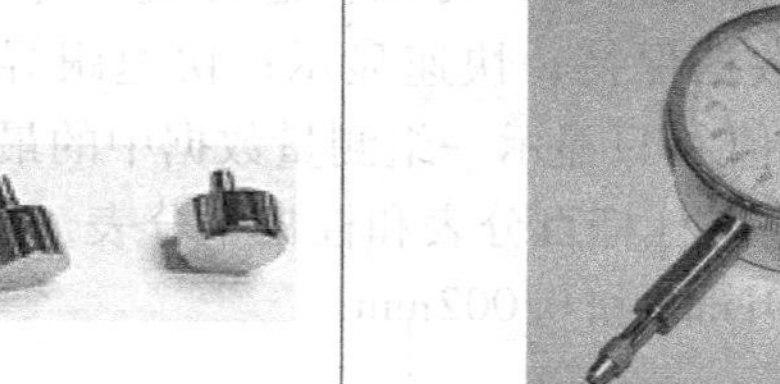		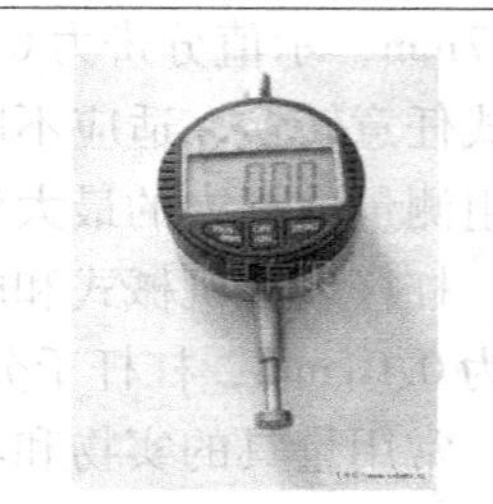
安装在百分表或者千分表测量头上，方便找到主轴检验棒的测量位置	用于检验数控机床主轴径向圆跳动	用于检验数控机床主轴径向圆跳动

2. 常用检具

检验数控机床几何精度的常用检具有平尺、方尺、直角尺、等高块、方箱、检验棒、自准直仪、水平仪等，还有检验零件几何精度的刀口形直尺等，以及检验数控机床性能的点温计等。常用检具的实物和功能见表1-3。

表1-3　常用检具的实物和功能

1）平尺	2）矩形角尺（铸铁和花岗石）	3）三角形直角尺
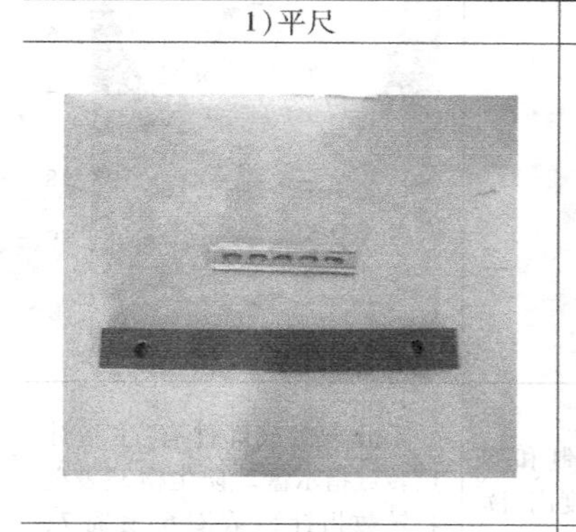		
检验直线度误差或平面度误差时用作基准的量尺	具有垂直和平行的框式组合，检验两个坐标轴的垂直度误差	与平尺和等高块共同检验坐标轴垂直度误差

（续）

4)圆柱直角尺	5)等高块	6)可调等高块
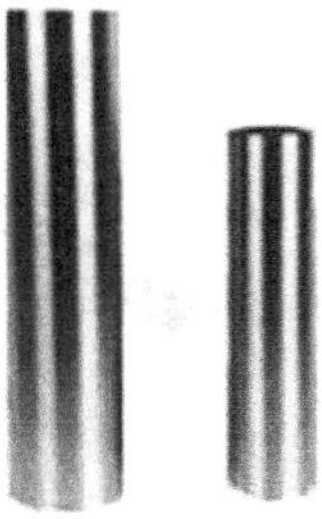		
圆柱直角尺是检测垂直度误差的专用检具,精度稳定,是一种理想的检测工具。数控机床几何精度检验常用圆柱形直角尺规格:80mm × 400mm 和 100mm × 500mm	等高块是六个工作面的正方体或长方体,通常三块为一组,对面工作面互相平行,相邻工作面互相垂直,用于机床调整水平	用于检验加工中心导轨的直线度误差或平面度误差等
7)方箱	8)数控车床主轴用莫氏锥柄检验棒	9)数控车床用长检验棒

检验坐标轴的直线度误差或垂直度误差	检验数控车床主轴部件的跳动误差及同轴度误差、平行度误差	检验数控车床主轴和尾座部件的等高度
10)铣床或加工中心主轴用检验棒(带拉钉)	11)磁性钢球(中心处)	12)平盘(飞机胎)

检验数控铣床或加工中心主轴径向跳动、主轴轴线与 Z 向坐标轴的平行度误差等	装入主轴短检验棒的中心孔中,检验主轴轴向窜动	用于检验数控车床刀架 X 向移动对主轴轴线的垂直度误差

（续）

13）自准直仪	14）水平仪（框式、条状）	15）刀口尺
用于测量数控机床导轨的直线度误差，与多面棱镜联用可以测量圆分度误差	用于检验数控机床是否水平、加工中心工作台面的平面度误差	主要用于以光隙法进行直线度误差测量和平面度误差测量，也可与量块一起
16）刀口形直角尺	17）步距规	18）点温计
刀口形直角尺是精确检验工件垂直度误差的一种测量工具，也可以对工件进行垂直划线	用于检验定位精度和重复定位精度	精度高，响应迅速，可以测量机床部件表面温度
19）声级计	20）量块	
在声频范围内，测量声级的仪器	量块是由两个相互平行的测量面之间的距离来确定其工作长度的高精度量具，其长度为计量器具的长度标准	

3. 常用工装

检验数控机床几何精度的常用工装有综合桥板、激光干涉仪、三坐标测量机等。

（1）综合桥板　如图1-1所示，综合桥板用于数控车床几何精度检验。例如检验数控车床主轴跳动误差时，桥板上放置磁力表座及百分表；检验数控车床导轨精度时，桥板上放置精密水平仪。

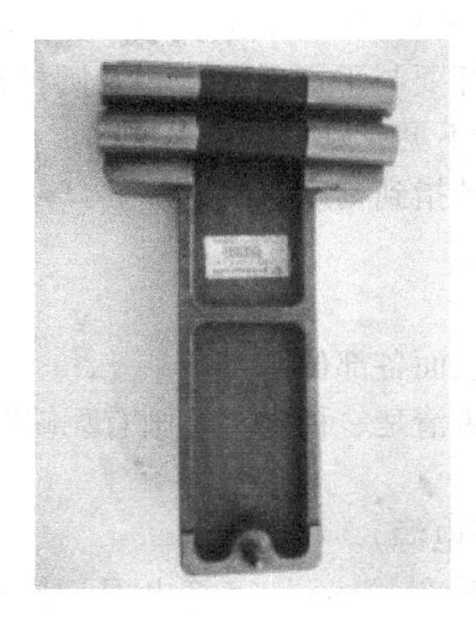
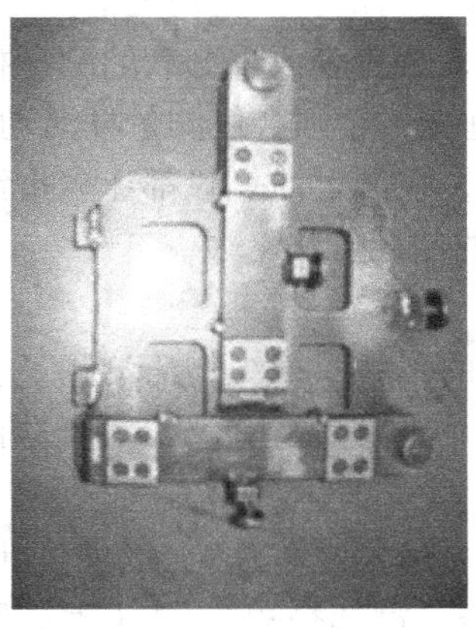

图 1-1 综合桥板

(2) 激光干涉仪 如图 1-2 所示，激光干涉仪的主要组成部件有激光头、直线度测量组件、垂直度测量组件和安装附件等。

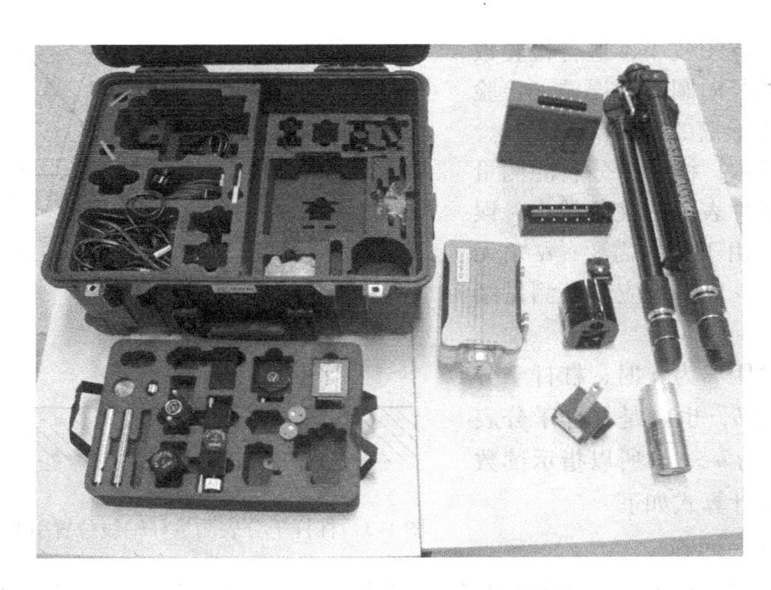

图 1-2 激光干涉仪的主要组成部件

(二) 常用量具、检具和工装的使用方法

1. 使用百分表和千分表的注意事项

1) 使用前，应检查测量杆活动的灵活性，即轻推测量杆时，测量杆在套筒内的移动要灵活，没有卡死现象，每次手松开后，指针能回到原来的刻度位置。

2) 使用时，必须把百分表或千分表固定在磁性表座上，否则容易造成测量结果不准确，或者摔坏百分表，但是夹紧力不能过大，以免因套筒变形而使测量杆活动不灵活。

3) 测量时，用 0 ~ 5mm 规格的百分表要有 0.3 ~ 1mm 的预压缩量，用 0 ~ 1mm 规格的千分表要有 0.2 ~ 0.4mm 的预压缩量，保持一定的初始测力，以免无法测出负偏差。

4) 测量时，不要使测量杆的行程超过它的测量范围，不要使表头突然撞到工件上，也不能用百分表或千分表测量表面粗糙度值大的表面或明显凹凸不平的工作面。

5）测量平面时，百分表或千分表的测量杆要与平面垂直；测量圆柱形工件时，测量杆要与工件的中心线垂直，否则会使测量杆活动不灵或测量结果不准确。

6）为方便读数，在测量前一般都让大指针指到刻度盘的零位。

2. 数显千分表的使用方法

（1）准备

1）用洁净柔软的不脱落棉织物清洁测量表面各部位。

2）检查各按键是否灵活、有效，示值是否清楚、稳定，笔画有无缺断现象。

（2）操作

1）打开电源（按“ZERO/ON”键可打开电源）。

2）按“in / mm”键选择单位制（米制时有“mm”字符出现，英制时有“in”字符出现）。

3）按“ABS/PRESET”键使数值置零，即可开始测量。

4）长按“ZERO/ON”键断电。

3. 杠杆表

杠杆百分表体积较小，适合检验数控车床主轴孔的径向圆跳动误差，检验加工中心中央T形槽的直线度误差等。

如图1-3所示，杠杆千分表的测量杆轴线与被测工件表面的夹角越小，误差就越小。如果由于测量需要，α 角无法调小时（当 $\alpha>15°$），应对其测量结果进行修正。

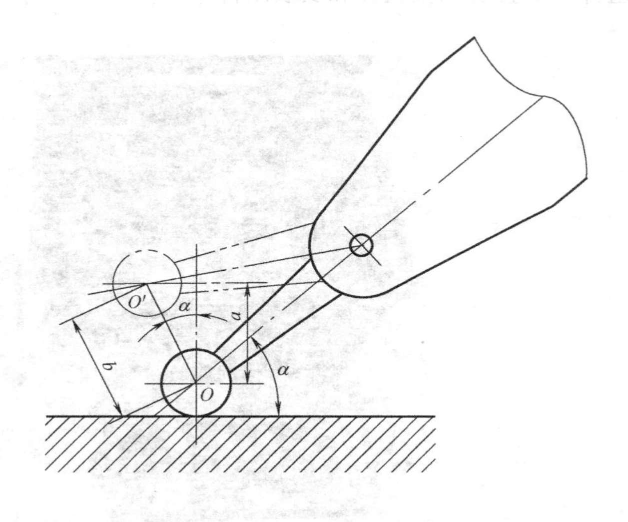

图1-3　杠杆千分表测量杆轴线位置引起的测量误差

当平面上升距离为 a 时，杠杆千分表摆动的距离为 b，也就是杠杆千分表的读数为 b，因为 $b>a$，所以指示读数增大。具体修正计算式如下

$$a=b\cos\alpha$$

例如，用杠杆千分表测量机床工作台平面时，测量杆轴线与工作台表面夹角 α 为30°，测量读数为0.048mm，求正确测量值。

解： $a=b\cos\alpha=0.048\text{mm}\times\cos30°=0.048\text{mm}\times0.866=0.0416\text{mm}$

4. 自准直仪

利用自准直仪可以精确地测量机床或仪器导轨的直线度误差，也可以测量平板等的平面度误差，再配上光学直角器和带磁性座的反射镜等附件，还可以测量垂直导轨的直线度误差，以及垂直导轨和水平导轨之间的垂直度误差，与多面体联用可以测量圆分度误差。

（1）检测原理　自准直仪原理如图1-4所示，光线通过位于物镜焦平面的分划板后，经物镜形成平行光。平行光被垂直于光轴的反射镜反射回来，再通过物镜后在焦平面上形成分划板标线像与标线重合。当反射镜倾斜一个微小角度 α 角时，反射回来的光束就倾斜 2α 角。

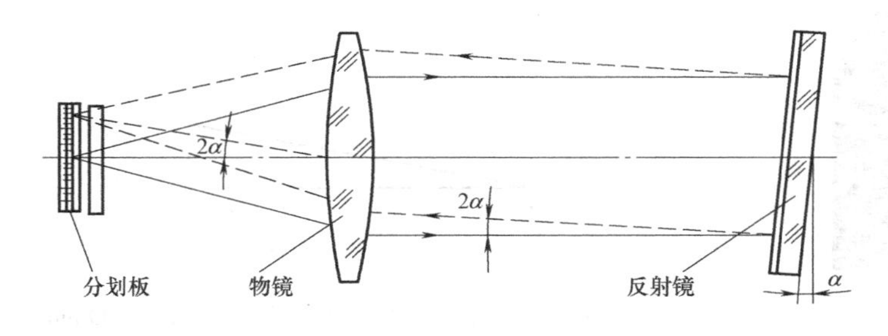

图1-4 自准直仪原理

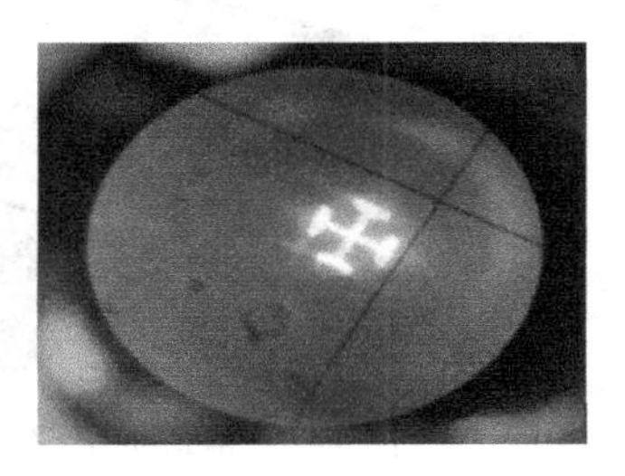
图1-5 十字标线

自准直仪的光学系统是由光源发出的光经分划板、半透反射镜和物镜后射到反射镜上。如反射镜倾斜，则反射回来的十字标线像偏离分划板上的零位，如图1-5所示。

（2）使用方法 以自准直仪与多面棱镜联合使用检验数控转台分度误差为例，说明其使用方法，如图1-6所示。

检验数控转台分度误差时，先清洁数控转台和多面棱镜座相关部位，安装多面棱镜座并对其打表找正，使其与转台同轴（ϕ0.005mm内），将多面棱镜安装在镜座上，并对其进行紧固，然后安装自准直仪支架，将自准直仪置于支架上，并且将自准直仪电源线接好，调整水平和角度，完成对光。转动数控转台，通过目镜转动手轮，使其指示的黑线在亮十字线像中间，依次记录数据，用公式计算出数控转台分度误差。

图1-6 自准直仪检验数控转台分度误差

5. 水平仪

（1）工作原理 水平仪工作原理是利用气泡在玻璃管内保持在最高位置，如图1-7所示，表明该平面左端高于右端。

1）水平仪刻度示值。实训室的水平仪灵敏度是0.02mm/m，此刻度示值是以1m为基长的倾斜值0.02mm/1000mm，如图1-8所示。

2）测量时使水平仪工作面紧贴在被测表面，待气泡完全静止后方可进行读数。如需测量长度为 L 的实际倾斜值，则可通过下式进行计算

$$实际倾斜值=刻度示值\times L\times 偏差格数$$

例如刻度示值为0.02mm/m，$L=200$mm，偏差格数为2格。

则
$$实际倾斜值=\frac{0.02\text{mm}}{1000\text{mm}}\times 200\text{mm}\times 2=0.008\text{mm}$$

为避免由于水平仪零位不准而引起的测量误差，必须在使用前对水平仪的零位进行检查或调整。

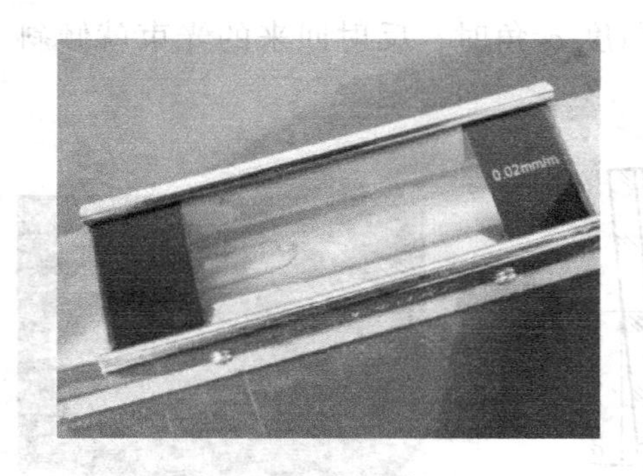

图 1-7　精密水平仪气泡

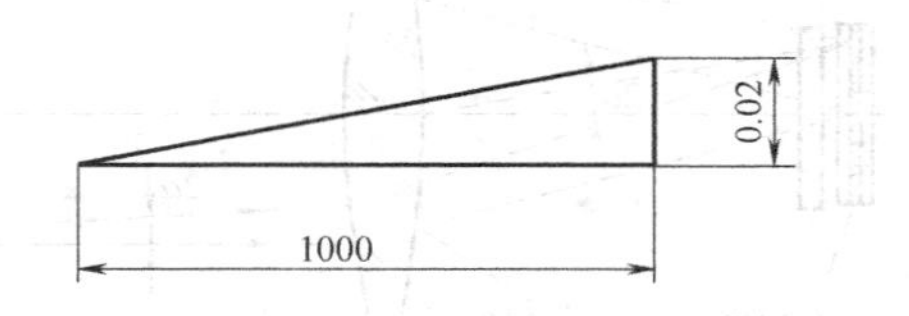

图 1-8　水平仪刻度示值为 0. 02mm/1000mm

（2）使用方法　在使用水平仪时要注意下列事项。

1）使用前，必须先将被测量面和水平仪的工作面擦拭干净，并进行零位检查。

水平仪是测量偏离水平面的倾斜角度测量仪，气泡总是对底面保持水平，但在使用期间有可能发生变化，为此，设置了调节螺钉。调整方法是将水平仪放在平板上，读出气泡的数值，这时在平板的平面同一位置上，再将水平仪左右反转 180°，然后读出气泡的数值。若读数相同，则水平仪的底面和主水准器平行，若读数不一致，则使用调整工具小扳手，如图 1-9 所示，插入调整孔，拧动螺钉进行调整。气泡对中间位置的偏移，不超过刻度示值的 1/4 即可。

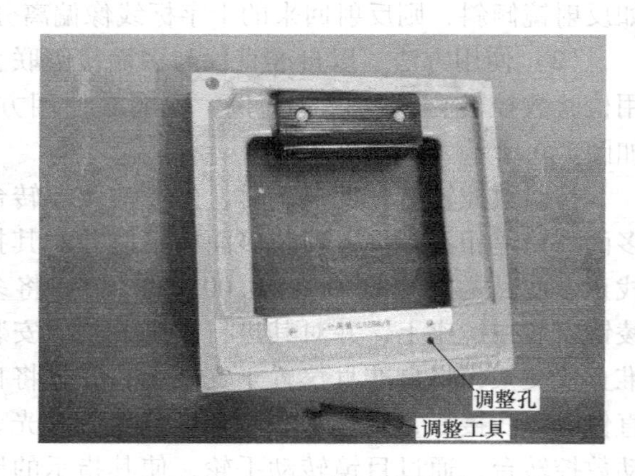

图 1-9　调整工具和调整孔

2）测量时必须待气泡完全静止后方可读数。

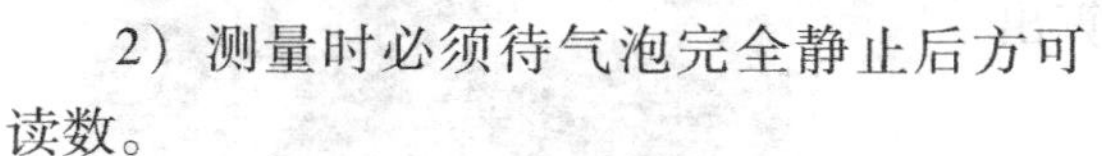

3）读数时，应垂直观察，以免产生视差。

4）使用完毕应进行防锈处理，放置时，注意防振、防潮。

6. 量块

量块是一种精密的标准量具，它主要用于调整、校正或检验量仪、量具及各种精密工件。其精度等级分为 K 级、0 级、1 级、2 级和 3 级。

量块的外形一般为长方体，它具有两个经精密加工、表面粗糙度值极小的平行测量面，两测量面之间的距离为测量尺寸，也就是量块的尺寸。

量块的使用方法如下：

1）为了工作方便和减少测量积累误差，应尽量选最少的块数。83 块一套的量块，选用一般不超过 4 块；46 块一套的量块，选用一般不超过 5 块。

2）计算时，第一块应根据组合尺寸的最后一位数字选取，以后各块以此类推。例如，所需要测量的尺寸为 48. 245mm（组合尺寸），从 87 块一套的盒中选取 1. 005mm、1. 24mm、6mm 和 40mm 四块。

3）可利用量块附件和量块调整尺寸，测量外径、内径和高度。

4）为了保持量块的精度，延长其使用寿命，一般不允许用量块直接测量工件。

7. 平尺

平尺是具有一定精度的平直基准线的实体，参照它可测定表面的直线度或平面度误差。平尺通常是水平使用，或依靠其侧面使工作面垂直，或依靠支承使其工作面水平。

使用平尺时，支承位置选择应使自然挠度最小。如图1-10a所示，对均匀横截面的平尺，其支承应相隔5*L*/9，并位于距两端2*L*/9处。如图1-10b所示，如果平尺工作长度是500mm，最佳支承距离是300mm。当平尺不在最佳支承位置时，特别是在两端时，应考虑自然挠度。

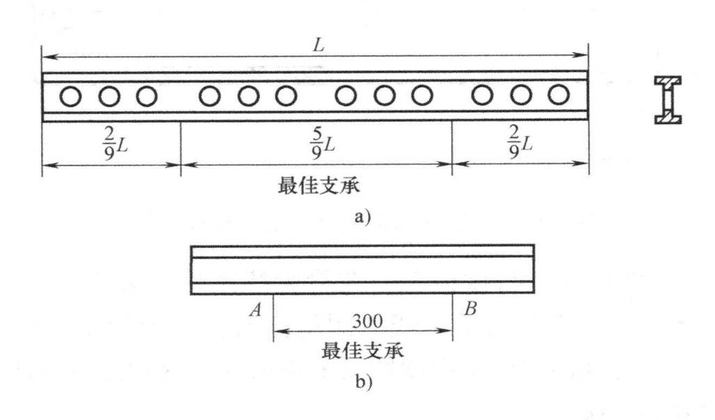

图1-10 平尺最佳支承位置

a）均匀横截面的平尺最佳支承位置 b）工作长度为500mm的平尺最佳支承距离

8. 检验棒

检验棒代表在规定范围内所要检查的轴线，用于检查轴线的实际径向圆跳动误差或检查轴线相对机床其他部件的位置。

（1）带锥柄检验棒

1）规格。带锥柄检验棒有一个为了插入被检验机床锥孔用的锥柄和一个作为测量基准的圆柱体。带锥柄检验棒有莫氏圆锥检验棒、米制圆锥检验棒及7∶24圆锥检验棒，莫氏圆锥有0～6号共7种标准，米制圆锥检验棒圆锥号为80～200，7∶24圆锥检验棒圆锥号为30～80，均有间隔90°的4条基准线*r*（1、2、3和4），如图1-11所示。每根检验棒应提供一个拔出螺母。

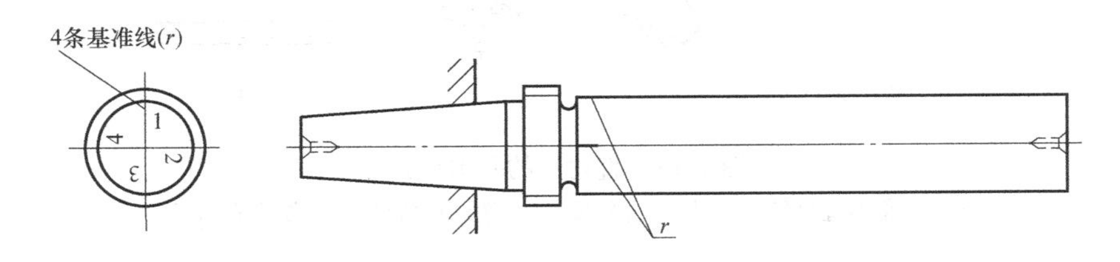

图1-11 带锥柄检验棒

2）使用注意事项。检验棒的锥柄和机床主轴的锥孔必须擦净，以保证接触良好；测量径向跳动时，检验棒应在相应90°的4个位置依次插入主轴，误差以4次结果的平均值计；检查零部件侧向位置精度或平行度误差时，应将检验棒和主轴旋转180°，依次在检验棒圆柱表面两条相对的素线上进行检测；检验棒插入主轴后，应稍等一些时间，以消除操作者手传来的热量，使温度稳定。

（2）顶尖间的圆柱检验棒

1）说明。如图 1-12 所示，安装在两顶尖之间的圆柱检验棒代表通过两点间的一条直线。每端有 4 个位于两垂直的轴向平面的标记和带保护锥的中心孔。

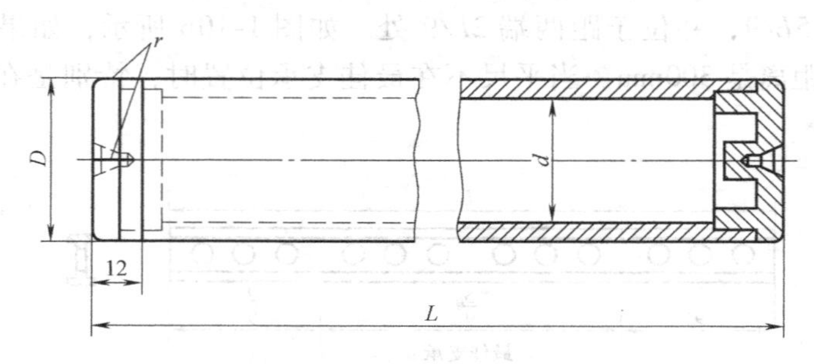

图 1-12　安装在两顶尖之间的圆柱检验棒

2）使用注意事项。为检查平行度误差，在检验棒圆柱体表面上的一条素线上测得读数，然后将检验棒旋转 180°，在相对的素线上测得读数，将检验棒调头后在同样的那条素线上再重复检验一遍。平行度误差以 4 次读数的平均值计。这种测量方法可以消除因检验棒本身不精确而引起的大部分误差。

9. 直角尺

直角尺的基本形式有三角形、圆柱形和矩形（也称方尺），如图 1-13 所示，其尺寸一般不超过 500mm。

直角尺能方便地测量公差要求从 0.03mm/1000mm 至 0.05mm/1000mm 的机床垂直度误差，对于更小公差要求的垂直度误差，则应考虑所用直角尺带来的误差。

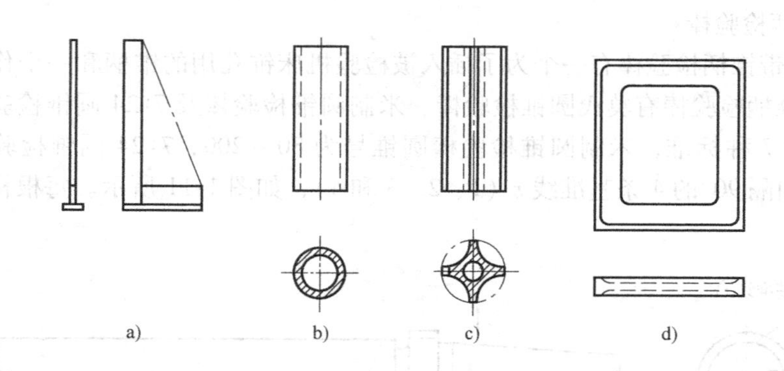

图 1-13　直角尺的基本形式

a）三角形直角尺　b）圆柱直角尺　c）棱柱直角尺　d）矩形直角尺

10. 数控机床垫铁

数控机床垫铁有小型数控机床垫铁和大型数控机床垫铁。如图 1-14a 所示小型数控机床垫铁用于小型机床的支承安装和调整水平，图 1-14b 所示大型数控机床垫铁多为三层结构，用于大型机床的支承安装和调整水平。

数控机床调整垫铁是按 JB/T 6607—2007 标准制造的，用于数控机床支承安装和调整水

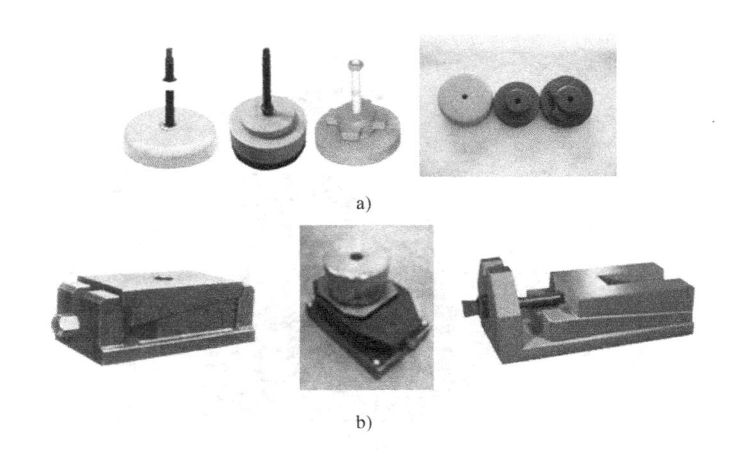

a)

b)

图 1-14　数控机床垫铁

a）小型数控机床垫铁　b）大型数控机床垫铁

平。垫铁可分为调整垫铁、减振垫铁和防振垫铁，其产品有固定式和移动式两种形式。

目前数控机床调整垫铁不需埋设地脚螺栓，数控机床到位即可安装，缩短安装周期，节省安装费用，调整数控机床水平方便、迅速。垫铁橡胶具有隔振、减振作用，可以降低数控机床振动，同时垫铁橡胶具备耐油性，耐蚀性也强。

数控机床垫铁的使用方法如下：

1）根据数控机床重量选好垫铁型号和数量。

2）将所需垫铁放入数控机床地脚孔下，穿入螺栓，旋至和数控机床床身底面接实。

3）安装调平规范，进行数控机床水平调整，螺栓顺时针旋转，数控机床抬起。

4）调好数控机床水平后，旋紧螺母。

5）因为垫铁的橡胶存在蠕变现象，第一次使用的两星期后，需要再调整数控机床水平。

11. 磁性表座

磁性表座如图 1-15 所示。磁性表座有两个光面，一个是带 V 形槽的光面，使用磁性表座时用其吸附在圆柱面或平面上。

（三）量具的维护和保养

正确地使用精密量具是保证产品质量的重要条件之一。要保持量具的精度和它工作的可靠性，在使用中就要按照操作规范操作，还必须做好量具的维护和保养工作。

1）在数控机床上检验几何精度时，数控机床部件要低速运行，以保护量具的精度，且避免事故。

2）检验几何精度前，应把量具的测量面和机床部件的测量表面都要擦拭干净，以免因有脏物存在而影响测量精度。

3）量具在使用过程中，要放在安全位置，不要和工具（如扳手、锤子等）堆放在一起，以免损坏量具；也不要随便放在数控机床上，防止因数控机床振动而使量具掉下来摔坏。

4）量具是检验用具，绝对不能作为其他工具随意使用。

5）温度对检验结果有影响，尽量保持在 20℃左右下进行测量。温度对量具精度影响很

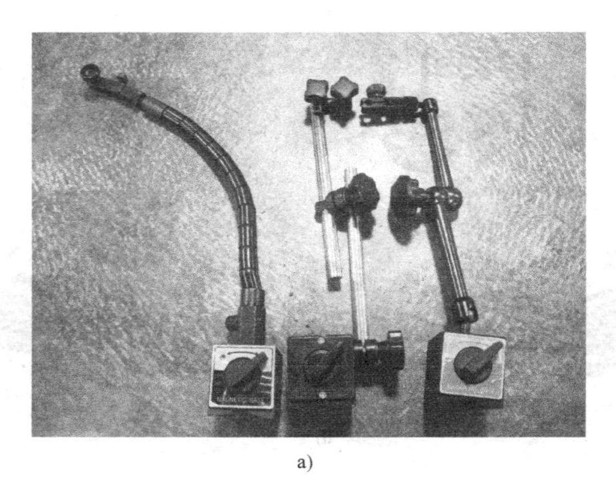

a)

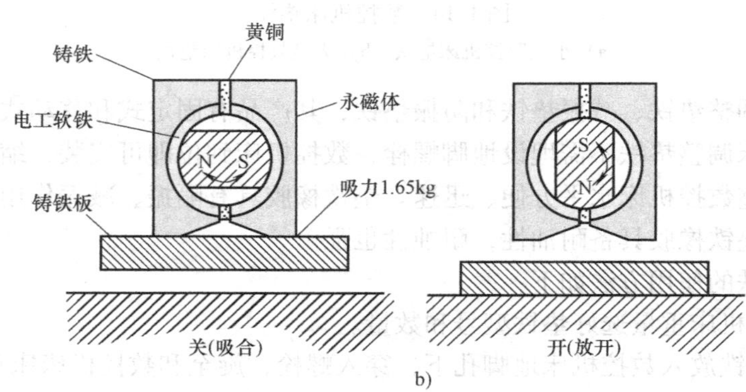

b)

图 1-15　磁性表座实物图和原理图

a）实物图　b）原理图

大，因此量具不应放在阳光下或主轴箱上，以免使量具受热变形而失去精度。

6）不要把精密量具放在磁场附近，如数控磨床的磁性工作台上，以免使量具感磁。

7）发现精密量具出现问题时，如量具表面不平、有毛刺、有锈斑以及刻度不准、尺身弯曲变形、表杆活动不灵活等，使用者不应当自行拆修，更不允许自行用锤子敲、用锉刀锉、用砂纸打光等办法修理，以免增大量具的误差，而是应该主动送计量站检修，并在检定量具精度后再继续使用。

8）量具使用后，应及时擦拭干净，除不锈钢量具或有保护镀层者外，金属表面应涂上一层防锈油，放在专用的盒子里，保存在干燥的地方，以免生锈。

9）指示表在使用后，要擦净装盒，绝对不能任意涂擦油类，以防粘上灰尘影响其灵活性。

10）精密量具应实行定期检定和保养制度，长期使用的精密量具，要定期送计量站进行保养和检定精度，以免因量具的示值误差而造成检验超差。

三、激光干涉仪

激光干涉仪是利用激光的波长作为长度最小单位，对数控设备（加工中心、数控车床、数控铣床等）的位置精度（反向间隙、定位精度、重复定位精度等）、几何精度（俯仰扭摆角度、直线度、垂直度、平行度等）进行精密测量的仪器。

1. 激光及其重要特性

激光输出光波可视为一束正弦波，如雷尼绍 XL-80 激光头是一氦氖（He、Ne）激光器，其激光波长为 0.633μm，如图 1-16 所示。

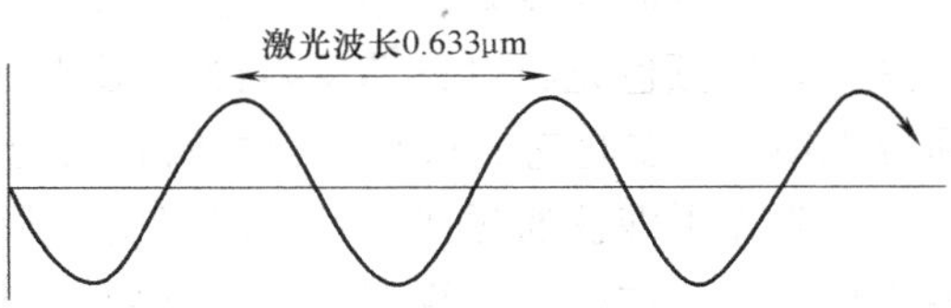

激光波长0.633μm

图 1-16　激光输出光波

激光具有以下三个重要特性。

1）激光波长非常稳定，可以满足精密测量的要求。

2）激光波长非常短，可以用于高精度测量。

3）激光具有干涉特性。相长干涉：如果两束激光相位相同且重合在一起，光波会叠加增强，则表现为亮条纹。相消干涉：如果两束激光相位相反且重合在一起，即相位相互差 180°，光波会叠加抵消，则表现为暗条纹。

2. 激光干涉仪测量距离的原理

干涉技术是一种测量距离精度等于甚至高于 1μm 的测量方法。测量技术的原理是把两束波长相同的光波重合在一起形成干涉。其合成结果因两个光波相位差不同而不同，用该相位差来确定两个光波的光路差值的变化。

当两个相干光束波形在相同相位时，其合成结果称为相长干涉，输出波的幅值等于两个输入波幅值之和，如图 1-17a 所示。

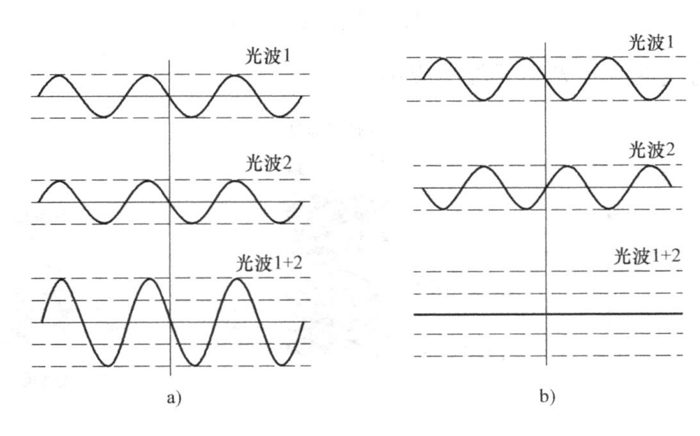

图 1-17　光波测量原理
a）相长干涉　b）相消干涉

当两个相干光束波形在相反相位时，其合成结果称为相消干涉。输出波的幅值为两个输入波幅值之差，如图 1-17b 所示。

因此，若两个相干波形的相位差随着其光程长度变化而相应变化的话，那么合成干涉波形的幅值会相应周期性地变化，即产生一系列亮、暗条纹的变化。通过判断条纹亮、暗变化的次数计算出长度的变化。由于激光波长非常稳定而且波长非常短，所以测量精度很高。

3. 干涉原理在激光干涉仪中的实际应用

以激光干涉仪在线性测长中的应用来说明干涉原理的实际应用。

如图 1-18 所示，从激光头发出的激光被分光镜 *A* 分为二束光（一束向上反射，用深颜色表示；另一束向前发射，用浅颜色表示）。深颜色的一束光经过固定反射镜 B 形成参考光，另一束浅颜色光经过移动反射镜 C 形成测量光。深、浅两束光分别被反射镜 B 和 C 反射回分光镜 A，在此它们重新组合并回到激光头，激光头内的探测器检测深和浅两束光之间的干涉。激光干涉仪通过接收到的激光明、暗条纹变化，再通过电子细分，从而知道距离的准确变化。在线性测量过程中，一个光学组件如 B 保持静止不动，另一个光学组件如 C 沿线性轴直线移动，会造成浅色测量光束和深色参考光束两个光波之间相位不断的变化，从而形成干涉光波亮、暗条纹的变化。激光头中的检波器根据所检测到的条纹数来精密测量两个镜组之间距离的变化。

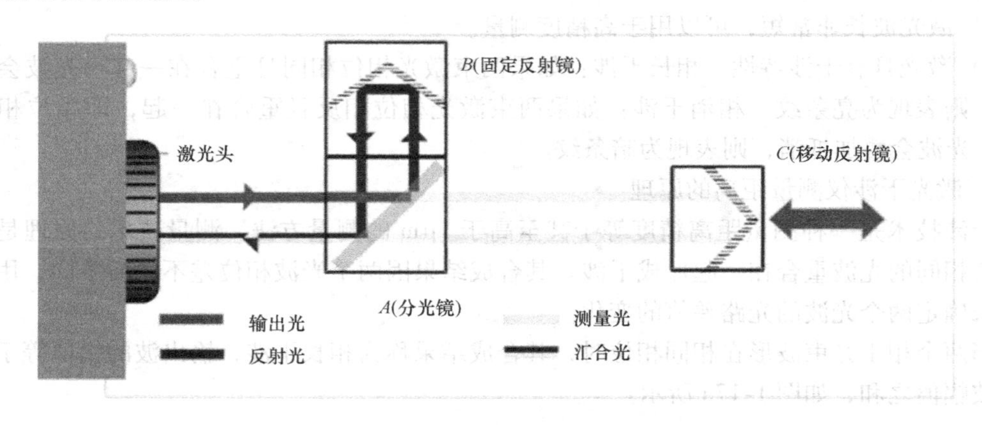

图 1-18 线性测长原理光路图

图 1-19 所示为线性测长光学元件的应用。

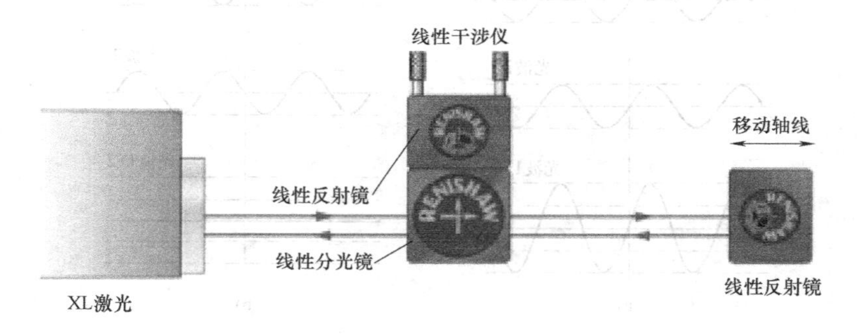

图 1-19 线性测长光学元件的应用（俯视图）

应该注意的是激光波长取决于其光路中介质的折射率。因为空气折射率随温度、气压和相对湿度而改变，这样用于计算测量值的波长值需要对这些环境参数的变化进行补偿。实际上仅对线性位移时需要补偿，因线性测量时两束光的光程差变化很大。因此，一般线性测长时进行环境参数补偿是必要的，而几何精度测量时则一般不需进行环境参数补偿。

4. 雷尼绍（Renishaw）激光干涉仪系统

（1）系统综述　雷尼绍激光干涉仪基本系统由光学组件和设备组成，其中有 ML80GOLD 激光头（带三脚架）、DX10 控制接口卡等。光学组件可按测量应用种类的要求分组任选，并可配置成各种不同的应用组合。EC10 环境补偿单元也是任选件，它可在线性位置精度测量中连续、自动补偿周围环境条件的变化。

雷尼绍激光干涉仪系统主要用于数控机床及三坐标测量机位置精度和几何精度的评价与标定，其功能强大，可以测量线性位移、速度、角度（俯仰和扭摆）及直线度、平面度、垂直度和平行度误差。

（2）主要设备和光学组件（表1-4）

表1-4　雷尼绍激光干涉仪系统的主要设备和光学组件

序号	名称	图示
1	激光头	
2	线性测量组件	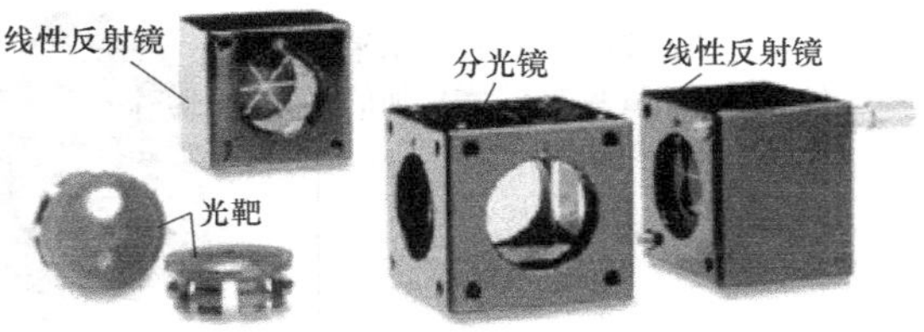
3	角度测量组件	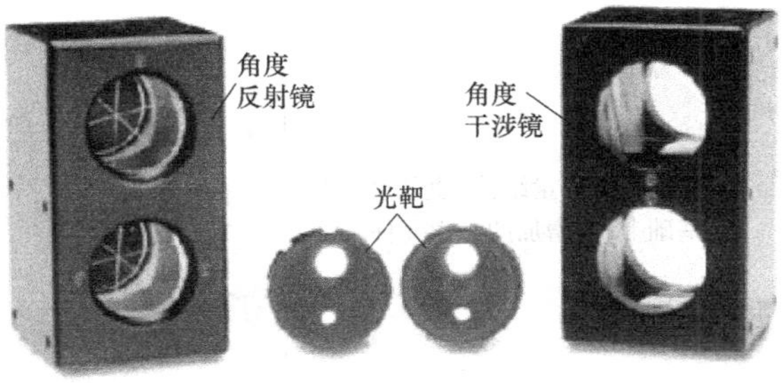
4	平面度测量组件	

（续）

序号	名称	图示
5	水平轴直线度测量组件	直线度反射镜 直线度干涉镜
6	垂直轴直线度测量组件（水平轴直线度测量基础上，需增加的光学元件）	大型反射镜 直线度光闸 垂直转向镜 直线度底座
7	垂直度测量组件（直线度测量基础上，需增加的光学元件）	
8	环境补偿单元	

（续）

序号	名称	图示
9	云台	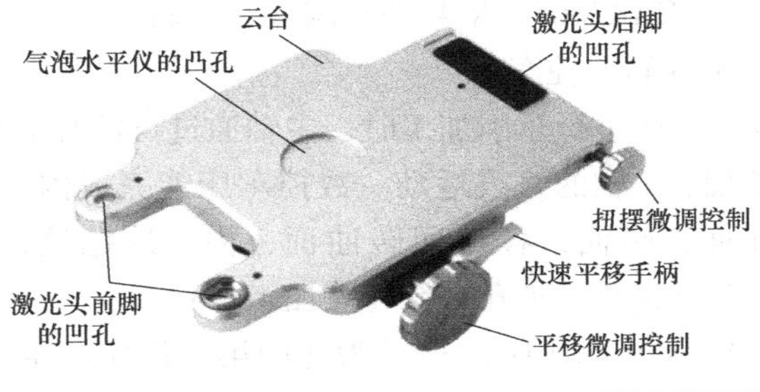
10	三脚架	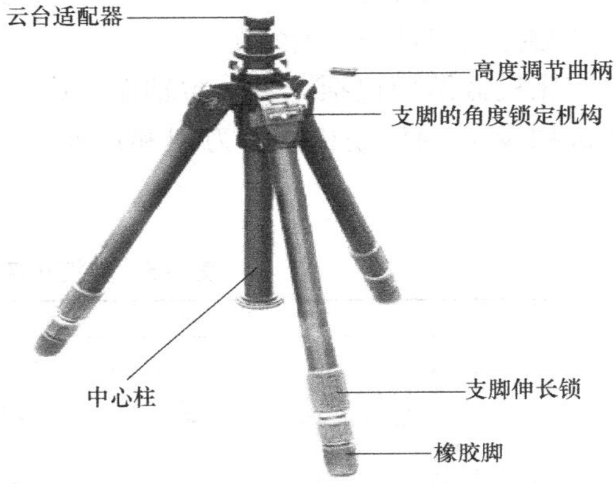
11	安装附件	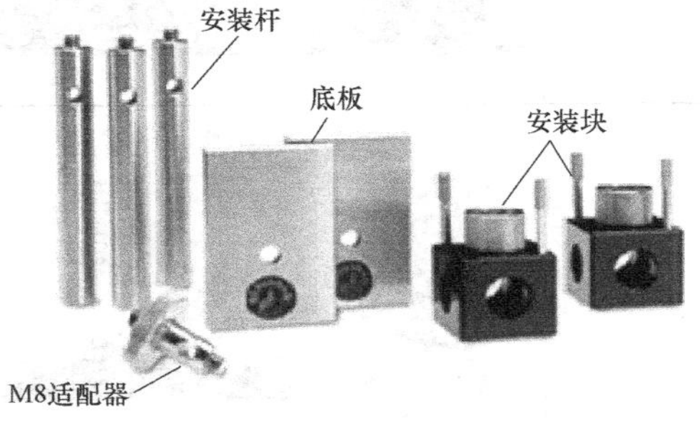

（3）警告

1）为避免伤害眼睛，请勿直视激光头射出的光束。

2）不要让激光光束直射，或者通过光学元件或任何其他反射面反射到您的眼睛或任何其他人的眼睛。

3）从侧面观看激光是相当安全的。

任务二　认识并操作数控机床

按工艺用途分类，金属切削类数控机床包括数控车床、数控钻床、数控铣床、数控磨床、数控镗床和加工中心。这些数控机床都适用于单件、小批量和多品种的零件加工，具有好的加工尺寸一致性、高的生产率和自动化程度。

一、数控车床

(一) CAK3665sj 型数控车床（平导轨）

1. 平导轨数控车床

数控车床进行车削加工时，主轴通过自定心卡盘夹持工件作旋转运动，方刀架装夹刀具完成 Z 轴、X 轴的直线运动。数控车床能完成内、外圆柱面，端面，各种回转曲面，内、外螺纹，切槽，以及钻孔、扩孔、铰孔等加工。

(1) 结构　图 1-20 所示为沈阳第一机床厂生产的 CAK3665sj 型数控车床，是 X 和 Z 两轴联动的机床，其数控系统是华中世纪星。

数控车床机械结构包括床身、主轴箱、床鞍、X 轴传动机构及 Z 轴传动机构、刀架和尾座，见表 1-5。

图 1-20　CAK3665sj 型数控车床

表 1-5　数控车床机械结构

序号	名称	实物图	结构特点
1	床身		为卧式平床身，整体布局合理，采用 HT300 高强度铸件，刚性好，不易变形。导轨经中频淬火后磨削，有较高的硬度和耐磨性
2	主轴箱		变频电动机配变频器，通过改变频率使主轴无级调速，可进行恒速切削。主轴传动采用强力窄 V 带，传动平稳，噪声低，热变形小，精度稳定。主轴采用单主轴结构，转速高，可达到 4000r/min，稳定切削可达 3000r/min。主轴前支承采用三联角接触轴承，可承受较大的轴向和径向力

（续）

序号	名称	实物图	结构特点
3	床鞍和滑板		床鞍和滑板是完成切削进给运动的部件，大滑板是由 Z 轴电动机通过滚珠丝杠驱动的，沿床身在 Z 轴方向移动，中滑板是由 X 轴电动机通过滚珠丝杠驱动的，沿床鞍在 X 轴方向移动
4	刀架		在 X 轴上装有电动四工位刀架，不抬起转位，转位时间短，定位精确
5	尾座		手动尾座置于导轨上。依据偏心原理将尾座体锁紧在床身上，用手摇手轮使丝杠带动尾座套筒前进、后退

（2）技术参数 CAK3665sj 型数控车床的技术参数见表 1-6。

表 1-6 CAK3665sj 型数控车床的技术参数

项目	单位	规格
床身上最大回转直径	mm	360
最大工件长度	mm	750
最大回转直径	mm	360
最大加工长度（四工位）	mm	650
滑板上最大车削/回转直径	mm	180
主轴头型号		A28
主轴孔径	mm	80
主轴转速范围	r/min	200 ~ 2000（手动卡盘最高 2000）
主电动机功率	kW	5.5
X 轴伺服电动机转矩	N · m	4
Z 轴伺服电动机转矩	N · m	6
X 轴快移速度	m/min	3.8
Z 轴快移速度	m/min	7.8
X 轴行程	mm	220
Z 轴行程	mm	650
尾座套筒直径	mm	60
尾座套筒行程	mm	140
尾座套筒锥孔		莫氏 4 号
刀架形式		四工位
刀方尺寸	mm	20 × 20

2. 操作华中世纪星数控系统车床

（1）华中世纪星数控系统控制面板的组成　华中世纪星数控系统的控制面板由四部分组成：机床控制面板、计算机键盘键、显示屏和功能软键，其实物图如图 1-21 所示。

图 1-21　控制面板实物图

（2）机床控制面板　机床控制面板也称 MPC 键盘，各按键说明见表 1-7。

表 1-7　MPC 键盘说明

序号	按键		说　明
1	工作方式	自动	自动工作方式：自动连续加工工件；模拟加工工件；在 MDI 模式下运行指令
2		手动	手动工作方式：通过机床操作键可手动换刀，手动移动机床各轴，手动松紧卡爪，伸缩尾座，主轴正反转
3		增量	增量工作方式：定量移动机床坐标轴，移动距离由倍率调整（当倍率为“×1”时，定量移动距离为 1μm。可控制机床精确定位，但不连续）
			手摇工作方式：当手持盒打开后，增量方式变为手摇方式，倍率仍有效。可连续精确控制机床的移动。机床进给速度受操作者手动速度和倍率控制
4		回零	回零工作方式：手动返回参考点，建立机床坐标系（机床开机后应首先进行回参考点操作）
5	循环启动		自动、单段工作方式下有效。按下该键后，机床可进行自动加工或模拟加工。注意自动加工前对刀应正确
6	进给保持		自动加工过程中，按下该键后，机床上刀具相对工件的进给运动停止。再按下“循环启动”键后，继续运行下面的进给运动
7	机床锁住		自动工作方式下，按下该键后，机床的所有实际动作无效（不能自动控制进给轴、主轴、冷却等实际动作），但指令运算有效，故可在此状态下模拟运行程序

（续）

序号	按键	说　　明
8	超程解除	当机床超出安全行程时，行程开关撞到机床上的挡块，切断机床伺服强电，机床不能动作，起到保护作用。如要重新工作，需一直按下该键，接通伺服电源，同时再在手动方式下，反向手动机床，使行程开关离开挡块
9	跳段功能	如程序中使用了跳段符号“/”，当按下该键后，程序运行到有该符号标定的程序段，即跳过不执行该段程序；解除该键，则跳段功能无效
10	刀位转换	手动工作方式下，选择工作位上的刀具，此时并不立即换刀
11	换刀允许	按下该键，“刀位转换”所选刀具换到工作位上。手动、增量、手摇工作方式下该键有效
12	主轴反转	手动、手摇工作方式下，按下该键后，主轴反转。但主轴处于正转的状态下，该键无效
13	主轴正转	手动、手摇工作方式下，按下该键后，主轴正转。但主轴处于反转的状态下，该键无效
14	主轴停止	按下该键后，主轴停止旋转。机床正在作进给运动时，该键无效
15	冷却开停	手动工作方式下，按下该键，冷却泵开，解除则关
16	任选停止	如程序中使用了 M01 辅助指令，当按下该键后，程序运行到该指令即停止，再按“循环启动”键，继续运行；解除该键，则 M01 功能无效
17	空运行	在“自动”方式下，按下该键后，机床以系统最大快移速度运行程序。使用时注意坐标系间的相互关系，避免发生碰撞
18	卡盘松紧	按下该键，卡盘夹紧，解除则松开。主轴正在旋转的过程中该键无效
19	主轴正点动　主轴负点动	手动、增量、手摇工作方式下该键有效
20	−　100%　+	通过这三个速度修调按键，对主轴转速、G00 快移速度、工作进给或手动进给速度进行修调
21	×1　×10　×100　×1000	倍率选择键，增量和手摇工作方式下有效。通过该类键选择定量移动的距离
22	−X　−Z　快进　+Z　+X	手动、增量和回零工作方式下有效 增量工作方式下，确定机床定量移动的轴和方向 “手动”工作方式下，确定机床移动的轴和方向。通过该类按键，可手动控制刀具或工作台移动。移动速度由系统最大加工速度和进给速度修调按键确定。当同时按下方向键和“快进”按键时，以系统设定的最大快移速度移动，快移修调同时起作用 回零工作方式下，确定回参考点的轴和方向

（3）计算机键盘键　计算机键盘键包括字母键、数字键和编辑键等，各键说明见表1-8。

表1-8　计算机键盘按键说明

计算机键盘键	按键	说　明
X^A Y^B Z^C G^E Esc M^D S^H T^R F^Q Tab I^U J^V K^W P^L N^O 1° 2' 3' 4\ % 5″ 6° 7[8] SP 9* 0/ .+ _= BS PgUp ▲ PgDn Alt Upper ◄ ▼ ► Del Enter	Esc	退出当前窗口
	BS	光标向前移并删除前面字符
	Del	删除当前字符
	SP	光标向后移并空一格
	Enter	确认（回车）
	PgDn	向后翻页
	Upper	上档有效
	▲ ◄ ▼ ►	移动光标

（4）华中世纪星数控系统的车床基本操作步骤

1）开机、关机、急停、复位、返回机床参考点和超程解除见表1-9。

表1-9　开机、关机等操作步骤

序号	操作内容		操 作 步 骤
1	开机操作		按下 → 急停 → 断路器 → 进入系统 → NC开 → 右旋松开 → 急停 → 复位
2	关机操作	有外接键盘时	→ 急停 → ALT、X（有外接键盘时，同时按下两键） → 关断路器
		无外接键盘时	→ 急停 → NC关 → 关断路器
3	急停、复位		危险或紧急时按下 → 急停 → 解除危险后右旋打开 → 急停
4	手动返回机床参考点		按下 → 回零 → 先按下“+X”键，再按下“+Z”键 → +X，+Z

（续）

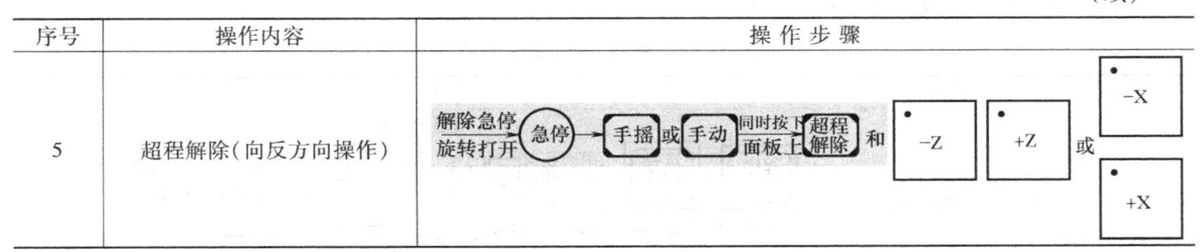

序号	操作内容	操作步骤
5	超程解除（向反方向操作）	解除急停旋转打开 → 急停 → 手摇 或 手动 → 同时按下面板上 超程解除 和 −Z　+Z 或 −X　+X

2）手动操作步骤见表 1-10。

表 1-10　手动操作步骤

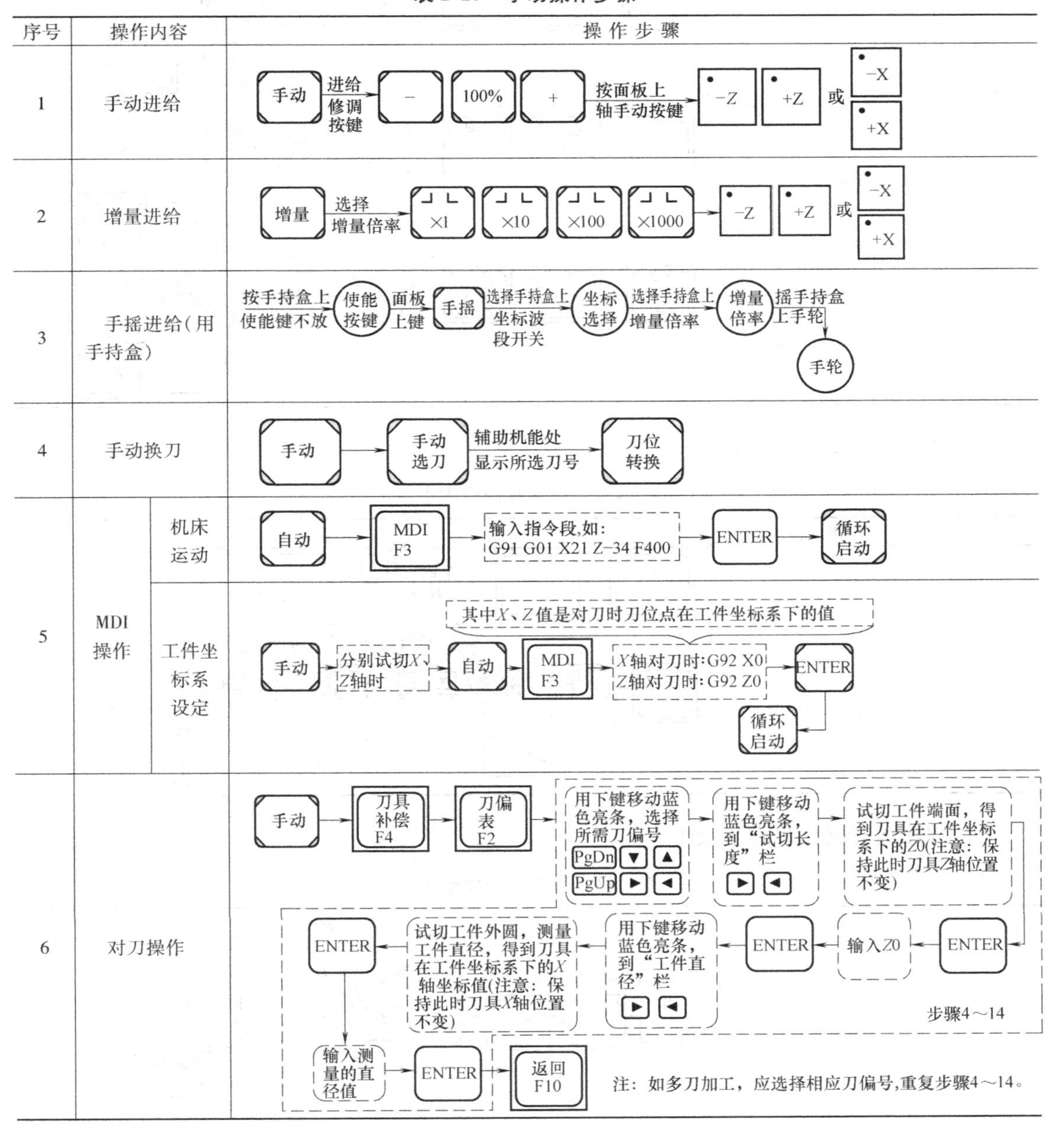

序号	操作内容		操作步骤
1	手动进给		手动 →（进给修调按键）− 100% + →（按面板上轴手动按键）−Z　+Z 或 −X　+X
2	增量进给		增量 →（选择增量倍率）×1　×10　×100　×1000 → −Z　+Z 或 −X　+X
3	手摇进给（用手持盒）		按手持盒上使能键不放 → 使能按键 →（面板上键）手摇 →（选择手持盒上坐标波段开关）坐标选择 →（选择手持盒上增量倍率）增量倍率 →（摇手持盒上手轮）手轮
4	手动换刀		手动 → 手动选刀 →（辅助机能处显示所选刀号）刀位转换
5	MDI 操作	机床运动	自动 → MDI F3 → 输入指令段，如：G91 G01 X21 Z-34 F400 → ENTER → 循环启动
		工件坐标系设定	手动 → 分别试切X、Z轴时 → 自动 → MDI F3 → X轴对刀时：G92 X0　Z轴对刀时：G92 Z0（其中X、Z值是对刀时刀位点在工件坐标系下的值）→ ENTER → 循环启动
6	对刀操作		手动 → 刀具补偿 F4 → 刀偏表 F2 → 用下键移动蓝色亮条，选择所需刀偏号 PgDn ▼ ▲ PgUp ▶ ◀ → 用下键移动蓝色亮条，到“试切长度”栏 ▶ ◀ → 试切工件端面，得到刀具在工件坐标系下的Z0（注意：保持此时刀具Z轴位置不变）→ ENTER → 输入Z0 → ENTER → 用下键移动蓝色亮条，到“工件直径”栏 ▶ ◀ → 试切工件外圆，测量工件直径，得到刀具在工件坐标系下的X轴坐标值（注意：保持此时刀具X轴位置不变）→ ENTER → 输入测量的直径值 → ENTER → 返回 F10 步骤4～14 注：如多刀加工，应选择相应刀偏号，重复步骤4～14。

3）程序编辑操作步骤见表 1-11。

表 1-11　程序编辑操作步骤

序号	操作内容	操作步骤
1	选择已有程序编辑	操作步骤：程序 F1 → 选择程序 F1 → 用右边各键选择程序文件名（▼ ▲ ENTER）（如编辑当前加工程序，可省略这两个步骤）→ 程序编辑 F2 → 将文件调入到编辑区（图形显示窗口），进行编辑 → ENTER → 保存文件 F4
2	编辑新程序	程序 F1 → 程序编辑 F2 → 新建程序 F3 → 输入新文件名如：O1234 → ENTER → 进入编辑区（图形显示窗口），编辑新程序 → 保存文件 F4 → ENTER
3	后台编辑已有程序	扩展菜单 F10 → 后台编辑 F8 → 文件选择 F2 → 用右边各键选择程序文件名（▼ ▲ ENTER）→ 将文件调入到编辑区（图形显示窗口），进行编辑 → 保存文件 F4 → ENTER
4	后台编辑新程序	扩展菜单 F10 → 后台编辑 F8 → 新建文件 F3 → 输入新文件名如：O1234 → ENTER → 将文件调入到编辑区（图形显示窗口），进行编辑 → 保存文件 F4 → ENTER

4）程序管理操作步骤见表 1-12。

表 1-12　程序管理操作步骤

序号	操作内容	操作步骤
1	程序删除	程序 F1 → 选择程序 F1 → 用右边各键选择程序文件名（▼ ▲）→ DEL
2	程序另存（程序复制）	程序 F1 → 选择程序 F1 → 用右边各键选择程序文件名（▼ ▲ ENTER）（如编辑当前加工程序，可省略这两个步骤）→ 程序编辑 F2 → 将文件调入到编辑区（图形显示窗口），进行编辑 → 保存文件 F4 → 如将O0001程序改为O0002　提示显示：O0001 → 更改为：O0002 → ENTER

5）程序运行操作步骤见表 1-13。

表 1-13　程序运行操作步骤

序号	操作内容	操作步骤
1	程序模拟运行	自动（指示灯亮）→ 程序 F1 → 选择程序 F1 → 用右边各键选择程序文件名（▼ ▲ ENTER）（如运行当前程序，可省略这三个步骤）→ 机床锁住（按下该键后运行程序，为仿真校验）→ 程序校验 F3（按下该键后运行程序，为快速轨迹校验）→ 循环启动（选择程序后就加工，为加工运行）

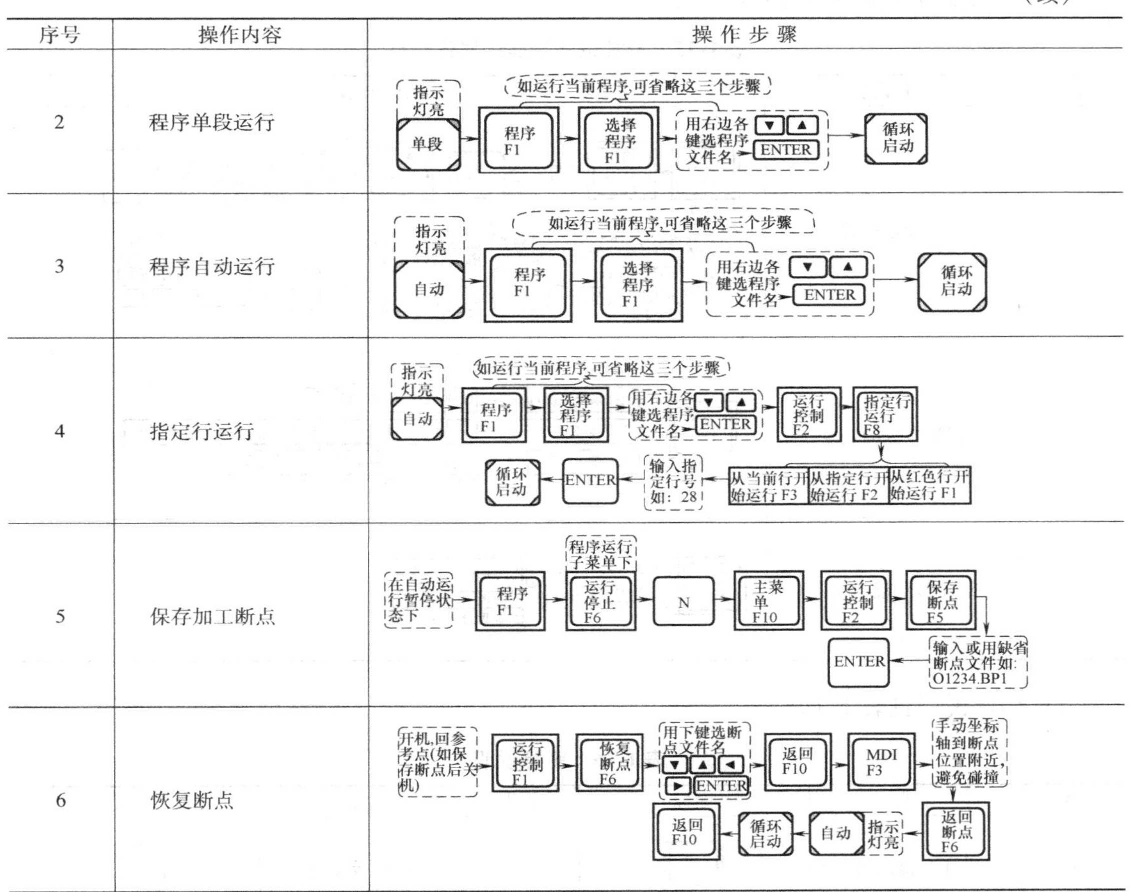

（续）

序号	操作内容	操作步骤
2	程序单段运行	指示灯亮 单段 → 程序F1 → 选择程序F1 → 用右边各键选程序文件名 ▼ ▲ ENTER → 循环启动（如运行当前程序,可省略这三个步骤）
3	程序自动运行	指示灯亮 自动 → 程序F1 → 选择程序F1 → 用右边各键选程序文件名 ▼ ▲ ENTER → 循环启动（如运行当前程序,可省略这三个步骤）
4	指定行运行	指示灯亮 自动 → 程序F1 → 选择程序F1 → 用右边各键选程序文件名 ▼ ▲ ENTER（如运行当前程序,可省略这三个步骤） → 运行控制F2 → 指定行运行F8 → 从红色行开始运行F1 / 从指定行开始运行F2 / 从当前行开始运行F3 → 输入指定行号 如：28 → ENTER → 循环启动
5	保存加工断点	在自动运行暂停状态下 → 程序F1 → 运行停止F6（程序运行子菜单下） → N → 主菜单F10 → 运行控制F2 → 保存断点F5 → 输入或用缺省断点文件如：O1234.BP1 → ENTER
6	恢复断点	开机,回参考点(如保存断点后关机) → 运行控制F1 → 恢复断点F6 → 用下键选断点文件名 ▼ ▲ ◀ ▶ ENTER → 返回F10 → MDI F3 → 手动坐标轴到断点位置附近,避免碰撞 → 返回断点F6 → 指示灯亮 自动 → 循环启动 → 返回F10

注：使用保存加工断点及恢复断点功能时，必须先回过参考点。

6）数据设置操作步骤见表1-14。

表1-14　数据设置操作步骤

序号	操作内容	操作步骤
1	刀具数据设置	刀具补偿F4 → 刀偏表F2 → 用下键移动蓝色亮条,选择要编辑项 PgUn ▼ ▲ PgUp ▶ ◀ → ENTER → 用下键进行编辑、修改 ◄ BS ► Del → ENTER
2	刀补数据设置	刀具补偿F4 → 刀补表F3 → 用下键移动蓝色亮条,选择要编辑项 PgDn ▼ ▼ PgUp ▼ ▼ → ENTER → 用下键进行编辑、修改 ◄ BS ► Del → ENTER
3	零点偏置设置	设置F5 → 坐标系设定F1 → 用下键选择要输入的坐标系G54/G55/G56/G57/G58G59 PgUp PgDn → 在命令行,输入所需数据。如：若工件坐标系零点,在机床坐标系中的坐标值为：X-102.78, Z-100.5，则输入"X-102.78, Z-100.5" → ENTER

7）参数设置及显示操作步骤见表 1-15。

表 1-15　参数设置及显示操作步骤

序号	操作内容	操作步骤
1	参数设置	参数 F3（扩展功能）→ 输入权限 F3 → 输入口令 → ENTER → 参数索引 F1 → 用下键，将光标移到需设置的参数值上 PgDn PgUp ▼ ▲ → 进入输入状态 ENTER → 用下键，进行编辑 BS ▶ Del ◀ → ENTER → 退出编辑 Esc → 提示是否存盘？Y：存盘 N：不存盘 → 提示是否按缺省保存？Y：是 N：取消 → 退到参数菜单 Esc → 欲使设置立即生效，需退出系统并重启计算机，即按F10返回主菜单，再同时按下 Alt X 键
2	图形参数的设定	设置 F5 → 坐标系设定(F1) → G54～G59、工件坐标系原点；图形参数(F2) → 工件原点在机床坐标系的坐标、放大系数、视角；设置显示(F3) → 工件、机床坐标系等、指令、实际值等
3	显示菜单	显示 F9（所有菜单下的显示功能一样）→ 在四种模式下循环切换：正文 F1；大字符 F2；平面图形 F3；坐标值联合显示 F4

8）图标说明见表 1-16。

表 1-16　图标说明

序号	说明	图标	序号	说明	图标
1	菜单功能软键		4	NC 面板按键	
2	PC 面板按键		5	文字说明	
3	弹出菜单组合		6	步骤组合	

（二）HTC2050 型数控车床（斜导轨）

1. 斜导轨数控车床

斜导轨数控车床能实现 X 和 Z 二轴联动，用于加工各种轴类、盘类零件，可以车削各种螺纹、圆弧、圆锥及回转体的内、外曲面，能够满足黑色金属及有色金属高速切削的速度需求，具有钻孔、攻螺纹和铣削功能，加工精度可达到 IT6 级。作为通用型机床，斜导轨数控车床特别适合汽车、摩托车、电子、航天、军工等行业，对回转体类零件进行高效、大批量、高精度的加工。

HTC2050 型数控车床是一款高速、高效、智能、环保的斜导轨数控车床，如图 1-22 所示。其配置是伺服主轴配进口主轴轴承、进口线轨、中国台湾产的液压卡盘、精诚八工位伺服刀架和自动排屑器，其数控系统是 FANUC 0i-MATE TD。

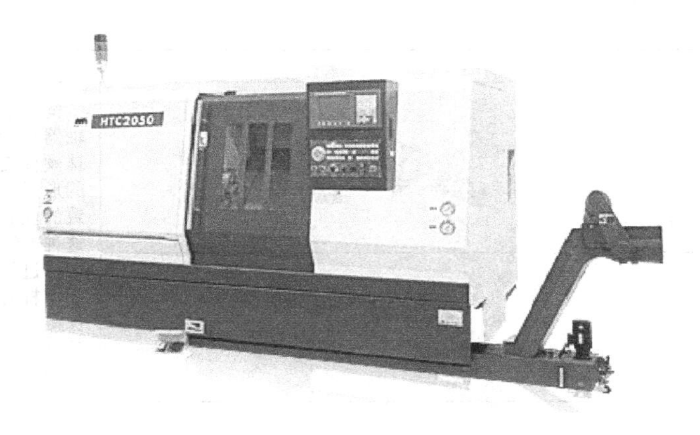

图 1-22　HTC2050 型数控车床

（1）结构　HTC2050 型数控车床的结构特点见表 1-17。

表 1-17　HTC2050 型数控车床结构特点

特点	采用卧式、刚性极好的整体铸铁床身，床身导轨向后倾斜 45°，适合高速、强力切削
	机床总体布局合理，排屑流畅，上、下料方便，便于操作
	具有优良的可靠性及精度保持性，主轴精度高，刚性强，可实现无级调整及恒速切削，起动迅速，各润滑点均可进行定量润滑，温升及热变形小
	主轴总成和进给结构的完美结合，实现了高速性能
	扩展的内部空间，比同类机床的适用范围宽大了一半以上，实现了经济、高效
	尾座套筒伸缩可由程序控制
	油水分离结构，实现了机床环保性能

HTC2050 型数控车床的机械结构见表 1-18。

表 1-18　HTC2050 型数控车床的机械结构

序号	名称	结构图	结构特点
1	主轴箱	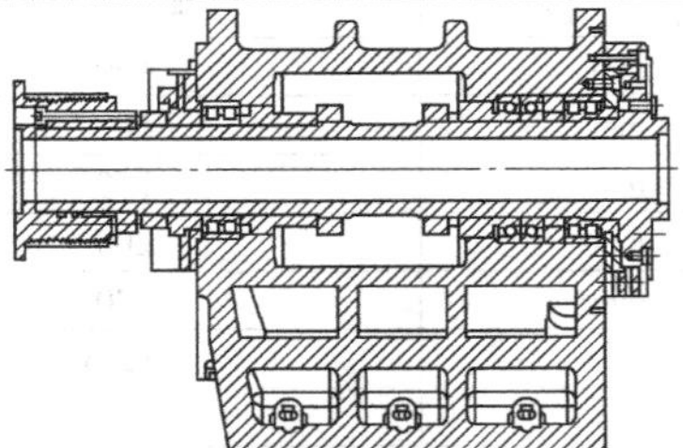	采用进口 V 带传动，使电动机通过带轮直接带动主轴转动。主轴轴承选用日本 NSK 高速精密主轴轴承，德国高速润滑脂 NBU15 润滑，具有温升低、热变形小、精度高的特点，特制的主轴光电编码器取消了同步带传动机构，有效降低故障率
2	卡盘	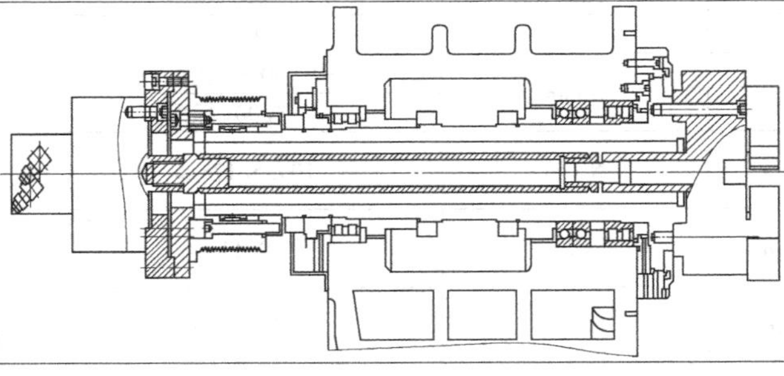	卡盘安装在主轴的前端，旋转液压缸装于主轴的后端，两者通过拉杆连接起来。当旋转液压缸中的活塞向前移动时，卡爪通过卡盘内部的楔形柱塞结构张开，活塞缩回时，卡爪收缩。旋转液压缸装有安全锁机构，当动力源出现问题而造成供油压力不足时，该机构能够维持液压缸内部的固定压力

（续）

序号	名称	结构图	结构特点
3	X 轴		伺服电动机通过一个弹性联轴器与滚珠丝杠直接联接，滚珠丝杠支承形式采用两端固定的形式，装配时考虑因温升导致的丝杠伸长应进行预拉伸。这种安装方式可以消除丝杠在工作过程中由于温度升高而引起丝杠伸长导致的定位误差，保持工件加工精度的一致性。丝杠螺母标准配置采用集中油润滑
4	Z 轴		
5	转塔刀架		转塔刀架除进行分度运动外，动、静牙盘总是紧紧地啮合在一起精确分度，并承受刀具切削时产生的切削力矩。本机床刀架根据用户要求配置，可配置国产伺服刀架、液压刀架及进口伺服刀架。液压刀架具有刚性好、锁紧可靠、精度高的特点。伺服刀架转位快，精度高
6	尾座		尾座主轴的前、后移动由数控系统 M 功能自动实现，也可以通过操作面板上的按键手动实现
			尾座体移动是通过编程实现的，尾座体插销的伸出由 M 功能自动实现，插销插入到床鞍体中，由床鞍带动尾座体移动

（2）技术参数　HTC2050 型数控车床的技术参数见表 1-19。

表 1-19　HTC2050 型数控车床的技术参数

项目		单位	规格	备注
床身上最大回转直径		mm	450	
最大车削长度①		mm	500	
最大车削盘类工件直径		mm	250	
最大车削轴类工件直径		mm	200	
滑板上最大回转直径		mm	270	
主轴端部形式及代号		mm	A2-6	
主轴前轴承直径		mm	100	
主轴孔直径		mm	62	
最大通过棒料直径		mm	50	
主轴转速级数			无级	
主轴转速范围②		r/min	30 ~ 5000（选配）	
			30 ~ 4000（标配）	
主轴最大输出转矩③	额定/15min	N · m	109.5/178.5	FANUC
主电动机输出功率	额定/15min	kW	9/11	FANUC
主电动机输出转矩	额定/15min	N · m	85.9/140	FANUC

（续）

项目		单位	规格	备注
标准卡盘	卡盘直径	in	8	中实（标配）
X 轴快移速度④		m/min	30	α 伺服
Z 轴快移速度④		m/min	30	α 伺服
X 轴行程		mm	300	直径
Z 轴行程		mm	510	
尾座锥孔锥度		莫氏	莫氏 5 号	
尾座体行程		mm	400	
尾座套筒直径		mm	80	手动液压尾座
尾座套筒行程		mm	100	手动液压尾座
刀架形式			伺服或液压 8 工位	标配对边 270
刀架形式			伺服或液压 12 工位	选配
刀具尺寸		mm	25×25×150/ϕ40	
最大承重	盘类工件	kg	200（含卡盘等机床附件）	
最大承重	轴类工件	kg	500（含卡盘等机床附件）	
机床重量	主机	kg	4200	
机床重量	排屑器	kg	380	
中心高（距床身底面）		mm	880	
机床外形	长×宽×高	mm	3025×1900×1800	
总电源	电压	V	380AC	
总电源	电压波动范围⑤		-10% ~ +10%	
总电源	频率	Hz	50±0.5	
总电源	总电源功率	kVA	25	
总电源功率所含内容	主电动机	kW	9/11	FANUC（β）
总电源功率所含内容	液压电动机	kW	2.2	
总电源功率所含内容	冷却泵电动机	kW	0.18	
总电源功率所含内容	X 轴伺服电动机功率/转矩	kW/N·m	1.8/11	β12B/3000iS
总电源功率所含内容	X 轴伺服电动机功率/转矩	kW/N·m	3.45/11	1FK7063
总电源功率所含内容	X 轴伺服电动机功率/转矩	kW/N·m	2.5/10	130SJT-MZ100D
总电源功率所含内容	Z 轴伺服电动机功率/转矩	kW/N·m	1.8/11	β12B/3000iS
总电源功率所含内容	Z 轴伺服电动机功率/转矩	kW/N·m	3.45/11	1FK7063
总电源功率所含内容	Z 轴伺服电动机功率/转矩	kW/N·m	2.5/10	130SJT-M100D
总电源功率所含内容	NC 单元	VA	42	
总电源功率所含内容	风扇、电动机、照明灯等	kW	0.16	
总电源功率所含内容	排屑器电动机	kW	0.2	
总电源功率所含内容	液压系统压力	MPa	4.0	液压刀架
总电源功率所含内容	液压系统压力	MPa	5.0	伺服刀架

① 本机床根据所选刀架及卡盘不同，能切削的最大长度有可能不同。

② 主轴转速是在标准配置下的转速范围，当安装其他配置的卡盘或卡具或主电动机时，请注意所选择的卡盘或卡具或主电动机的极限转速。

③ 主轴输出转矩是在标准配置下的转矩，配置不同电动机会有不同的值。主轴最大输出转矩计算方法为：主电动机最大转矩×降速比×效率系数（一般取 0.85）。当采用主伺服电动机时，一般指三角形联结。

④ 与电动机最高转速和导轨形式有关。

⑤ 数控机床对电源要求严格。如果用户电网波动超过 ±10%，必须增加稳压装置，否则数控车床将不能正确工作，甚至出现不可预测的结果。

2. FANUC 0i-MATE TD 系统的 HTC2050 型斜导轨数控车床面板的组成和操作

（1） FANUC 0i-MATE TD 控制面板的组成　控制面板实物图如图 1-23 所示。

（2）HTC2050 型数控车床的操作

1）开机、关机、急停、复位、返回机床参考点和超程解除操作步骤见表 1-20。当给机床送电时，依次接通工厂送电开关、机床总电源开关及操作板上的电源开关。当操作板上的电源开关置于“ON”（接通）位置时，检查“READY”（准备）灯是否亮。

图 1-23　控制面板实物图

HTC2050 型数控车床的 *Z* 轴/*X* 轴伺服系统选用绝对位置编码器，此编码器具有记忆功能。数控车床在出厂之前已经进行过返回参考点操作，并建立机床坐标系，该坐标系在断电后由编码器记忆保持。因此，用户在使用该数控车床时，每次上电后不需要返回参考点。

如果由于电池失压造成参考点丢失或数控车床维修时改变了 *Z*/*X* 轴伺服电动机轴与 *Z*/*X* 轴丝杠的相对位置（机床坐标系发生变化），此时，即使不发生报警也应重新设定参考点。

2）手动操作步骤见表 1-21。

表 1-20　开机、关机等操作步骤

序号	操作内容	操 作 步 骤
1	开机操作	按下 → 急停 → 电源开关 O（进入系统）→ NC开（右旋松开）→ 急停 → 复位
2	关机操作	按下 → 急停 → NC关 → 电源开关 O
3	急停、复位	危险或紧急时按下 → 急停 → 解除危险后右旋打开 → 急停

表 1-21　手动操作步骤

序号	操作内容	操 作 步 骤
1	手动进给	手动 → Z 或 X → ← 快进 →
2	手摇进给（用手持盒）	手摇 →（选择手持上坐标波段开关）→ 坐标选择 →（摇手持上手轮）→ 手轮

（续）

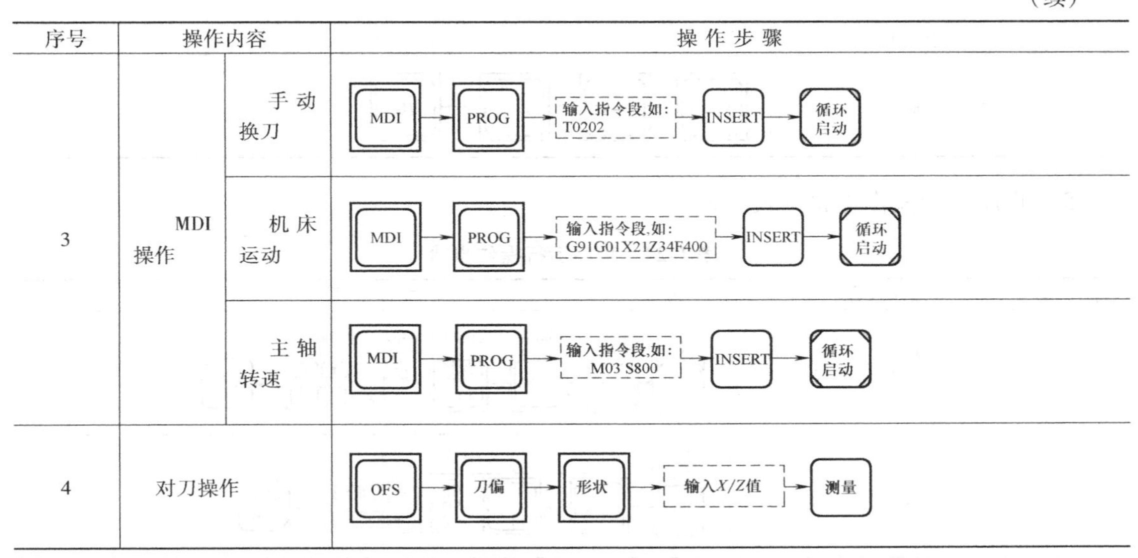

序号	操作内容		操 作 步 骤
3	MDI操作	手动换刀	MDI → PROG → 输入指令段，如：T0202 → INSERT → 循环启动
		机床运动	MDI → PROG → 输入指令段，如：G91G01X21Z34F400 → INSERT → 循环启动
		主轴转速	MDI → PROG → 输入指令段，如：M03 S800 → INSERT → 循环启动
4	对刀操作		OFS → 刀偏 → 形状 → 输入X/Z值 → 测量

3）程序编辑操作步骤见表1-22。

表1-22　程序编辑操作步骤

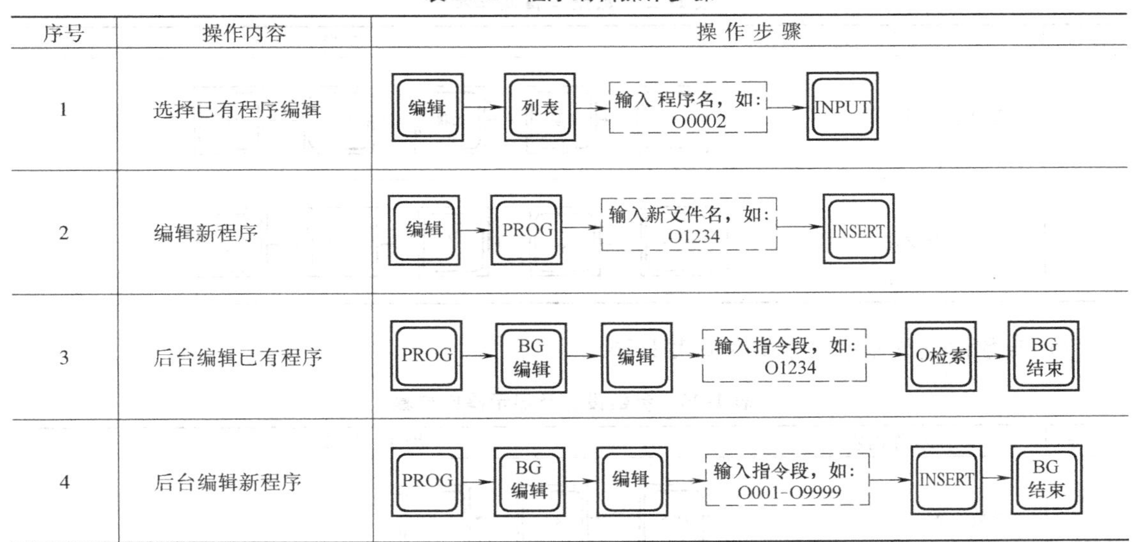

序号	操作内容	操 作 步 骤
1	选择已有程序编辑	编辑 → 列表 → 输入 程序名，如：O0002 → INPUT
2	编辑新程序	编辑 → PROG → 输入新文件名，如：O1234 → INSERT
3	后台编辑已有程序	PROG → BG编辑 → 编辑 → 输入指令段，如：O1234 → O检索 → BG结束
4	后台编辑新程序	PROG → BG编辑 → 编辑 → 输入指令段，如：O001-O9999 → INSERT → BG结束

4）程序管理操作步骤见表1-23。

表1-23　程序管理操作步骤

序号	操作内容	操 作 步 骤
1	创建程序	PROG → 输入新文件名，如：O1234 → INSERT
2	程序删除	PROG → 输入文件名，如：O1234 → DELETE →（面板）执行

（续）

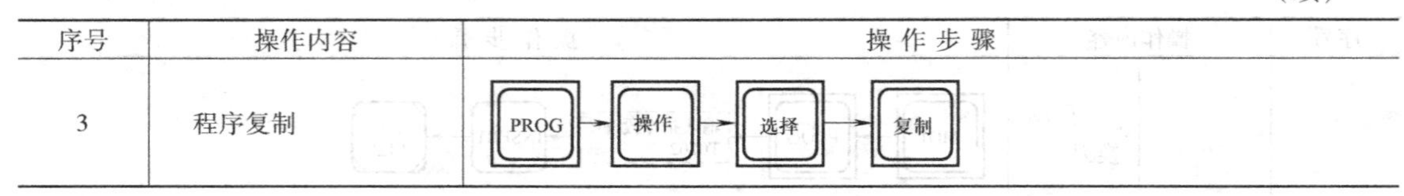

序号	操作内容	操作步骤
3	程序复制	PROG → 操作 → 选择 → 复制

5）程序运行操作步骤见表 1-24。

表 1-24　程序运行操作步骤

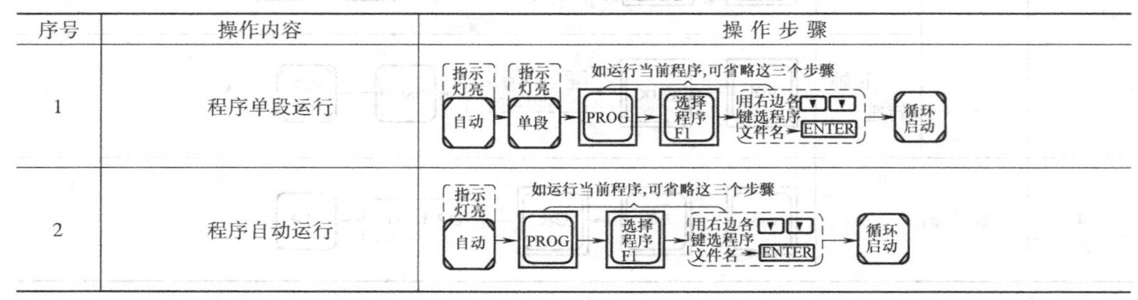

序号	操作内容	操作步骤
1	程序单段运行	自动（指示灯亮）→ 单段（指示灯亮）→ PROG → 选择程序 F1 → 用右边各键选程序文件名 ▼ ▼ → ENTER → 循环启动（如运行当前程序，可省略这三个步骤）
2	程序自动运行	自动（指示灯亮）→ PROG → 选择程序 F1 → 用右边各键选程序文件名 ▼ ▼ → ENTER → 循环启动（如运行当前程序，可省略这三个步骤）

6）数据设置操作步骤见表 1-25。

表 1-25　数据设置操作步骤

序号	操作内容	操作步骤
1	刀具数据设置	OFS → 刀偏 → 形状 → 半径 → TIP
2	刀补数据设置	OFS → 刀偏 → 磨损 → 半径 → TIP

7）参数设置及显示操作步骤见表 1-26。

表 1-26　参数设置及显示操作步骤

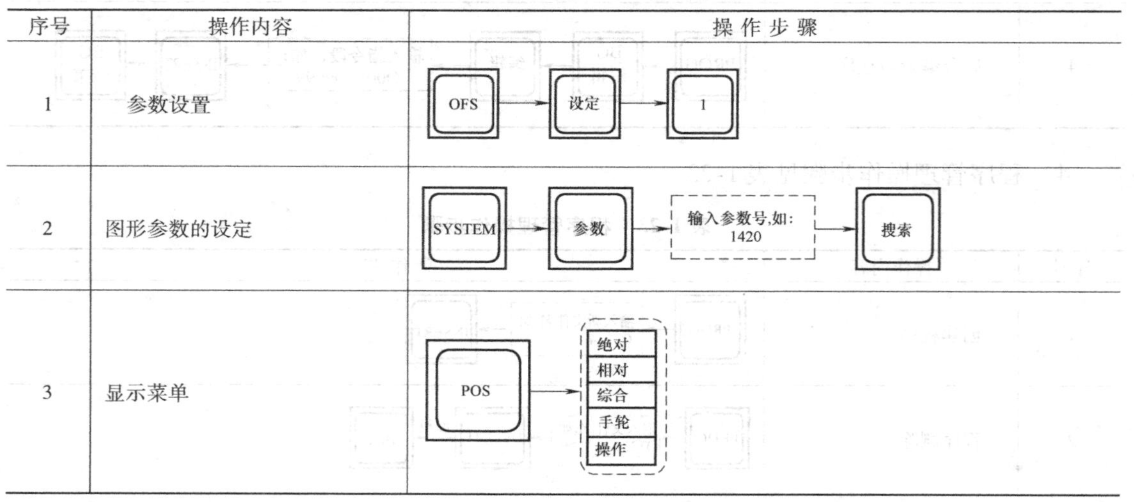

序号	操作内容	操作步骤
1	参数设置	OFS → 设定 → 1
2	图形参数的设定	SYSTEM → 参数 → 输入参数号，如：1420 → 搜索
3	显示菜单	POS → 绝对 / 相对 / 综合 / 手轮 / 操作

（3）数控车床完成加工后的注意事项

1）停机前，不得进行清理工作。

2）停机后，一定要进行清理，清除切屑，擦净门、盖、窗等。

3）关机前，将机床各部件返回初始位置。

4）检查刮屑器有无损坏，若有损坏，及时更换。

5）检查切削液、液压油和润滑油的污染情况，如污染较重，要及时更换。

6）检查切削液、液压油和润滑油的指示量，如有必要，及时添加。

7）清理水箱过滤器。

8）在下班离开机床之前，应将操作面板上的电源开关、车床主线路开关及车间送电开关关闭。

二、数控铣床和四轴加工中心

（一）数控铣床

数控铣床种类很多，在模具精密加工中常用数控雕铣床，现以 SK-DX6070 数控雕铣床为例说明其结构和操作方法。如图 1-24 所示，SK-DX6070 型数控雕铣床是南京高传四开数控装备制造有限公司生产的产品。

图 1-24　SK-DX6070 数控雕铣床

1. 结构

SK-DX6070 型数控雕铣床主要由床身、立柱、横梁、工作台、连接滑板、主轴箱体、功能部件、数控系统、电控箱和润滑系统组成，主要机械结构见表 1-27。

表 1-27　SK-DX6070 数控雕铣床机械结构

序号	名称	实物图	结构特点
1	床身		床身铸造为箱形加肋结构，立柱固定在床身左、右两侧，立柱上布置箱形整体结构的横梁（X 轴），横梁上安装可左、右移动的连接滑板，在此零件上安装可垂直上、下进给的主轴箱体（Z 轴），床身整体工艺性好

（续）

序号	名称	实物图	结构特点
2	立柱		机床采用龙门立式主轴结构，直连传动，结构简单，框架结构封闭。主轴采用电主轴，且采用变频无级变速，最高转速范围在2000～18000r/min内，可用于中等载荷的铣削加工
3	横梁		横梁（*X*向）采用30°斜置导轨，拉大两导轨之间的跨距，比传统放置方式的导轨具有更高的强度和刚性
4	主轴箱体		主轴箱体用于安装电主轴，电主轴夹持刀具并使其旋转，有较好强度和吸振性，使其加工零件表面粗糙度达镜面要求
5	工作台	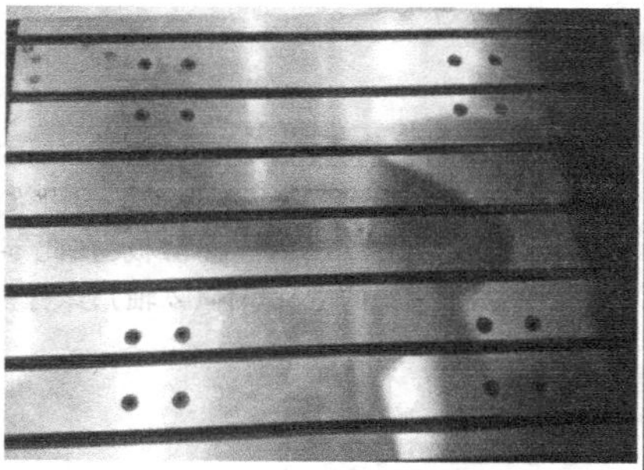	工作台上安装零件，是由伺服电动机和滚珠丝杠组成的执行机构，按照程序设定的进给方式，实现刀具和工件之间的相对运动，包括直线进给运动和复合进给运动

2. 技术参数

SK-DX6070数控雕铣床的技术参数见表1-28。

表 1-28　SK-DX6070 数控雕铣床的技术参数

项　　目		单位	规　　格
工作台尺寸		mm	650×900
行程	*X* 向	mm	600
	Y 向		700
	Z 向		350
快速位移速度		m/min	15
最大切削速度		m/min	6
主轴转速		r/min	2000~24000
主轴功率		kW	5
刀具可夹直径		mm	3~16
伺服驱动功率		kW	0.85/1.3/0.85
定位精度		mm	±0.01/300
重复定位精度		mm	±0.005/300
控制系统			SKYNC 2003
标准联动轴			三轴联动
可选联动轴			4~5
龙门通过高度		mm	510/610/710
龙门通过宽度		mm	920
主轴端面至工作台最小距离		mm	160/ 260/360
T 形槽个数及尺寸		mm	5×14
工作台承重		kg	800
机床重量		t	5.3
外形尺寸		mm	2100×2200×2800

3. SKYNC2003 数控系统的数控雕铣床的操作

（1）数控系统的组成　数控定梁龙门雕铣床的控制系统由工控机、显示器、键盘、机床开关和薄膜开关组成，如图 1-25 所示。机床开关和薄膜开关按键如图 1-26 所示。

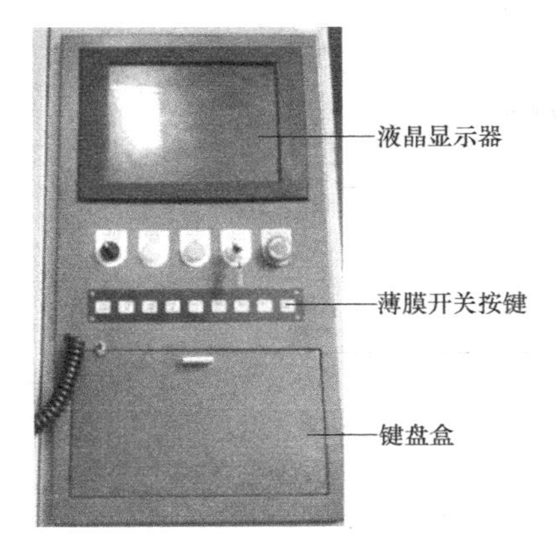

图 1-25　数控系统组成

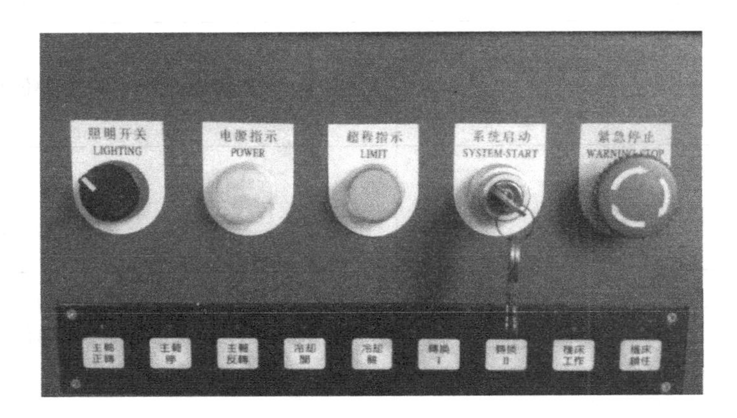

图 1-26　机床开关和薄膜开关按键

机床开关说明见表 1-29。

表 1-29　机床开关说明

序号	图标	说　明
1	照明开关 LIGHTING	打开旋钮，照明灯工作电源接通
2	电源指示 POWER	机床总电源接通后该灯亮，并且在机床未断电前，电源指示灯一直呈点亮状态
3	超程指示 LIMIT	机床的某一轴运行到极限位置时，行程开关被压下，该黄色小灯亮，机床停止运动，此时需沿相反方向手动运行机床，解除警报
4	系统启动 SYSTEM-START	可以控制伺服驱动、计算机及控制系统部分电源的通断。正视顺时针方向旋转钥匙——计算机和伺服驱动电源接通，逆时针方向旋转钥匙——计算机和伺服驱动电源断开
5	紧急停止 WARNING-STOP	该旋转按钮是数控机床救急和保护的特别装置。将该旋钮按下，机床系统处于等待状态，这时机床所有的机械运动立刻停止

薄膜开关按键共包括九个功能键，具体说明见表 1-30。

表 1-30　薄膜开关按键说明

序号	图标	说　明
1	主軸正轉	主轴按给定的转速俯视顺时针旋转，单位为 r/min
2	主軸停	主轴停止旋转
3	主軸反轉	主轴按给定的转速俯视逆时针旋转，单位为 r/min
4	冷却開	开启切削液

（续）

序号	图标	说　　明
5	冷却 關	关闭切削液
6	轉換 I	备用
7	轉換 II	备用
8	機床 工作	伺服系统打开，数控系统处于就绪（可工作）状态
9	機床 鎖住	伺服系统关闭，数控系统处于等待（不可工作）状态

（2）操作键盘　操作键盘如图 1-27 所示，部分按键操作说明见表 1-31。

图 1-27　操作键盘

表 1-31　操作说明

序号	按键	说明	图　　示
1	F1	自动方式	SKYNC2003 F1自动方式　F2手轮方式　F3手动方式　F4返参方式　F5管理方式　F10隐藏窗口　F11 NET　F12退出系统 程序 Stop F 0#%100. S 0#%100. 机床坐标 X 0.000 Y 0.000 Z 0.000 A 0.000 B 0.000 C 0.000 程序目标坐标 X 0.000 Y 0.000 Z 0.000 A 0.000 B 0.000 C 0.000 ESC XYZ 显示范围 -347,253 347,-253 0 刀库信息 当前刀具：0 准备刀具：0 主轴扭矩/功率 辅助信息 文件大小：OK 已读大小：OK 已读行：0 加工行：1 半径补正：G0-D0 长度补正：G0-H0 加工时间 现在时间 13:32:40 TRANS OK Ctr +.. P 主轴停 L 主轴 + M 主轴 - I 冷却关 J 冷却 1 H 冷却 2 Y 排削关 G 排削开 程序运行 程序暂停 误差限制 行程限制 使能限制 1 加工控制　2 空运行　3 任选停　4 程序再开　5 刀　具　6 视图切换　7 放大　8 缩小

（续）

序号	按键	说明	图　示
2	F2	手轮方式	SKYNC2003 F1自动方式 F2手轮方式 F3手动方式 F4返参方式 F5管理方式 F10隐藏窗口 F11 NET F12退出系统 手轮 机床坐标 X 0.000 Y 0.000 Z 0.000 A 0.000 B 0.000 C 0.000 相对移动量 KA X 0.000 A 0.000 Y 0.000 B 0.000 Z 0.000 C 0.000 相对移动量 KB X 0.000 A 0.000 Y 0.000 B 0.000 Z 0.000 C 0.000 G54 相对坐标 X 280.295 Y 471.650 Z 204.560 A 0.000 B 0.000 C 0.000 相对移动量 KC X 0.000 A 0.000 Y 0.000 B 0.000 Z 0.000 C 0.000 相对移动量 KD X 0.000 A 0.000 Y 0.000 B 0.000 Z 0.000 C 0.000 Z 脉冲发生器当量um 100 PgUp PgDn 0/ ESC 手轮关闭 1 手轮打开 2相对点KA 3相对点KB 4相对点KC 5相对点KD 6 坐标参数
3	F3	手动方式	SKYNC2003 F1自动方式 F2手轮方式 F3手动方式 F4返参方式 F5管理方式 F10隐藏窗口 F11 NET F12退出系统 手动方式 机床坐标 X 0.000 A 0.000 Y 0.000 B 0.000 Z 0.000 C 0.000 指令坐标 X 0.000 A 0.000 Y 0.000 B 0.000 Z 0.000 C 0.000 相对移动量 X 0.000 A 0.000 Y 0.000 B 0.000 Z 0.000 C 0.000 速度 F 2000. S STEP 1 μm 0->rung 1 Ctr+.. 主轴停 主轴+ 主轴- 冷却关 冷却1 冷却2 排削关 排削开 程序运行 程序暂停 误差限制 行程限制 速度限制 1 连续 2 相对设定 3 F设定 4 S设定 5 X Speed 7 + 8 -
4	F4	返参方式	SKYNC2003 F1自动方式 F2手轮方式 F3手动方式 F4返参方式 F5管理方式 F10隐藏窗口 F11 NET F12退出系统 返参方式 对刀信息 进给坐标 Xg= 0.000 Ag= 0.000 Yg= 0.000 Bg= 0.000 Zg= 0.000 Cg= 0.000 反馈坐标 Xf= 0.000 Af= 0.000 Yf= 0.000 Bf= 0.000 Zf= 0.000 Cf= 0.000 临时坐标 X= 0.000 A= 0.000 Y= 0.000 B= 0.000 Z= 0.000 C= 0.000 %100. 9 初始对刀 1原点设定 2临时原点 3机床原点 4 任选点 5加工设定 6加工原点 7自动对刀 8 X 原点

（续）

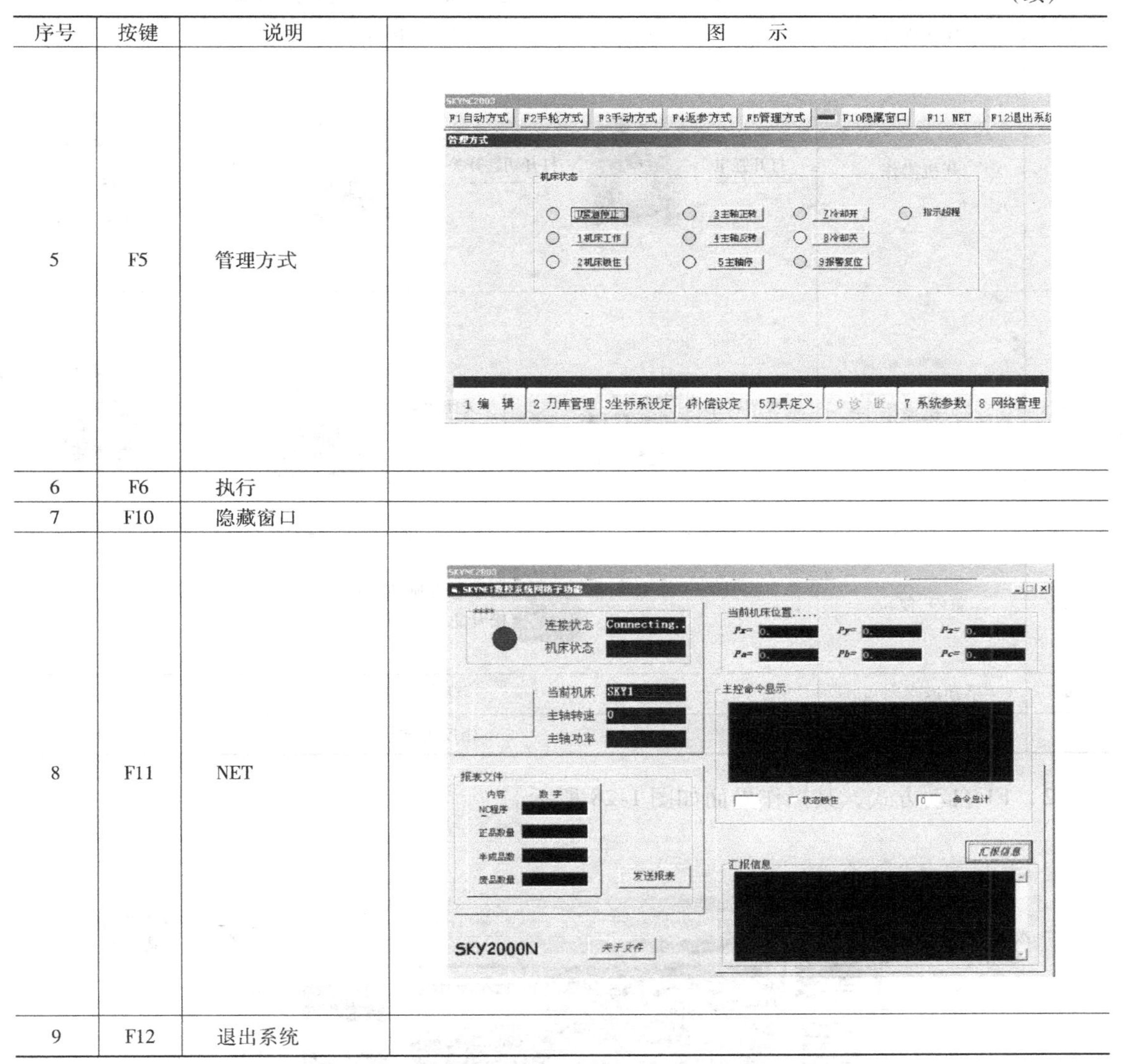

序号	按键	说明	图　示
5	F5	管理方式	
6	F6	执行	
7	F10	隐藏窗口	
8	F11	NET	
9	F12	退出系统	

（3）基本操作

1）开机、关机、急停、复位、返回机床参考点和超程解除。机床开机流程如下：

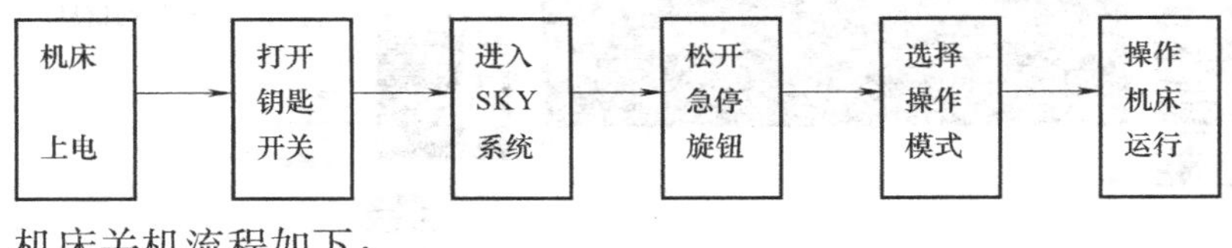

机床关机流程如下：

开机、关机、急停、复位、返回机床参考点和超程解除操作见表1-32。

表 1-32 开机、关机、急停、复位、返回机床参考点和超程解除操作

序号	操作内容	操作步骤
1	开机操作	打开强电 → 打开钥匙开关 → 打开软件
2	关机操作	关闭软件 → 关闭钥匙开关 → 关闭强电
3	急停、复位	按下急停旋钮，机床停止运行 松开急停旋钮，机床运行
4	手动返参考点	按 F4 键
5	超程解除	相反方向操作

2）F1 自动方式，其操作界面如图 1-28 所示。

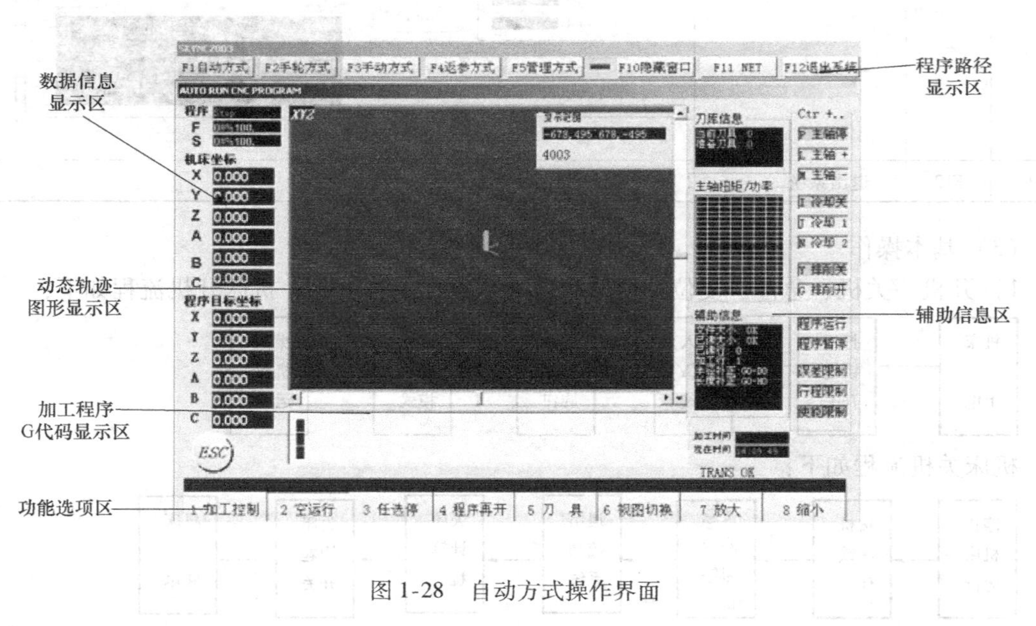

图 1-28 自动方式操作界面

功能选项区说明见表 1-33。

表 1-33　功能选项区说明

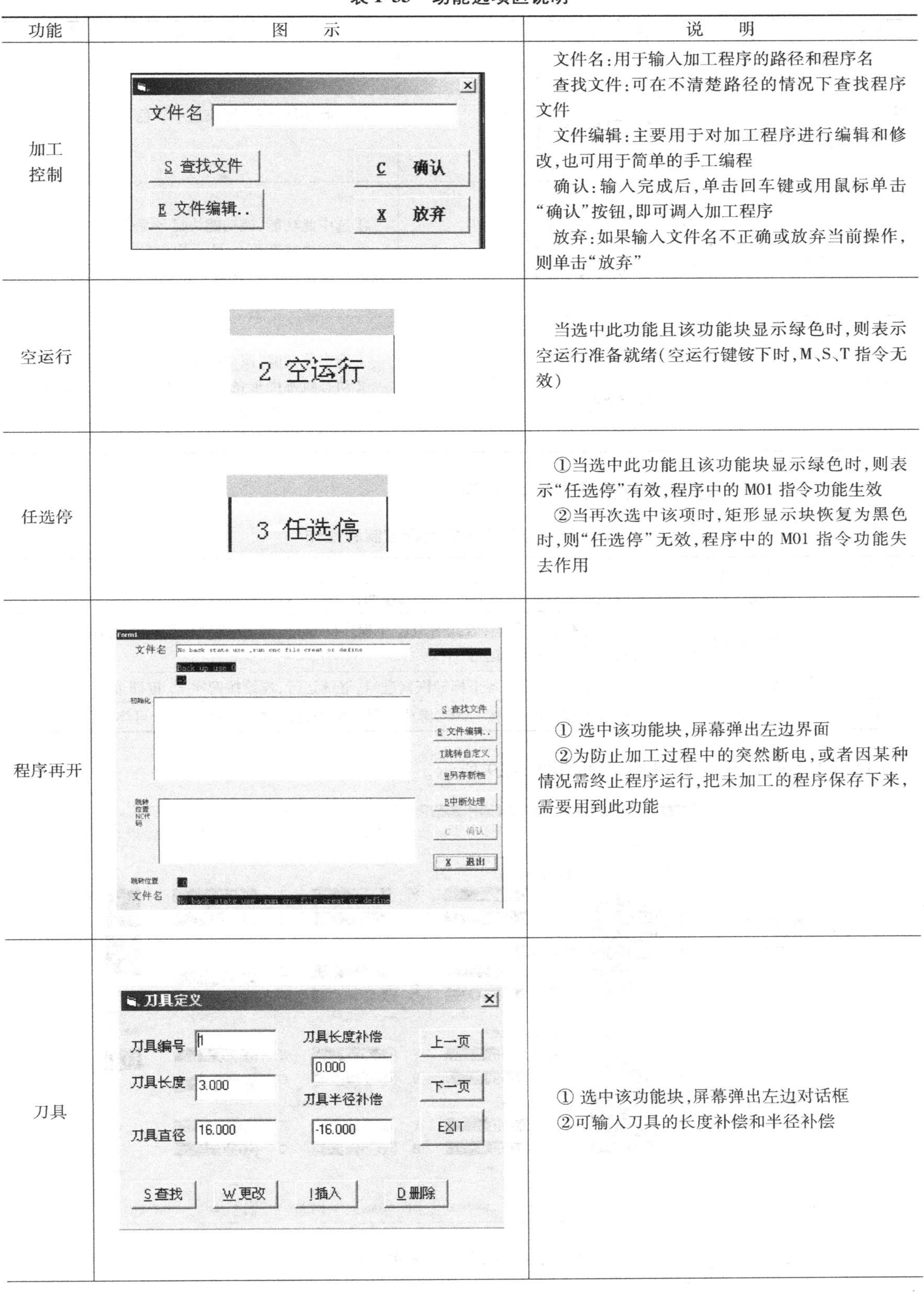

功能	图　示	说　明
加工控制		文件名:用于输入加工程序的路径和程序名 查找文件:可在不清楚路径的情况下查找程序文件 文件编辑:主要用于对加工程序进行编辑和修改,也可用于简单的手工编程 确认:输入完成后,单击回车键或用鼠标单击“确认”按钮,即可调入加工程序 放弃:如果输入文件名不正确或放弃当前操作,则单击“放弃”
空运行		当选中此功能且该功能块显示绿色时,则表示空运行准备就绪(空运行键铵下时,M、S、T 指令无效)
任选停		①当选中此功能且该功能块显示绿色时,则表示“任选停”有效,程序中的 M01 指令功能生效 ②当再次选中该项时,矩形显示块恢复为黑色时,则“任选停”无效,程序中的 M01 指令功能失去作用
程序再开		① 选中该功能块,屏幕弹出左边界面 ②为防止加工过程中的突然断电,或者因某种情况需终止程序运行,把未加工的程序保存下来,需要用到此功能
刀具		① 选中该功能块,屏幕弹出左边对话框 ②可输入刀具的长度补偿和半径补偿

（续）

功能	图　示	说　明
视图切换	6 视图切换	选中此功能，该功能块显示绿色
放大	7 放大	①选中此功能，该功能块显示绿色 ②动态轨迹图形的显示比例放大，图形区右下角的显示范围相应放大
缩小	8 缩小	①选中此功能，该功能块显示绿色 ②动态轨迹图形的显示比例缩小，图形区右下角的显示范围相应缩小

加工程序文件的运行控制和操作见表 1-34。

表 1-34　加工程序的运行控制和操作

序号	运行控制	操　作
1	自动运行	调入加工程序后，在键盘上连续按两次 F6 键，程序开始执行
2	暂停运行	在程序执行过程中，若需暂时停止程序的执行，按 F9 键暂停键即可使各坐标轴自动减速后，暂时停止运行
3	继续运行	在暂停之后，若需各坐标轴恢复进给，继续运行，连续按两次 F6 键即可
4	结束运行	需终止程序运行，按“ESC”键或用鼠标单击自动方式下的“ESC”，可终止程序运行

3）F2 手轮方式，其操作界面如图 1-29 所示。

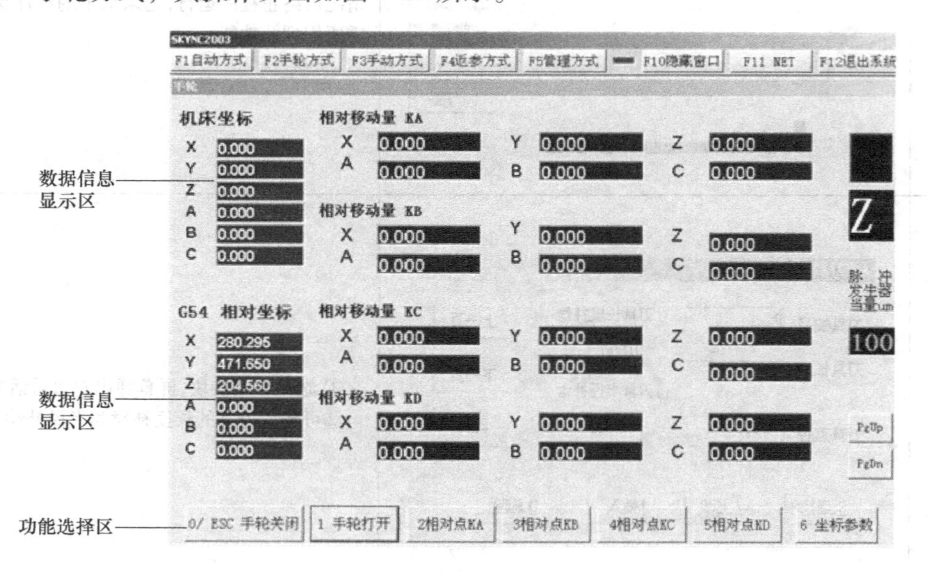

图 1-29　手轮方式操作界面

手轮方式操作说明见表 1-35。

表 1-35　手轮方式操作说明

功能	操 作 说 明
0/ESC 手轮关闭	用户在手轮方式下退出该界面,可单击“0/ESC 手轮关闭”按钮,或者用键盘上的“0”或“ESC”键退出。选择其他操作方式之前必须先退出手轮方式,否则不能切换到其他操作方式
手轮打开	进入“F2 手轮方式”后,必须先按此键,界面右上角第一个文本框变绿后方可进行手轮操作,否则手轮操作无效
相对点 KA	设置当前刀具所在点为零点
坐标参数	选中该功能块,屏幕弹出对应图形,供用户输入 G54、G55、G56、G57、G58、G59 的坐标值
PgUp	在手轮只有旋转轮,无倍率开关时,用于增加脉冲发生器的脉冲当量,按一下 PgUp 键,脉冲当量增加一个数量级,最大可增加到 100μm
PgDn	在手轮只有旋转轮,无倍率开关时,用于减小脉冲发生器的脉冲当量,按一下 PgDn 键,脉冲当量减少一个数量级,最小可减少到 1μm

4）F3 手动方式，其操作界面如图 1-30 所示。

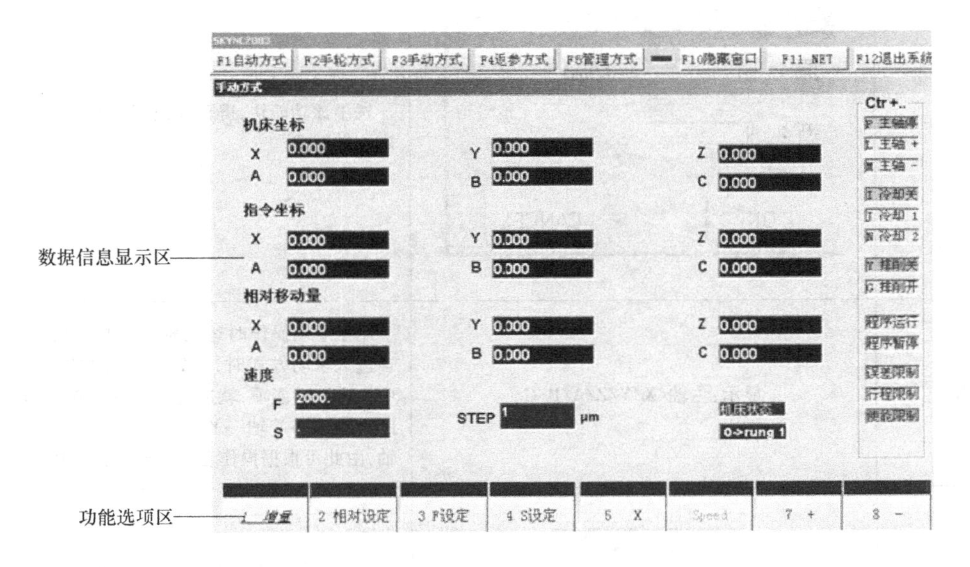

图 1-30　手动方式操作界面

手动方式操作界面说明见表 1-36。

表 1-36　手动方式操作界面

功能	图示	操作说明
连续/增量	1 连续　1 增量	用于进行手动连续方式与手动增量方式的切换,即按一下就会进行一次连续与增量之间的转换

（续）

功能	图示	操作说明
相对设定	2 相对设定	当选中此功能且该功能块显示绿色时，可将各坐标轴的当前位置设为零点
F 设定	手动进给速度 原：2000 mm/min 新： 确定　ESC取消	选中该功能块，屏幕弹出图示对话框，可用于设定手动连续运行时，各坐标轴运动的进给速度
S 设定	主轴速度 原：0 r/min 新： OK　CANCEL	选中该功能块，屏幕弹出图示对话框，可用于设定主轴转速
X	显示：主轴/X/Y/Z/A/B/C	用于手动操作时运动轴的选择和转换（轴选）。当进入手动方式时，初始状态为主轴，此后，每选中一次该功能项，就进行一次轴的转换，转换的顺序为主轴→*X* 轴→*Y* 轴→*Z* 轴→*A* 轴→*B* 轴→*C* 轴，由此可根据操作者的需要进行选择
+	7 +	当选中此功能且该功能块显示绿色时，可显示所选定的运动轴的正方向移动
−	8 −	当选中此功能且该功能块显示绿色时，可显示所选定的运动轴的负方向移动

5）F4 返参方式，其操作界面如图 1-31 所示。

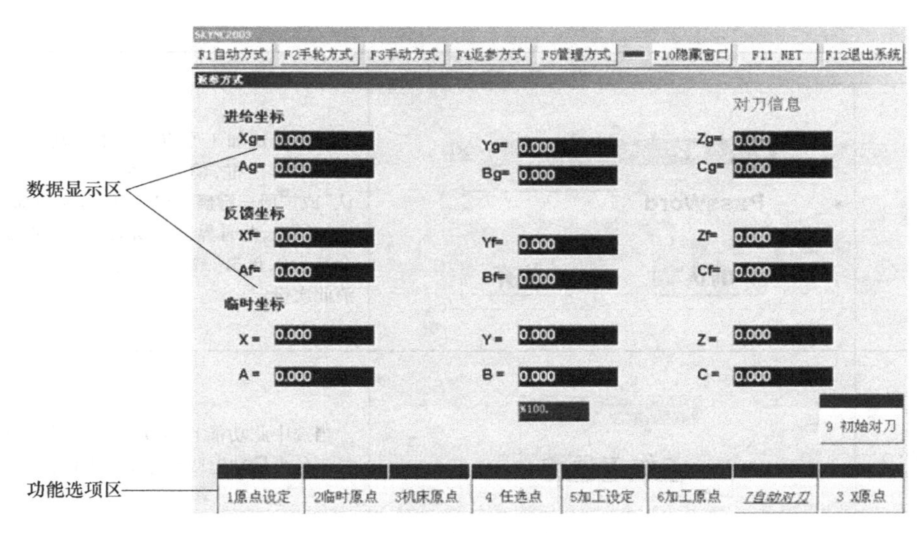

图 1-31　返参方式操作界面

返参方式操作说明见表 1-37。

表 1-37　返参方式操作说明

功能	图　示	操 作 说 明
原点设定	原点设定 PassWord 确认　放弃	用于设定临时原点。操作者开机后根据加工的需要将机床运行至某位置(要被设置为临时原点的位置)后,选中此功能,屏幕上弹出一个对话框。在“PassWord”提示栏中输入口令“refret”后,用鼠标单击“确认”或按回车键确认口令,便可完成临时原点的设定,此时界面中所有“临时坐标”的显示全部为0,即已将当前位置设定为临时原点,单击“放弃”或键盘“ESC”键,系统取消此次设定
临时原点	2临时原点	当选中此功能且该功能块显示绿色时,可使机床各坐标轴返回到设定的临时原点
机床原点	3机床原点	当选中此功能且该功能块显示绿色时,可使机床各坐标轴返回到机床原点
任选点	任选点 X:　A: Y:　B: Z:　C: F6 运行　Esc 终止	使机床各坐标轴返回到机床原点。选中此功能,屏幕上弹出一个对话框,操作者在对话框的“X”、“Y”、“Z”后输入某一任意点的坐标值后,再单击 F6 键,机床坐标轴立即运动,各轴定位到相对于临时原点或进给坐标系的位置上

（续）

功能	图　示	操作说明
加工设定	原点设定 PassWord 确认 放弃	用于设定加工原点。选中此功能，屏幕上弹出一个对话框，输入口令“refret”后，单击“确认”或按回车键确认口令，便可完成加工临时原点的设定，此时界面中所有“临时坐标”的显示全部为0，单击“放弃”或键盘“ESC”键，系统取消此次设定
加工原点	6加工原点	当选中此功能且该功能块显示绿色时，可使机床各坐标轴返回到加工原点位置
自动对刀	7自动对刀	当选中此功能且该功能块显示绿色时，可使机床实现自动对刀
X 原点	显示：主轴/X/Y/Z/A/B/C	用于选择单轴返回机床原点。每选中一次该功能项，就可进行一次轴的转换，转换的顺序为主轴→*X* 轴→*Y* 轴→*Z* 轴→*A* 轴→*B* 轴→*C* 轴→*X* 轴，由此根据操作者的需要进行选择

6）F5 管理方式，其操作界面如图 1-32 所示。

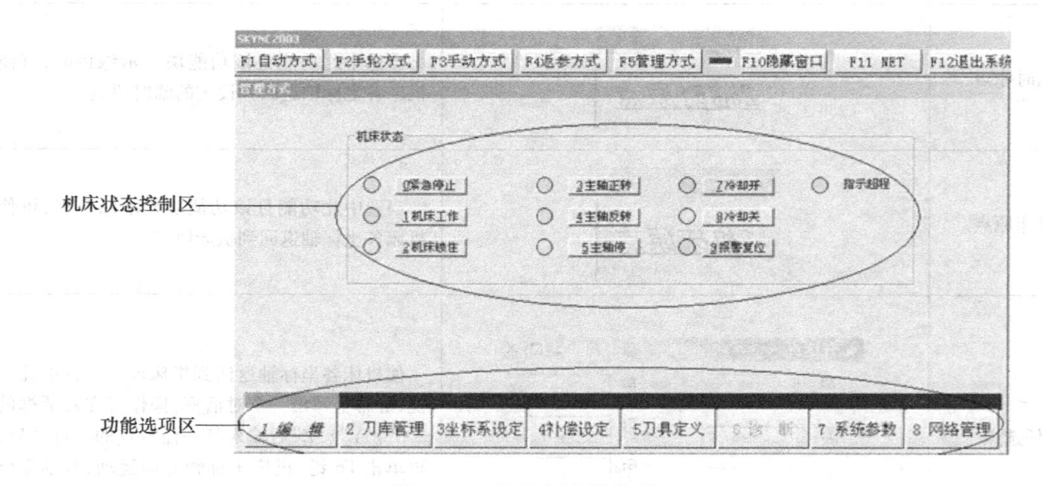

图 1-32　管理方式操作界面

操作说明见表 1-38。

表 1-38　管理方式操作说明

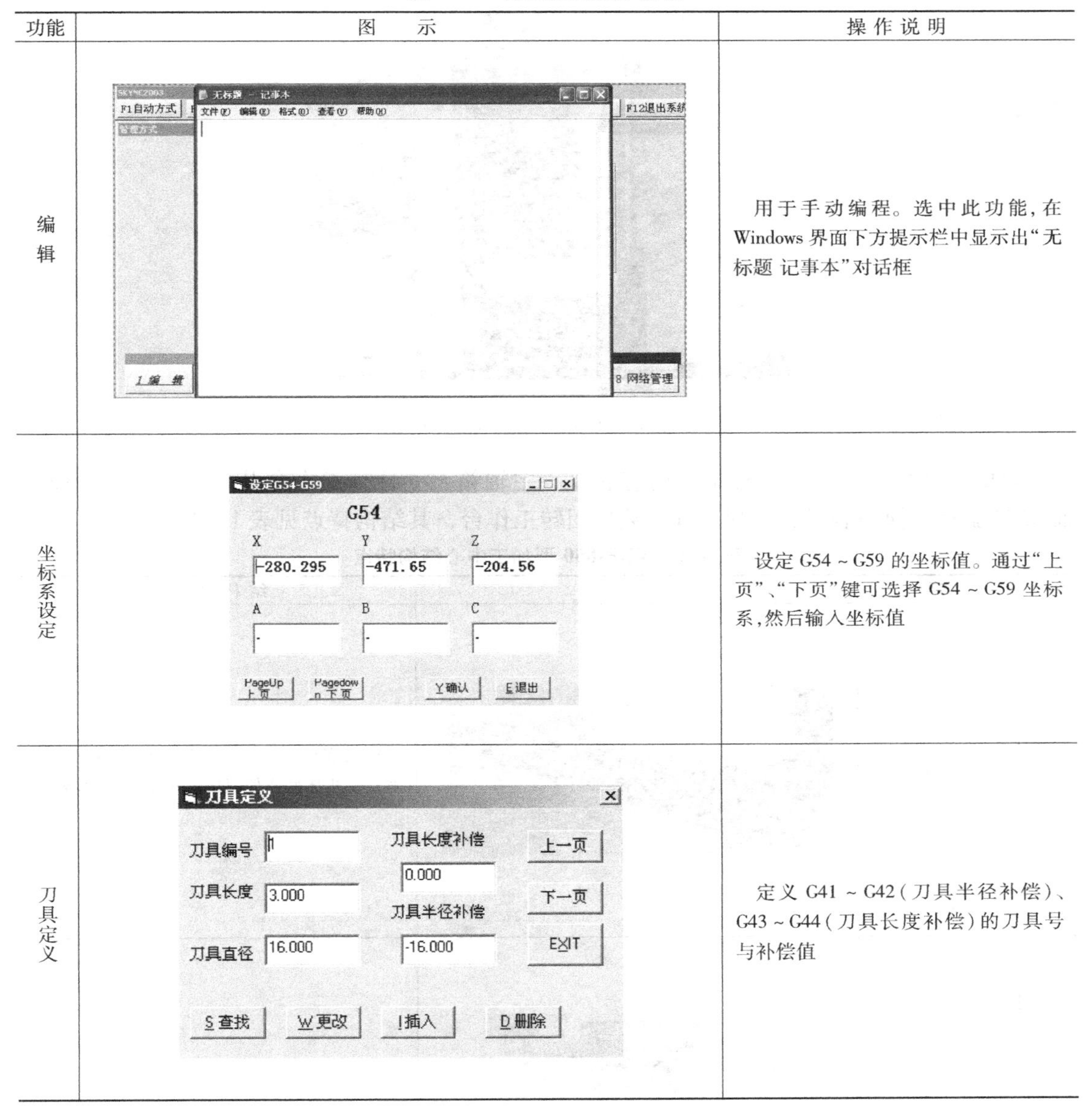

功能	图　示	操 作 说 明
编辑		用于手动编程。选中此功能，在Windows界面下方提示栏中显示出“无标题 记事本”对话框
坐标系设定		设定G54～G59的坐标值。通过“上页”、“下页”键可选择G54～G59坐标系，然后输入坐标值
刀具定义		定义G41～G42（刀具半径补偿）、G43～G44（刀具长度补偿）的刀具号与补偿值

（二）VDF-850型四轴加工中心

VDF-850型四轴加工中心配置的数控系统为华中HNC-818B，其操作简单方便，可进行直线插补和圆弧插补操作，在工作台上一次装夹后可完成铣、镗、钻、扩、铰、攻螺纹等多工序加工。该机床选配了数控回转工作台，增加了第四轴，能够完成各种分度回转工作。配置华中HNC-818B数控系统的VDF-850型四轴加工中心能完成板类、盘类、壳体类形状复杂的零件，精密零件和模具加工。

1. 结构

VDF-850型加工中心是四轴联动的机床，图1-33所示的加工中心是大连机床集团有限责任公司生产的。

图 1-33　VDF-850 型加工中心

VDF-850 型加工中心的机械结构有底座、主轴箱、立柱、工作台及十字滑台、*X* 轴/*Y* 轴/*Z* 轴驱动、换刀装置、冷却装置、数控回转工作台，其结构特点见表 1-39。

表 1-39　VDF-850 型加工中心结构特点

序号	名称	实物图	结构特点
1	底座		机床底座采用高强度铸铁，组织稳定。宽实的机床底座使机床的负重载能力增强
2	主轴箱		主轴箱采用高强度铸铁，组织稳定。主轴箱移动（*Z* 轴）配有中央导引设计的平衡锤装置，即使在高速移动时，配重也不产生晃动

（续）

序号	名称	实物图	结构特点
3	立柱		立柱采用高强度铸铁，且为箱形腔立柱，组织稳定
4	工作台和十字滑台		用滚珠丝杠螺母副来传递 X 方向和 Y 方向的运动。X、Y 方向联动可实现平面、直线和曲线的加工
5	X 轴/Y 轴/Z 轴驱动	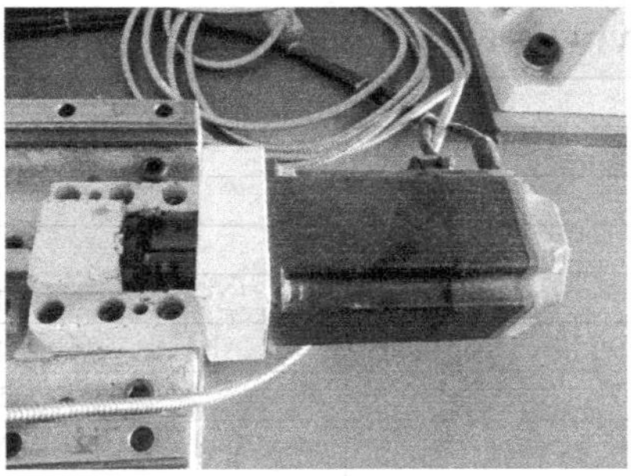	X、Y、Z 三个方向的动力靠三个伺服电动机来实现
6	换刀装置		主轴和刀库联动达到换刀的目的

（续）

序号	名称	实 物 图	结构特点
7	冷却装置		由冷却泵旋转抽取切削液实现加工切削热的冷却
8	数控回转工作台		数控回转工作台为选择部件，一般为气压锁紧式。数控回转工作台整个传动链由电动机、一对啮合齿轮、单级蜗杆及工作台组成

2. 技术参数

VDF-850 型加工中心技术参数见表 1-40。

表 1-40　VDF-850 型加工中心技术参数

项　目		规　格
换刀装置	刀具数量	20
	刀具类型/锥柄	BT40
	最大刀具重量	7kg
	最大刀具直径	ϕ100mm
	换刀类型	斗笠式
主轴	主轴电动机功率	7.5/11kW
	主轴锥孔	No.40
	主轴最大转速	8000r/min
三轴行程	X 轴最大行程	850mm
	Y 轴最大行程	510mm
	Z 轴最大行程	510mm
	主轴最前端面到工作面台（最小）	150mm
	主轴最前端面到工作面台（最大）	660mm
工作台	T形槽（槽数×槽宽 ×槽距）	5mm×18mm×100mm
	工作台最大承重	650kg
	工作台尺寸	1000mm×500mm
进给速度	$X/Y/Z$ 轴的快速进给速度	20/20/18m/min
	$X/Y/Z$ 轴切削进给速度	1～7600mm/min
轴承润滑		油脂润滑
冷却		有
主驱动系统		主电动机经带轮传动

3. 操作华中 HNC-818B 数控系统的 VDF-850 型加工中心

（1）华中 HNC-818B 数控系统控制面板的组成　华中 HNC-818B 数控系统的控制面板由四部分组成：机床控制面板、计算机键盘键、显示屏和功能软键，其实物图如图 1-34 所示。

图 1-34　控制面板实物图

（2）机床控制面板　机床控制面板也称 MPC 键盘，其按键说明见表 1-41。

表 1-41　MPC 键盘说明

序号	按键		说明
1	工作方式	自动	自动工作方式：自动连续加工工件；模拟加工工件；在 MDI 模式下运行指令
2		手动	手动工作方式：通过机床操作键可手动换刀，手动移动机床各轴 $X/Y/Z/A$，主轴正、反转
3		增量	增量工作方式：定量移动机床坐标轴，移动距离由倍率调整（当倍率为“×1”时，定量移动距离为 1μm），可控制机床精确定位，但不连续
			手摇工作方式：当手持盒打开后，增量方式变为手摇，倍率仍有效，可连续精确控制坐标轴的移动。机床进给速度受操作者手动速度和倍率控制
4		回参考点	回参考点工作方式：手动返回参考点，建立机床坐标系（机床开机后应首先进行回参考点操作

（续）

序号	按　键	说　明
5		自动、单段工作方式下有效。按下该键后，机床可进行自动加工或模拟加工。注意自动加工前应对刀正确
6	机床锁住	自动工作方式下，按下该键后，机床的所有实际动作无效（不能自动控制进给轴、主轴、冷却等实际动作），但指令运算有效，故可在此状态下模拟运行程序
7	超程解除	当机床超出安全行程时，行程开关撞到机床上的挡块，切断机床伺服强电，机床不能动作，起到保护作用。如要重新工作，需一直按住该键，接通伺服电源，同时再在手动方式下，反向手动机床，使行程开关离开挡块
8	刀库正转	手动工作方式下，按一下“刀库正转”按键，刀库以设定的转速正转
9	刀库反转	手动工作方式下，按一下“刀库反转”按键，刀库以设定的转速反转
10	主轴正转	在手动方式下，按下“主轴正转”按键（指示灯亮），主轴电动机以机床参数设定的转速正转，直到按压“主轴停止”或“主轴反转”按键
11	主轴反转	手动、手摇工作方式下，按下该键后，主轴反转，直到按压“主轴停止”按键或“主轴正转”按键
12	主轴停止	在手动方式下，按下“主轴停止”按键（指示灯亮），主轴电动机停止运转
13	冷却	在手动方式下，按下“冷却”按键，切削液开（默认值为切削液关），再按下该键为切削液关，如此循环

（续）

序号	按　　键	说　　明
14	Z轴锁住	在手动方式下，按下“Z轴锁住”按键（指示灯亮），再切换到自动方式运行加工程序，Z轴坐标位置信息变化，但Z轴不进行实际运动
15	选择停	如程序中使用了M01辅助指令，当按下该键后，程序运行到该指令即停止，再按“循环启动”键，继续运行；解除该键，则M01功能无效
16	空运行	如果选择了此功能，在自动方式下按下该键后，机床以系统最大快移速度运行程序。使用时注意坐标系之间的相互关系，避免发生碰撞
17	主轴定向	按下该键，卡盘夹紧，解除则松开。主轴正在旋转的过程中该键无效
18	主轴点动　主轴制动	手动、增量、手摇工作方式下该键有效
19	×1 F0　×10 25%　×100 50%　×1000 100%	增量进给的增量值由机床控制面板的“×1”“×10”“×100”“×1000”四个增量倍率按键控制 这几个按键互锁，即按下其中一个（指示灯亮），其余几个会失效（指示灯灭）
20	50　60　70　80　90　100　110　120　%	旋转主轴修调波段开关，倍率的范围为50%～120%；机械齿轮换挡时，主轴速度不能修调

（续）

序号	按　键	说　明
21		在自动方式或MDI运行方式下，当F代码编程的进给速度偏高或偏低时，可旋转进给修调波段开关，修调程序中编制的进给速度。修调范围为0%～120%
22		在手动方式下，按下“换刀允许”按键（指示灯亮），允许刀具松/紧，再按一下又为不允许刀具松/紧（指示灯灭），如此循环
23		在“换刀允许”有效时（指示灯亮），按下“刀具松/紧”按键，松开刀具（默认值为夹紧），再按一下又为夹紧刀具，如此循环

（3）计算机键盘键　计算机键盘键包括字母键、数字键和编辑键等，部分按键说明见表1-42。

表1-42　计算机键盘部分按键说明

计算机键盘键	按　键	说　明
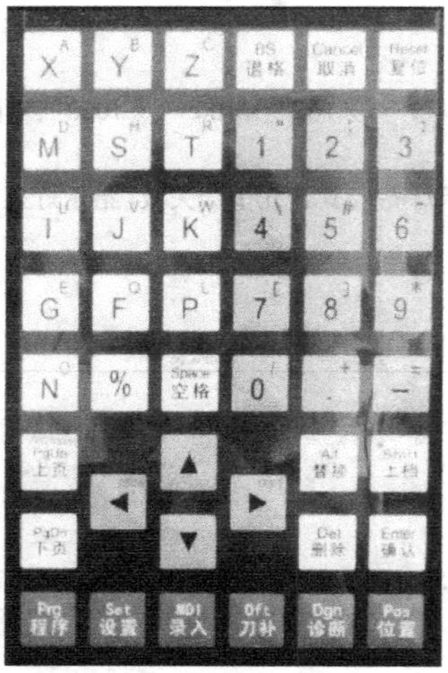	 Cancel 取消	退出当前窗口
	 BS 退格	光标向前移并删除前面字符
	 Del 删除	删除当前字符
	 OSD AUTO Space 空格	光标向后移并空一格
	 Enter 确认	确认（回车）

（续）

计算机键盘键	按键	说明
	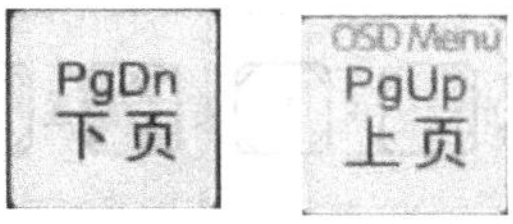 PgDn 下页　OSD Menu PgUp 上页	向后翻页、向前翻页
	 Fn Shift 上挡	上挡有效
	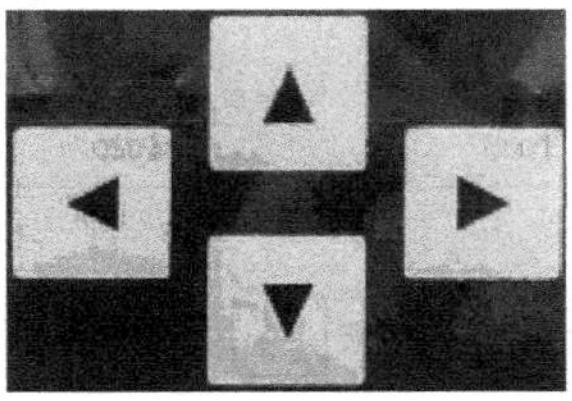 ▲ ◀ ▶ ▼	移动光标

（4）华中 HNC-818B 系统的加工中心基本操作步骤

1）开机、关机、急停、复位、返回机床参考点和超程解除操作步骤见表 1-43。

表 1-43 开机、关机等操作步骤

序号	操作内容	操作步骤
1	开机操作	 按下→急停→断路器→进入系统→NC开→右旋松开→急停→复位
2	关机操作	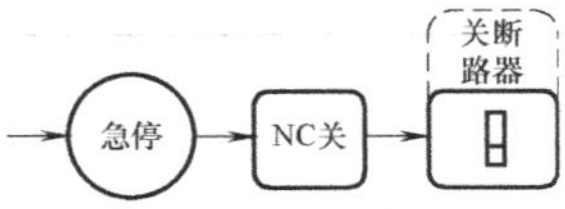 →急停→NC关→关断路器
3	急停、复位	 危险或紧急时按下→急停→解除危险后右旋打开→急停
4	手动返回机床参考点	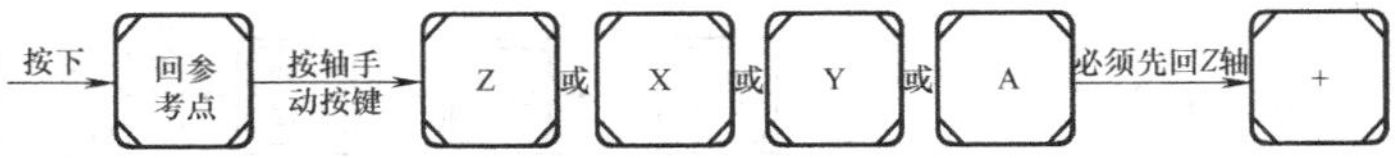 按下→回参考点→按轴手动按键→Z 或 X 或 Y 或 A→必须先回Z轴→+

2）手动操作步骤见表1-44。

表1-44　手动操作步骤

序号	操作内容		操作步骤
1	手动进给		 手动 →(进给修调栏) Z 或 X 或 Y 或 A → − 快进 +
2	增量进给		 增量 →(选择增量倍率) ×1 ×10 ×100 → Z 或 X 或 Y 或 A → − +
3	手摇进给(用手持盒)		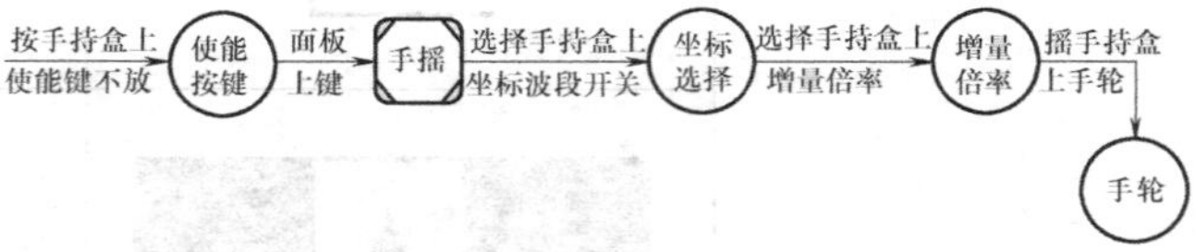 按手持盒上使能键不放 → 使能按键 →(面板上键) 手摇 →(选择手持盒上坐标波段开关) 坐标选择 →(选择手持盒上增量倍率) 增量倍率 →(摇手持盒上手轮) 手轮
4	手动换刀		 手动 → 刀库正转 或 刀库反转
5	MDI操作	主轴转速设定	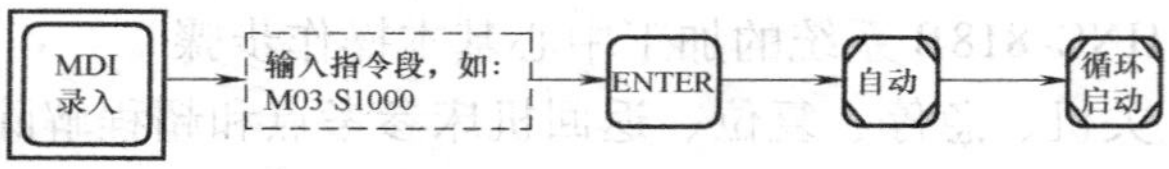 MDI录入 → 输入指令段，如：M03 S1000 → ENTER → 自动 → 循环启动
		对刀检验	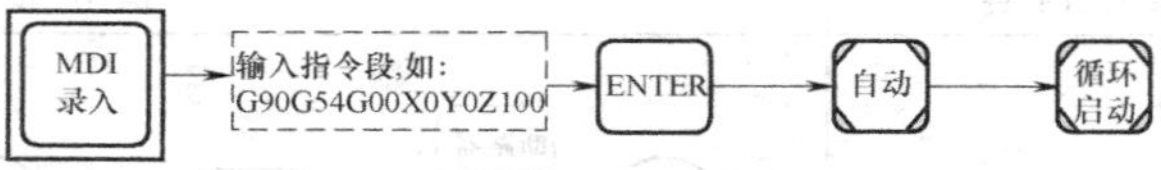 MDI录入 → 输入指令段，如：G90G54G00X0Y0Z100 → ENTER → 自动 → 循环启动
6	中心点对刀操作		 增量 → 设置 →(试切工件左侧) 记录1 →(试切工件右侧) 记录2 → 分中

3）程序编辑操作步骤见表1-45。

表1-45　程序编辑操作步骤

序号	操作内容	操作步骤
1	选择已有程序编辑	 prg程序 → 选择 → 用右边各键选程序文件名 ▼ ▲ → ENTER → 编辑 → 保存文件（如编辑当前加工程序,可省略这两个步骤）
2	编辑新程序	 prg程序 → 编辑 → 新建程序 → 输入新文件名如：O1234 → ENTER → 保存文件 → ENTER

（续）

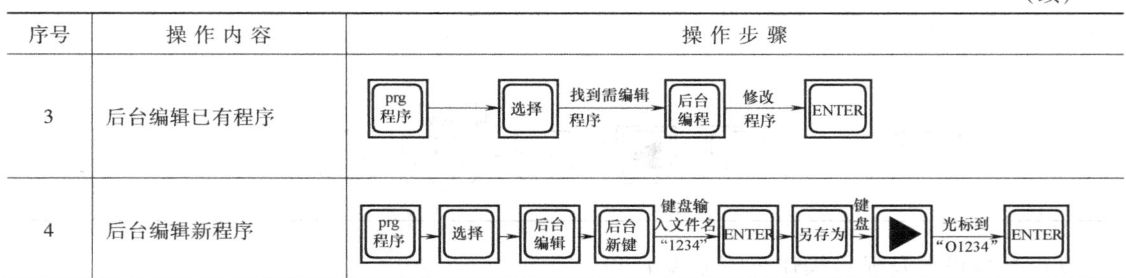

序号	操作内容	操作步骤
3	后台编辑已有程序	prg程序 → 选择 → 找到需编辑程序 → 后台编程 → 修改程序 → ENTER
4	后台编辑新程序	prg程序 → 选择 → 后台编辑 → 后台新键 → 键盘输入文件名“1234” → ENTER → 另存为 → 键盘 → ▶ → 光标到“O1234” → ENTER

4）程序管理操作步骤见表1-46。

表1-46　程序管理操作步骤

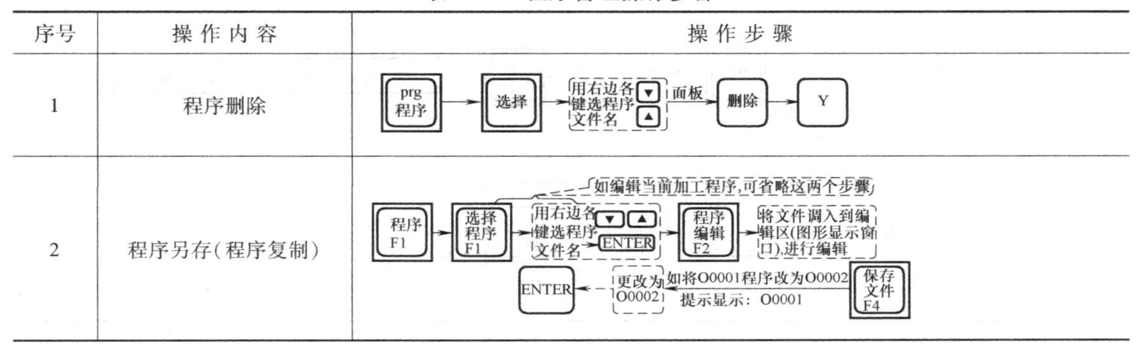

序号	操作内容	操作步骤
1	程序删除	prg程序 → 选择 → 用右边各键选程序文件名 ▼ ▲ → 面板 → 删除 → Y
2	程序另存（程序复制）	程序F1 → 选择程序F1 → 用右边各键选程序文件名 ▼ ▲ → ENTER → 程序编辑F2 → 将文件调入到编辑区(图形显示窗口)进行编辑 → 保存文件F4 → 如将O0001程序改为O0002 提示显示：O0001 → 更改为O0002 → ENTER（如编辑当前加工程序,可省略这两个步骤）

5）程序运行操作步骤见表1-47。

表1-47　程序运行操作步骤

序号	操作内容	操作步骤
1	程序模拟运行	prg程序 → 选择 → 用右边各键选程序文件名 ▼ ▲ → ENTER → 校验 → 手动 → 机床锁住 → 自动 → 循环启动
2	程序单段运行	自动（指示灯亮） → 单段（指示灯亮） → prg程序 → 选择程序 → 用右边各键选程序文件名 ▲ ▲ → ENTER → 循环启动（如运行当前程序,可省略这三个步骤）
3	程序自动运行	自动（指示灯亮） → prg程序 → 选择程序 → 用右边各键选程序文件名 ▼ ▲ → ENTER → 循环启动（如运行当前程序,可省略这三个步骤）

6）数据设置操作步骤见表1-48。

表1-48　数据设置操作步骤

序号	操作内容	操作步骤
1	刀具数据设置	oft刀补 → ENTER → 用下键进行编辑、修改 ← BS → Del → ENTER

（续）

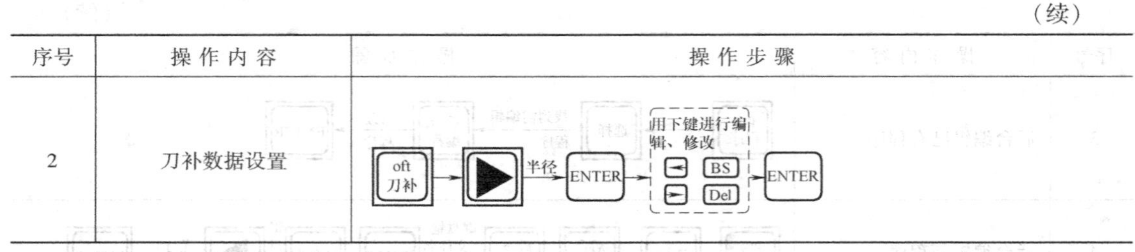

序号	操作内容	操作步骤
2	刀补数据设置	oft 刀补 → ▶ →半径→ ENTER → 用下键进行编辑、修改（← BS → Del）→ ENTER

7）参数设置及显示操作步骤见表1-49。

表1-49 参数设置及显示操作步骤

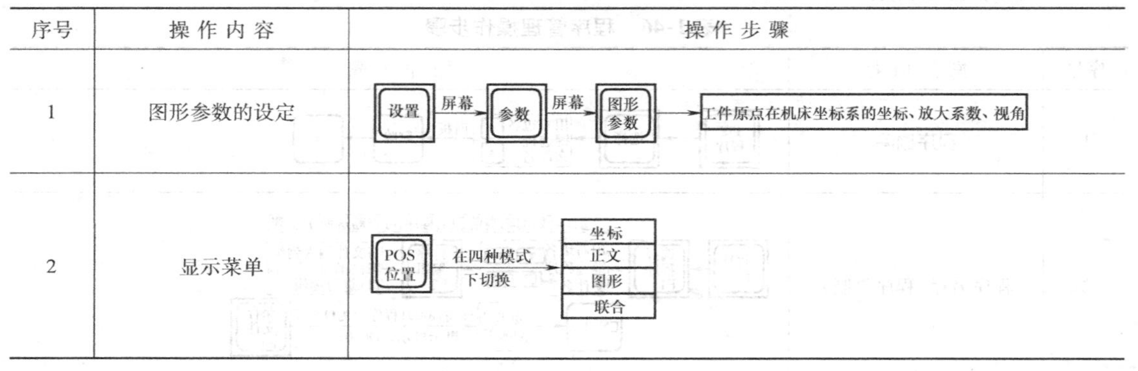

序号	操作内容	操作步骤
1	图形参数的设定	设置 →屏幕→ 参数 →屏幕→ 图形参数 → 工件原点在机床坐标系的坐标、放大系数、视角
2	显示菜单	POS 位置 →在四种模式下切换→ 坐标 / 正文 / 图形 / 联合

任务三 学习数控机床几何精度检验标准

数控机床几何精度是指数控机床某些基础零件工作面的几何精度，是数控机床在不运动时的精度，它规定了影响加工精度的各主要零部件之间以及这些零部件的运动轨迹之间的相对位置公差，如床身导轨的直线度、工作台面的平面度、主轴的回转精度、刀架溜板移动方向与主轴轴线的平行度等。在机床上加工的工件表面形状，是由刀具和工件之间的相对运动轨迹决定的，而刀具和工件是由机床的执行件直接带动的，所以机床的几何精度是保证加工精度最基本的条件。

一、数控车床几何精度检验标准

检验数控车床几何精度的国家标准有：GB/T 25659.1—2010《简式数控卧式车床　第1部分：精度检测》；GB/T 25659.2—2010《简式数控卧式车床　第2部分：技术条件》；GB/T 16462.1—2007《数控车床和车削中心检验条件　第1部分：卧式机床几何精度检验》。

（一）简式数控卧式车床几何精度检验标准

1. GB/T 25659.1—2010（见表1-50）

检验简式数控卧式车床几何精度的国家标准代号是GB/T 25659.1—2010。数控卧式车床调整安装水平，将溜板置于导轨行程中间位置，在机床导轨两端（或通过专用桥板）放置水平仪，水平仪在纵向和横向的读数均不超过0.06mm/1000mm。一般要求*ZX*平面是指通过刀尖与主轴轴线所确定的平面，该平面对工件直径尺寸产生主要影响。*YZ*平面是指通过主轴轴线且与*ZX*平面垂直的平面，该平面对工件直径尺寸产生次要影响。

表 1-50　简式数控卧式车床几何精度检测（摘自 GB/T 25659.1—2010）

<table>
<tr><th rowspan="2">序号</th><th rowspan="2">简　图</th><th rowspan="2">检验项目</th><th colspan="2">公差/mm</th><th rowspan="2">检验工具</th><th>检验方法</th></tr>
<tr><th>$D_a \leq 800$</th><th>$D_a > 800$</th><th>按 GB/T 17421.1—1998 的有关条文</th></tr>
<tr><td rowspan="11">G1</td><td rowspan="10">a)</td><td rowspan="10">导轨精度
a)纵向
导轨在垂直平面内的直线度</td><td colspan="2">$D_c \leq 500$</td><td rowspan="10">精密水平仪、自准直仪或其他光学仪器</td><td rowspan="10">3.1.1,5.2.1.2.2.1 和 5.2.1.2.2.2
在溜板(或专用桥板)上靠近前导轨处,纵向放置一水平仪。等距离(近似等于规定的局部公差测量长度)移动溜板(或专用桥板)检验
将水平仪的读数依次排列。画出导轨偏差曲线,曲线相对其两端点连线的最大坐标值就是导轨全长的直线度偏差,曲线上任意局部测量长度的两端点相对曲线两端点连线的坐标差值就是导轨的局部偏差</td></tr>
<tr><td>0.010(凸)</td><td>0.015(凸)</td></tr>
<tr><td colspan="2">$500 < D_c \leq 1000$</td></tr>
<tr><td>0.020(凸)</td><td>0.025(凸)</td></tr>
<tr><td colspan="2">局部公差
在任意 250 测量长度上为</td></tr>
<tr><td>0.0075</td><td>0.010</td></tr>
<tr><td colspan="2">$D_c > 1000$
最大工件长度每增加 1000 公差增加</td></tr>
<tr><td>0.010</td><td>0.015</td></tr>
<tr><td colspan="2">局部公差
在任意 500 测量长度上为</td></tr>
<tr><td>0.015</td><td>0.020</td></tr>
<tr><td>b)</td><td>b)横向
导轨在垂直平面内的平行度</td><td colspan="2">0.04/1000</td><td>精密水平仪</td><td>5.4.1.2.7
在溜板(或专用桥板)上横向放置一水平仪,等距离(移动距离同 a)移动溜板(或专用桥板)检验
水平仪在全部测量长度上读数的最大代数差就是导轨在垂直平面内平行度偏差</td></tr>
</table>

注1. 对于斜床身机床,直线度偏差方向不要求凸。
2. D_a 表示床身上最大回转直径;D_c 表示最大工件长度。
3. 在导轨两端 $D_c/4$ 测量长度上局部公差可以加倍。

（续）

序号	简图	检验项目	公差/mm $D_a \leqslant 800$	公差/mm $D_a > 800$	检验工具	检验方法 按 GB/T 17421.1—1998 的有关条文
G2	a) 钢丝 偏差 b)	溜板移动在 ZX 平面内的直线度(尽可能在两顶尖轴线和刀尖所确定的平面内检验)	$D_c \leqslant 500$ 0.015 $500 < D_c \leqslant 1000$ 0.020 $D_c > 1000$ 最大工件长度每增加 1000，公差增加 0.005 最大公差 0.030	$D_c \leqslant 500$ 0.020 $500 < D_c \leqslant 1000$ 0.025 $D_c > 1000$ 最大工件长度每增加 1000，公差增加 0.005 最大公差 0.050	a)指示器和检验棒或指示器和平尺(仅适用于 $D_c \leqslant 1500$mm) b)钢丝和显微镜或光学仪器	a)5.2.3.2.3,5.2.3.2.1 和 5.2.1.2.3 b)5.2.1.2.3 和 5.2.3.2.3 a)用指示器和检验棒检验，将指示器固定在溜板上，使其测头触及主轴和尾座顶尖间的检验棒表面上，调整尾座，使指示器在检验棒两端的读数相等。移动溜板在全部行程上检验。指示器读数的最大代数差就是直线度偏差 b)用钢丝和显微镜检验。在机床中心高的位置上绷紧一根钢丝，显微镜固定在溜板上，调整钢丝，使显微镜在钢丝两端的读数相等。等距离(移动距离同 G1)移动溜板，在全部行程上检验 显微镜读数的最大代数差值就是直线度偏差
G3	a) b) L=常数	尾座移动对溜板移动的平行度 a)在 YZ 平面内 b)在 ZX 平面内	$D_c \leqslant 1500$ a)和 b) 0.030 局部公差 在任意 500 测量长度上为 0.020 $D_c > 1500$ a)和 b)0.040 局部公差 在任意 500 测量长度上为 0.030	$D_c \leqslant 1500$ a)和 b) 0.040 局部公差 在任意 500 测量长度上为 0.020 $D_c > 1500$ a)和 b)0.040 局部公差 在任意 500 测量长度上为 0.030	指示器	5.4.2.2.5 将指示器固定在溜板上，使其测头触及近尾座体端面的顶尖套上 a)在 YZ 平面内 b)在 ZX 平面内 锁紧顶尖套，使尾座与溜板一起移动，在溜板全部行程上检验 a)、b)偏差分别计算。指示器在任意 500mm 行程上和全部行程上的最大差值就是局部长度和全长上的平行度偏差

（续）

序号	简图	检验项目	公差/mm		检验工具	检验方法 按 GB/T 17421.1—1998 的有关条文
			$D_a \leq 800$	$D_a > 800$		
G4		主轴端部的跳动 a）主轴的轴向窜动 b）主轴轴肩支承面的跳动	a）0.010 b）0.020 （包括轴向窜动）	a）0.015 b）0.020 （包括轴向窜动）	指示器和专用检具	5.6.2，5.6.2.1.2，5.6.2.2，5.6.2.2.2 和 5.6.3.2 固定指示器，使其测头触及 a）插入主轴锥孔的检验棒端部的钢球上 b）主轴轴肩支承面上 沿主轴轴线加一力 F，旋转主轴检验 a）、b）偏差分别计算。指示器读数的最大差值就是轴向窜动偏差和轴肩支承面的跳动偏差
G5		主轴定心轴颈的径向跳动	0.010	0.015	指示器	5.6.1.2.2 和 5.6.2.1.2 固定指示器使其测头垂直触及定心轴颈（包括圆锥轴颈）的表面。沿主轴轴线加一力 F，旋转主轴检验。指示器读数的最大差值就是径向跳动偏差
注：F 表示为消除主轴的轴向游隙而加的横向力，其大小由制造商规定。						
G6		主轴锥孔轴线的径向跳动 a）靠近主轴端部 b）距主轴端面 L 处	a）0.010 b）在 L = 300 处：0.020	a）0.015 b）在 L = 500 处：0.050	指示器和检验棒	5.6.1.2.3 将检验棒插入主轴锥孔内，固定指示器，使其测头触及检验棒表面 a）靠近主轴端面 b）距主轴端面 L 处 旋转主轴检验 拔出检验棒，相对主轴旋转 90°，重新插入主轴锥孔中依次重复检验三次 a）、b）偏差分别计算，四次测量结果的平均值就是径向跳动偏差

（续）

序号	简　　图	检 验 项 目	公差/mm		检 验 工 具	检验方法 按 GB/T 17421.1—1998 的有关条文
			$D_a \leqslant 800$	$D_a > 800$		
G7	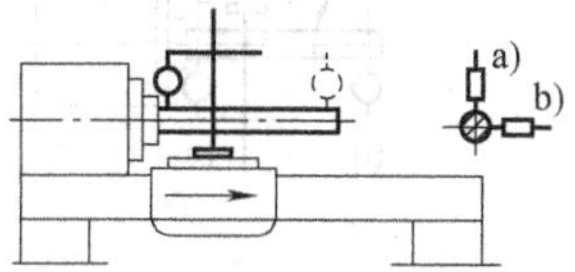	主轴轴线对溜板移动的平行度 a）在 *YZ* 平面内 b）在 *ZX* 平面内	a）在 300 测量长度上为：0.020（只许向上偏） b）在 300 测量长度上为：0.015（只许偏向刀具）	a）在 500 测量长度上为：0.040（只许向上偏） b）在 500 测量长度上为：0.030（只许偏向刀具）	指示器和检验棒	5.4.1.2.1，5.4.2.2.3 和 3.2.2 指示器固定在溜板上，使其测头触及检验棒的表面 a）在 *YZ* 平面内 b）在 *ZX* 平面内 移动溜板检验 将主轴旋转 180°，再同样检验一次 a）、b）偏差分别计算，两次测量结果的代数和之半，就是平行度偏差
G8	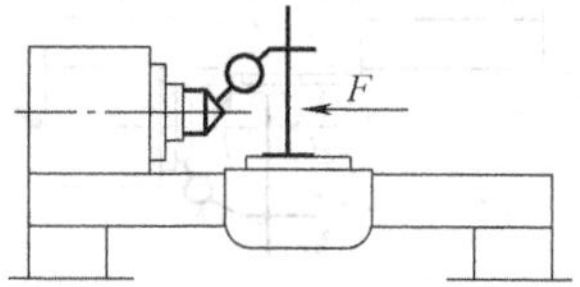	顶尖的跳动	0.015	0.020	指示器和专用顶尖	5.6.1.2.2 和 5.6.2.1.2 顶尖插入主轴孔内，固定指示器，使其测头垂直触及顶尖锥面上。沿主轴轴线加一力 *F*，旋转主轴检验 指示器读数除以 cosα（α 为锥体半角）后，就是顶尖跳动偏差
G9	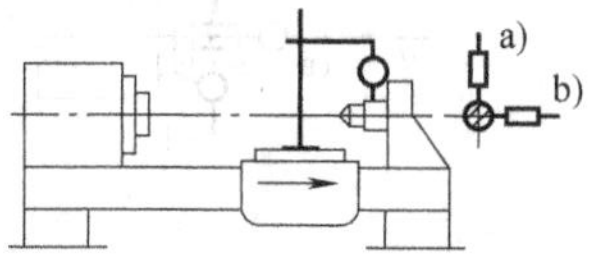	尾座套筒轴线对溜板移动的平行度： a）在 *YZ* 平面内 b）在 *ZX* 平面内	a）在 100 测量长度上为：0.015（只许向上偏） b）在 100 测量长度上为：0.010（只许偏向刀具）	a）在 100 测量长度上为：0.020（只许向上偏） b）在 100 测量长度上为：0.015（只许偏向刀具）	指示器	5.4.2.2.3 尾座的位置同 G11。尾座顶尖套伸出量约为最大伸出长度的一半，并锁紧 将指示器固定在溜板上，使其测头触及尾座套筒的表面 a）在 *YZ* 平面内 b）在 *ZX* 平面内 移动溜板检验 a）、b）偏差分别计算。指示器读数的最大差值就是平行度偏差

（续）

序号	简图	检验项目	公差/mm		检验工具	检验方法 按 GB/T 17421.1—1998 的有关条文
			$D_a \leqslant 800$	$D_a > 800$		
G10		尾座套筒锥孔轴线对溜板移动的平行度 a）在 *YZ* 平面内 b）在 *ZX* 平面内	a）在 300 测量长度上为：0.030（只许向上偏） b）在 300 测量长度上为：0.030（只许偏向刀具）		指示器和检验棒	5.4.2.2.3 和 5.4.1.2.1 尾座的位置同 G11。顶尖套筒退入尾座孔内，并锁紧。在尾座套筒锥孔中，插入检验棒。将指示器固定在溜板上，使其测头触及检验棒表面 a）在 *YZ* 平面内 b）在 *ZX* 平面内 移动溜板检验 拔出检验棒，旋转 180°，重新插入尾座顶尖套锥孔中，重复检验一次 a）、b）偏差分别计算，两次测量结果的代数和之半，就是平行度偏差
G11		主轴和尾座两顶尖的等高度	0.040 （只许尾座高）	0.060 （只许尾座高）	指示器和检验棒	5.4.3.2.2 和 3.2.2 在主轴与尾座顶尖间装入检验棒，将指示器固定在溜板上，使其测头在垂直平面内触及检验棒。移动溜板在检验棒的两极限位置上检验。将检验棒旋转 180°再检验一次。两次测量结果的代数和之半，就是等高度偏差 当 $D_c \leqslant 500$mm 时，尾座应紧固在床身导轨的末端。当 $D_c > 500$mm 时，尾座紧固在 $D_c/2$ 处，但最大不大于 2000mm。检验时，尾座顶尖套应退入尾座孔内，并锁紧
G12		横刀架横向移动对主轴轴线的垂直度	0.020/300 $\alpha \geqslant 90°$		指示器和平盘或平尺	5.5.2.2.3 和 3.2.2 将平盘固定在主轴上，指示器固定在横刀架上，使其测头触及平盘。移动横刀架进行检验 将主轴旋转 180°再同样检验一次。两次测量结果的代数和之半，就是垂直度偏差

（续）

序号	简　图	检验项目	公差/mm		检验工具	检验方法 按 GB/T 17421.1—1998 的有关条文
			$D_a \leq 800$	$D_a > 800$		
G13	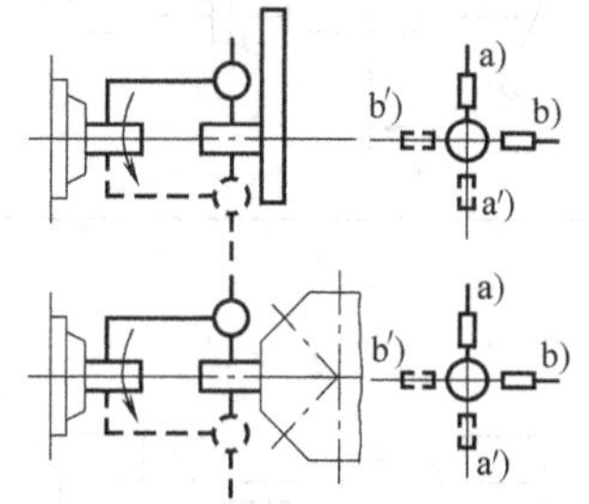 a) b′) b) a′) a) b′) b) a′)	回转刀架工具孔轴线与主轴轴线的重合度 a)在 *YZ* 平面内 b)在 *ZX* 平面内(只适用于刀架有工具孔的车床)	a)和 b) 0.030	a)和 b) 0.040	指示器和检验棒	5.4.4.2 和 3.2.2 指示器装在主轴端部的专用检具上，使其测头触及检验棒表面。旋转主轴，分别在 a)*YZ* 平面内 b)*ZX* 平面内检验(刀架依次转位) a)、b)偏差分别计算。偏差以指示器读数最大差值之半计
G14	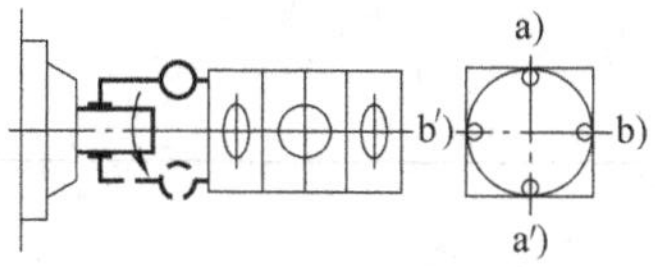 a) b′) b) a′)	回转刀架附具安装基准面对主轴轴线的垂直度 a)在 *YZ* 平面内 b)在 *ZX* 平面内(只适用于刀架有工具孔的车床)	a)和 b) 0.025/100		指示器	5.5.1.2.1 和 3.2.2 将指示器固定在主轴端部的专用检具上，使其测头触及刀架附具安装基准面上 a)在 *YZ* 平面内 b)在 *ZX* 平面内 旋转主轴检验 a)、b)偏差分别计算。偏差以指示器读数差值计 检验时刀架尽量接近主轴端部 每个工位均需检验
G15	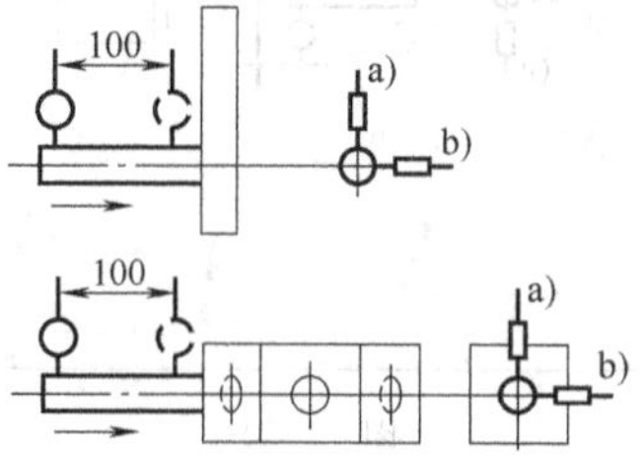 100 a) b) 100 a) b)	回转刀架工具孔轴线对溜板移动的平行度 a)在 *YZ* 平面内 b)在 *ZX* 平面内(只适用于刀架有工具孔的车床)	a)和 b) 0.030	a)和 b) 0.040	指示器和检验棒	5.4.2.2.3 检验棒紧密插在工具孔中，固定指示器，使其测头触及检验棒表面 a)在 *YZ* 平面内 b)在 *ZX* 平面内 移动溜板检验 a)、b)偏差分别计算。偏差以指示器读数差值计 检验时刀架尽量接近主轴端部 每个工位均需检验

（续）

序号	简　图	检验项目	公差/mm		检验工具	检验方法 按 GB/T 17421.1—1998 的有关条文
			$D_a \leqslant 800$	$D_a > 800$		
G16	a) b)	安装附具定位面的精度 a）安装基面和定位面对溜板移动的平行度 b）安装基面和定位面的位置同一度	a）在 100 测量长度上为：0.020 b）0.025		指示器	5.4.2.2.3 固定指示器，使其测头分别触及安装基面和定位槽的定位面上 a）移动溜板检验。安装基面和定位面的偏差分别计算，偏差以指示器读数的最大差值计 b）刀架转位检验。安装基面和定位面的偏差分别计算，偏差以指示器在各面的同一位置上读数的最大差值计 每个工位均需检验
G17		回转刀架转位的定位精度（只适用于有刀槽的车床）	0.050		指示器和专用检具	6.1.2 将专用检具固定在每个刀位上。指示器测头触及一个专用检具的定位面上（尽量靠近刀尖的位置），刀架依次转位检验 偏差以指示器在各刀位读数的最大差值计

（续）

序号	简图	检验项目	公差/mm		检验工具	检验方法 按 GB/T 17421.1—1998 的有关条文
			$D_a \leqslant 800$	$D_a > 800$		
G18	100 b) a) b) a) 25 25 100 b) a)	回转刀架转位的重复定位精度	a）和 b） 0.010		指示器和检验棒或专用检具	6.4.2 检验棒紧密插在工具孔中，指示器测头触及检验棒上，刀架回转 360°检验 a）、b）位置分别进行，每个位置重复检验 7 次 a）、b）偏差分别计算。偏差以每个位置 7 次测量的最大差值计 每个工位均需检验
G19	X X Z	直排刀架： 1）横向滑板的基准槽或基准侧面对其 X 轴运动的平行度 2）横向滑板的工具安装面对 a）床鞍 Z 轴运动的平行度 b）横滑板 X 轴运动的平行度	在任意 300 测量长度上或全行程上（全行程≤300 时）： 1）0.030 2）a）和 b）0.025		指示器和量块	5.4.2.2.2.1 1）沿测量长度在若干位置上进行检测，测取读数之间的最大差即为平行度偏差 2）在 X 轴和 Z 轴两个方向上，放置 3×3 个滑块，滑块应跨过槽中心。测量位置应位于横滑板安装面的两端和中间 分别沿 X 轴和 Z 轴滑块表面上进行测量，测取读数之间的最大差即为平行度偏差

2. GB/T 25659. 2—2010

该标准是规定简式数控卧式车床制造验收的技术条件。其中精度检验时规定，机床精度检验按照 GB/T 25659. 1—2010 进行，精度标准中 G7、G11、G13 等应在机床中速达到稳定温度时检验。

（二）数控车床和车削中心几何精度检验标准

检验数控车床和车削中心几何精度可依据国家标准为 GB/T 16462. 1—2007《数控车床和车削中心检验条件　第 1 部分：卧式机床几何精度检验》。表 1-51 是该标准与本书内容有关的部分摘录。

表 1-51　数控车床和车削中心检验条件（摘自 GB/T 16462. 1—2007）（单位：mm）

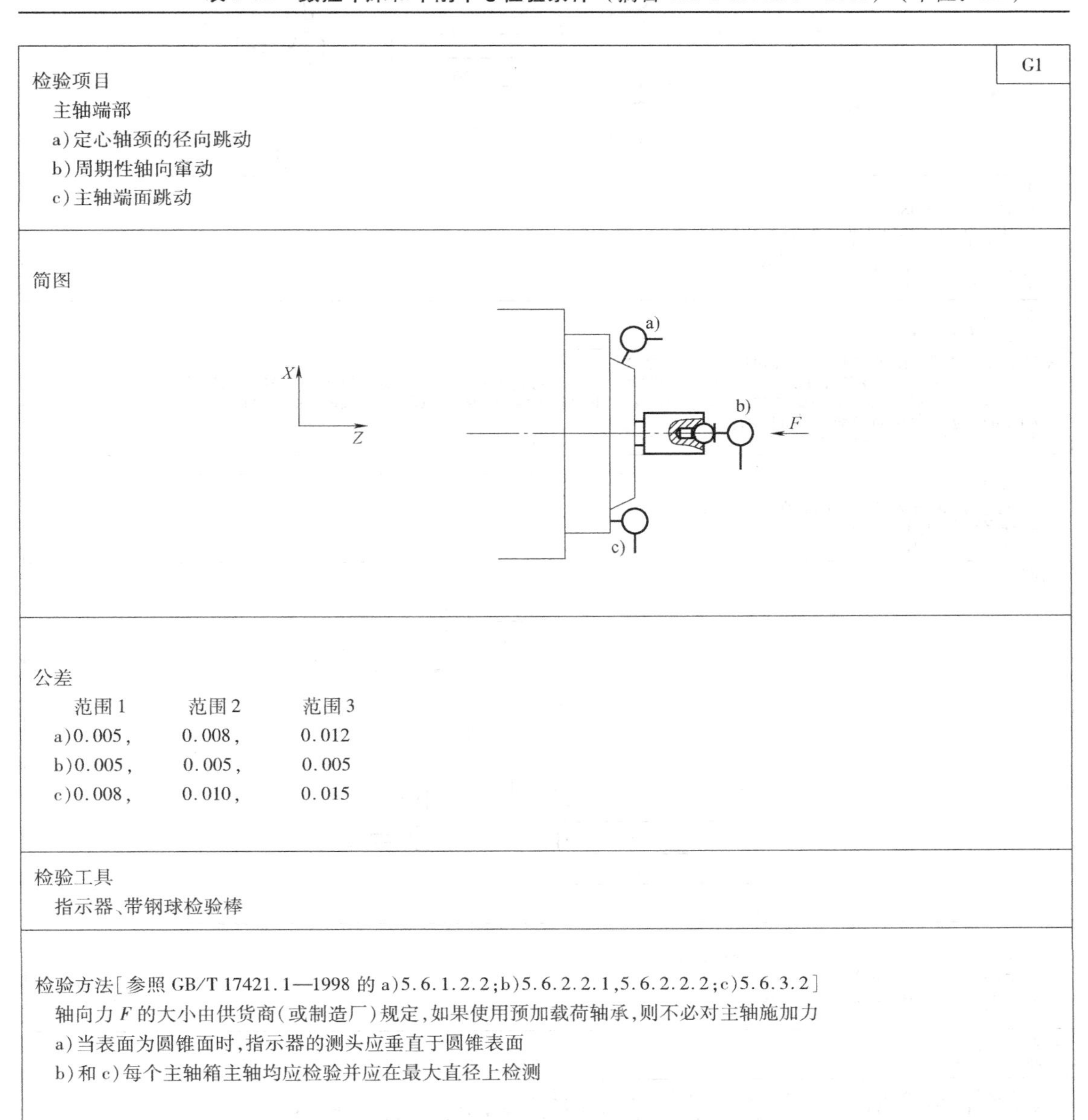

G1

检验项目
主轴端部
a)定心轴颈的径向跳动
b)周期性轴向窜动
c)主轴端面跳动

简图

公差

	范围 1	范围 2	范围 3
a)	0.005,	0.008,	0.012
b)	0.005,	0.005,	0.005
c)	0.008,	0.010,	0.015

检验工具
指示器、带钢球检验棒

检验方法[参照 GB/T 17421.1—1998 的 a)5.6.1.2.2;b)5.6.2.2.1,5.6.2.2.2;c)5.6.3.2]
轴向力 F 的大小由供货商(或制造厂)规定,如果使用预加载荷轴承,则不必对主轴施加力
a)当表面为圆锥面时,指示器的测头应垂直于圆锥表面
b)和 c)每个主轴箱主轴均应检验并应在最大直径上检测

（续）

检验项目　　G2

主轴孔的径向跳动

1）测头直接触及

a）前锥孔面

b）后定位面

2）使用检验棒检验

a）靠近主轴端面

b）距主轴端面300mm处

简图

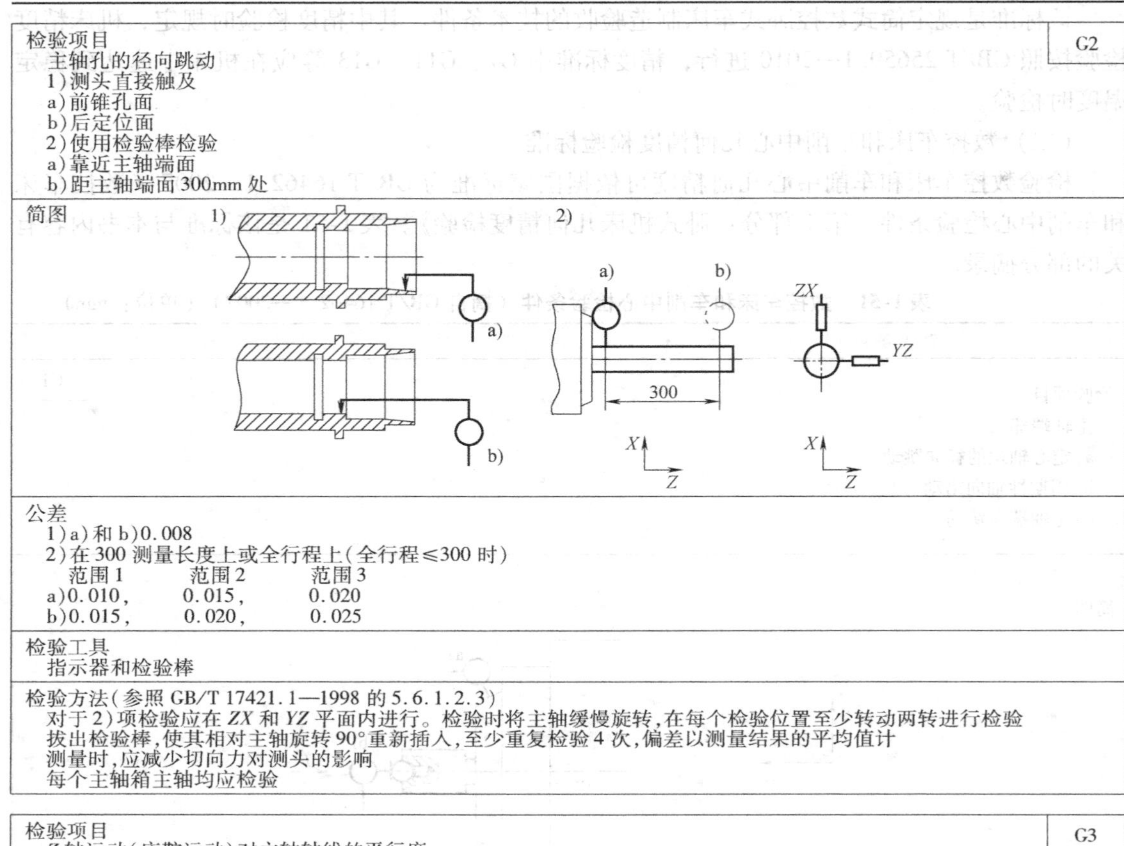

公差

1）a）和b）0.008

2）在300测量长度上或全行程上（全行程≤300时）

	范围1	范围2	范围3
a)	0.010，	0.015，	0.020
b)	0.015，	0.020，	0.025

检验工具

指示器和检验棒

检验方法（参照GB/T 17421.1—1998的5.6.1.2.3）

对于2）项检验应在*ZX*和*YZ*平面内进行。检验时将主轴缓慢旋转，在每个检验位置至少转动两转进行检验

拔出检验棒，使其相对主轴旋转90°重新插入，至少重复检验4次，偏差以测量结果的平均值计

测量时，应减少切向力对测头的影响

每个主轴箱主轴均应检验

检验项目　　G3

*Z*轴运动（床鞍运动）对主轴轴线的平行度

a）在ZX平面内

b）在*YZ*平面内

简图

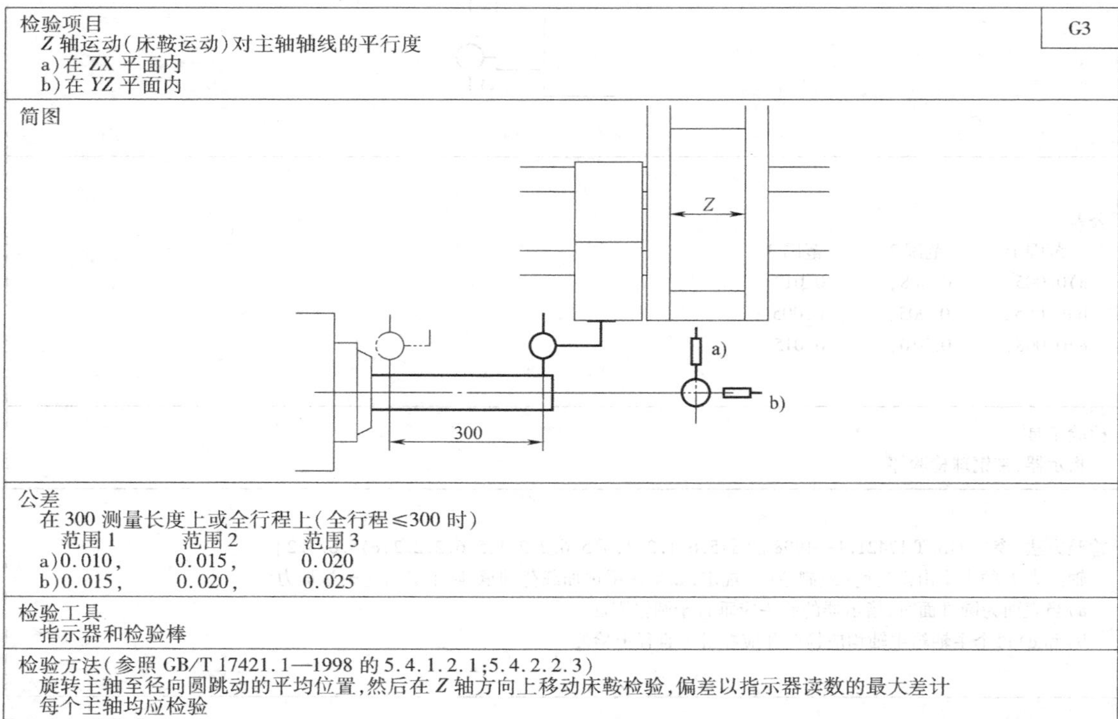

公差

在300测量长度上或全行程上（全行程≤300时）

	范围1	范围2	范围3
a)	0.010，	0.015，	0.020
b)	0.015，	0.020，	0.025

检验工具

指示器和检验棒

检验方法（参照GB/T 17421.1—1998的5.4.1.2.1；5.4.2.2.3）

旋转主轴至径向圆跳动的平均位置，然后在*Z*轴方向上移动床鞍检验，偏差以指示器读数的最大差计

每个主轴均应检验

（续）

G4

检验项目

主轴（C'轴）轴线对

a）X 轴线在 ZX 平面内运动的垂直度

b）Y 轴线在 YZ 平面内运动的垂直度（当有 Y 轴时）

简图

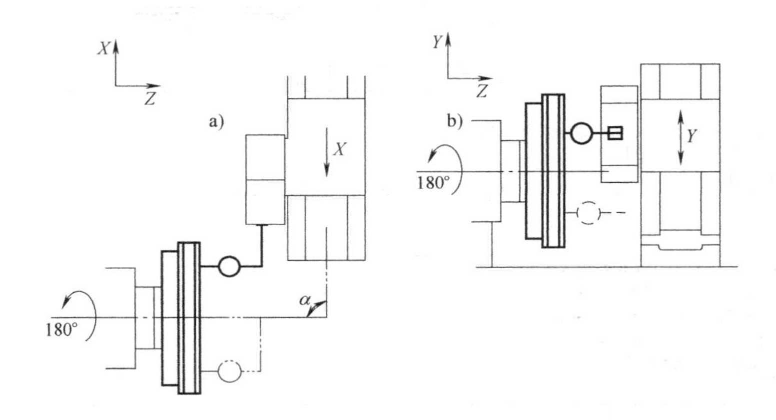

公差

在 300 测量长度上或全行程上（全行程≤300 时）（$\alpha \geqslant 90°$）

	范围 1	范围 2	范围 3
a)	0.015,	0.015,	0.025
b)	0.020,	0.020,	0.020

检验工具

指示器、花盘及平尺

检验方法（参照 GB/T 17421.1—1998 的 5.5.2.2.3）

将指示器固定在转塔刀架上，并靠近刀具位置

将平尺固定在花盘上，花盘安装在主轴上

旋转主轴，使平尺的端面与主轴（C'轴）旋转平面平行并近似与 $X(Y)$ 轴轴线平行

应在 $X(Y)$ 轴线运行的若干位置上进行测量，然后将主轴回转 180°进行第二次测量。偏差以两次测量读数平均值的最大差值计。除非用户与供货方（或制造厂）之间有特殊协议，否则 a）项检验产生的平面只许凹

每个主轴箱主轴均应检验

（续）

检验项目 *Y* 轴运动（刀架）对 *X* 轴运动（刀架滑板）的垂直度 本项也适用于 X_1 轴线对 Y_2 轴线的垂直度检验	G5
简图 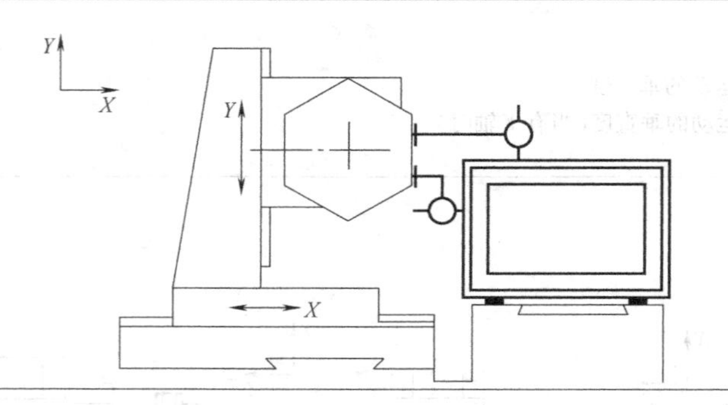	
公差 在 300 测量范围上或全行程上（全行程≤300 时） 范围 1　范围 2　范围 3 0.020，　0.020，　0.030	
检验工具 指示器、直角尺	
检验方法（参照 GB/T 17421.1—1998 的 5.5.2.2.4） 放置直角尺，使其基准面与 *X* 轴线运动平行 移动指示器，使其测头触及直角尺的垂直面 利用 *Y* 轴运动在垂直面内进行检验 偏差以测量范围内最大读数差值计	

检验项目 两主轴箱主轴的同轴度（仅用于相对布置的主轴） a）在 *ZX* 平面内 b）在 *YZ* 平面内	G6
简图 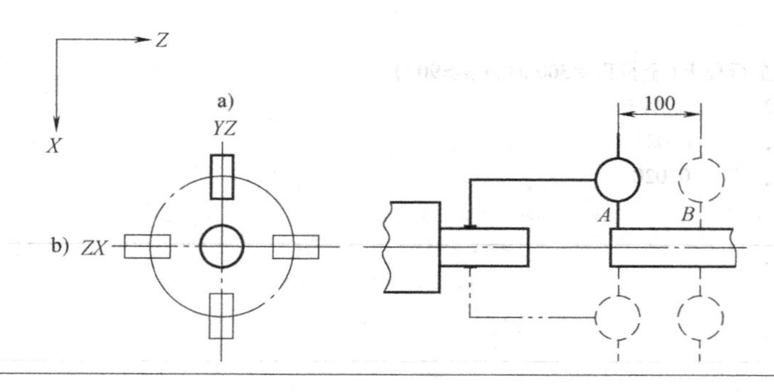	
公差 在 100 测量范围内： 范围 1　范围 2　范围 3 a）和 b）0.010，　0.015，　0.015	
检验工具 指示器和检验棒	
检验方法（参照 GB/T 17421.1—1998 的 5.4.4.2） 将指示器固定在第一个主轴箱主轴上，检验棒插入第二个主轴箱主轴内 a）旋转第一个主轴，使指示器位于 *ZX* 平面内，并使指示器测头在距离第二主轴端部 100mm 处（*A* 点位置）触及检验棒。旋转第二根主轴找出径向跳动的平均位置测取读数。然后将第一根主轴旋转 180°得到第二个读数，在 *B* 点位置重复上述测量 b）在 *YZ* 平面内重复进行上述检验过程 在 *ZX* 和 *YZ* 两个平面内的 *A* 和 *B* 位置，同轴度偏差以 0°和 180°所测取的读数之间的差值的 1/2 计	

（续）

G7

检验项目

Z 轴运动（床鞍运动）的角度偏差

a）在 YZ 平面内（俯仰）

b）在 XY 平面内（倾斜）

c）在 ZX 平面内（偏摆）

简图

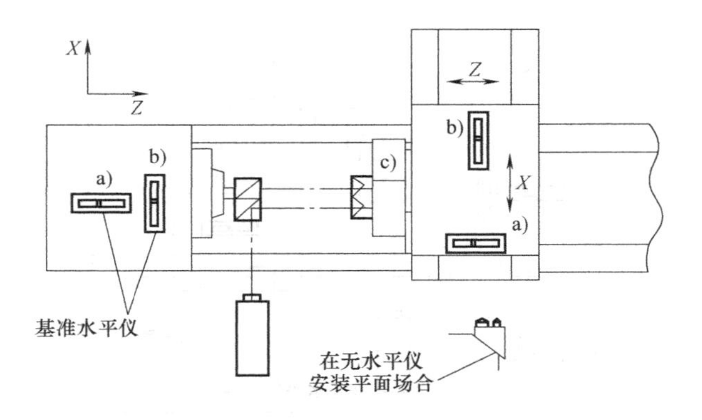

公差

a）、b）和 c）　$Z \leqslant 500$，0.040/1000（或 8″）

$500 < Z \leqslant 1000$，0.060/1000（或 12″）

$1000 < Z \leqslant 2000$，0.080/1000（或 16″）

检验工具

a）精密水平仪、自准直仪和反射器或激光仪器

b）精密水平仪

c）自准直仪和反射器或激光仪器

检验方法（参照 GB/T 17421.1—1998 的 5.2.3.2.2.1；5.2.3.2.2.2；5.2.3.2.2.3）

对于倾斜床身，基准面和水平面有一个角度，当有可能水平放置水平仪时，可以使用一个专用桥板和精密水平仪进行 b）项检验，但建议不用精密水平仪进行 a）项检验，当使用自准直仪时，应调整自准直仪测微目镜使其与基准面垂直或平行

应在往复两个运动方向上沿行程至少 5 个等距位置上进行检验。最大和最小读数之差即为角度偏差

对于数控车床，俯仰和倾斜仪为次要偏差

注：当使用精密水平仪检验时，精密水平仪每移动一个位置时，其读数都应与基准水平仪的读数进行比较，并记录差值。角度偏差以水平仪在 5 个位置读数（每个位置的读数是指精密水平仪与基准水平仪之间的差值）的最大与最小之差计

（续）

G8

检验项目

X 轴运动（刀架滑板运动）的角度偏差

a）在 *XY* 平面内（俯仰）

b）在 *YZ* 平面内（倾斜）

c）在 *ZX* 平面内（偏摆）

简图

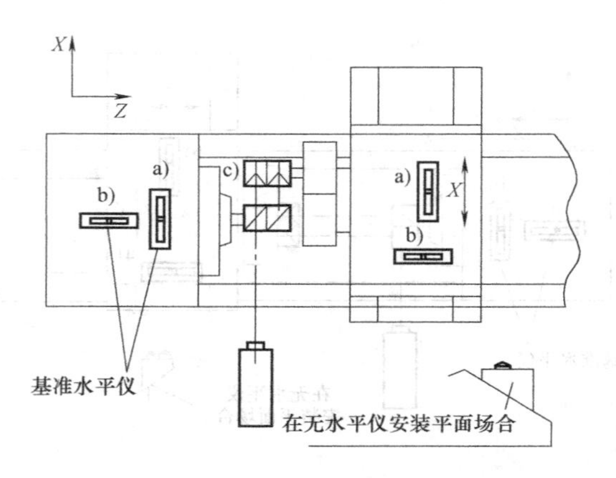

公差

a）、b）和 c）　　$X\leqslant500$，0.040/1000（或 8″）

$500<X\leqslant1000$，0.060/1000（或 12″）

$1000<X\leqslant2000$，0.080/1000（或 16″）

检验工具

a）精密水平仪或自准直仪和反射器或激光仪器

b）平盘和指示器或精密水平仪

c）自准直仪和反射器或激光仪器

检验方法（参照 GB/T 17421.1—1998 的 5.2.3.2.2.1；5.2.3.2.2.2；5.2.3.2.2.3）

对于倾斜床身，基准面和水平面有一个角度，当有可能水平放置水平仪时，可以使用一个专用桥板和精密水平仪进行 a）项检验

当使用自准直仪时，应调整自准直仪测微目镜垂直于（用于“a）”项）或平行于（用于“c）”项）基准面

应在往复两个运动方向上沿行程至少 5 个等距位置上进行检验。最大和最小读数之差即为角度偏差

注：当使用精密水平仪检验时，精密水平仪每移动一个位置时，其读数都应与基准水平仪的读数进行比较，并记录差值。角度偏差以水平仪在 5 个位置读数（每个位置的读数是指精密水平仪与基准水平仪之间的差值）的最大与最小之差计

（续）

G9
检验项目 *Y*轴运动（刀架运动）的角度偏差 a）在*YZ*平面内（绕*X*轴偏摆） b）在*ZX*平面内（倾斜） c）在*XY*平面内（绕Z轴仰俯）
简图 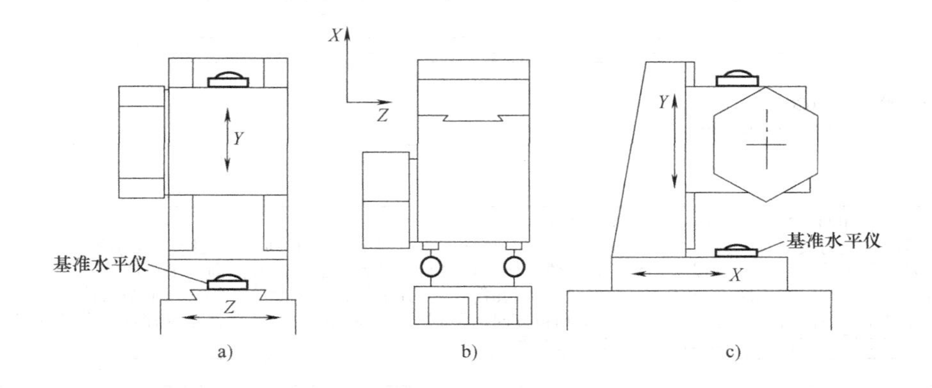 a)　b)　c)
公差 a）、b）和c）　*Y*≤500，0.040/1000（或8″）
检验工具 a）精密水平仪或自准直仪和反射器或激光仪器 b）平盘和指示器 c）精密水平仪或自准直仪和反射器或激光仪器
检验方法（参照GB/T 17421.1—1998的5.2.3.2.2.1；5.2.3.2.2.2；5.2.3.2.2.3） 建议不在斜床身上用精密水平仪进行a）和c）检测 当使用自准直仪时，应调整自准直仪测微目镜垂直于或平行于基准面 应在往复两个运动方向上沿行程至少5个等距位置上进行检验。最大和最小读数之差即为角度偏差 注：当使用精密水平仪检验时，精密水平仪每移动一个位置时，其读数都应与基准水平仪的读数进行比较，并记录差值，角度偏差以水平仪在5个位置读数（每个位置的读数是指精密水平仪与基准水平仪之间的差值）的最大与最小之差计

（续）

检验项目	G10
尾座 R 轴运动对床鞍 Z 轴运动的平行度 a)在 ZX 平面内 b)在 YZ 平面内	

简图

公差

$Z \leqslant 1000$，a)0.020；b)0.030

$1000 < Z \leqslant 2000$，a)0.030；b)0.050

检验工具

指示器

检验方法(参照 GB/T 17421.1—1998 的 5.4.2.2.5)

将指示器固定在刀架上，使其测头触及尾座套筒，同时移动床鞍 Z 轴和尾座 R 轴并记录指示器的读数

应在往复两个运动方向上沿行程至少 5 个等距位置上进行检验。最大与最小读数差即为平行度偏差

如果机床采用手动操作尾座，在测量记录前应将尾座套筒锁紧，并确保在尾座套筒的相同点上测取读数

当床鞍和尾座不能同时运动时，床鞍应先朝主轴箱方向运动到第一个测量位置，然后再移动尾座直到指示器触及测量位置为止。对于反方向检验，运动的顺序作相应的改变

检验项目	G11
尾座套筒运动对床鞍 Z 轴运动的平行度 a)在 ZX 平面上 b)在 YZ 平面上	

简图

公差

在 L 长度上测量：

	$L=50$	$L=100$	$L=150$
a)	0.010	0.015	0.020
b)	0.015	0.020	0.025

（尾座套筒伸出端向上）

检验工具

指示器

检验方法(参照 GB/T 17421.1—1998 的 5.4.2.2.5)

尾座套筒处于退回状态下并锁紧，将指示器固定在刀架上并使其测头触及尾座套筒，记录读数

套筒全部伸出并重新锁紧，移动床鞍使指示器的测头触及先前测量位置上，记录指示器的读数

指示器的最大与最小读数差即为平行度偏差

（续）

检验项目	G12
尾座套筒锥孔轴线对床鞍 Z 轴运动的平行度 a）在 ZX 平面内 b）在 YZ 平面内 此项检验仅适用于手动移动套筒的尾座	
简图 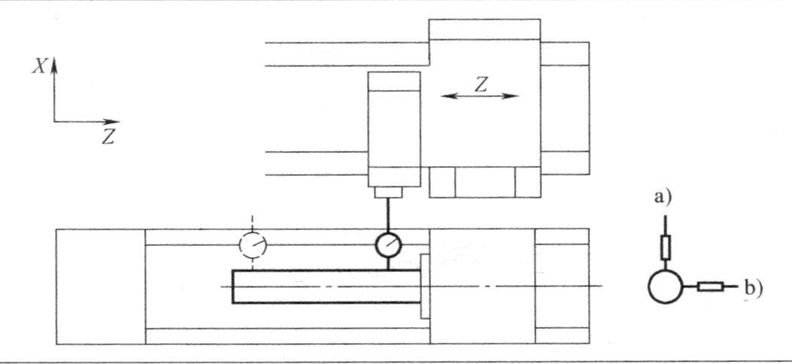 	
公差 在 300 测量范围上或全行程上（全行程≤300 时） 范围 1　范围 2　范围 3 a）和 b）　0.010　0.020，　0.025	
检验工具 检验棒和指示器	
检验方法（参照 GB/T 17421.1—1998 的 5.4.2.2.3） 尾座套筒处于退回位置，检验棒插入套筒内，将指示器固定在刀架上，指示器测头触及靠近尾座端部位置的检验棒上，记录读数 按测量长度移动床鞍，并记录读数 检验棒旋转 180°，重复上述检验 两次测量读数的代数和之半为平行度偏差	

检验项目	G13
Z 轴运动对车削轴线的平行度 a）在 ZX 平面内 b）在 YZ 平面内 注：车削轴线即为两顶尖之间轴线	
简图 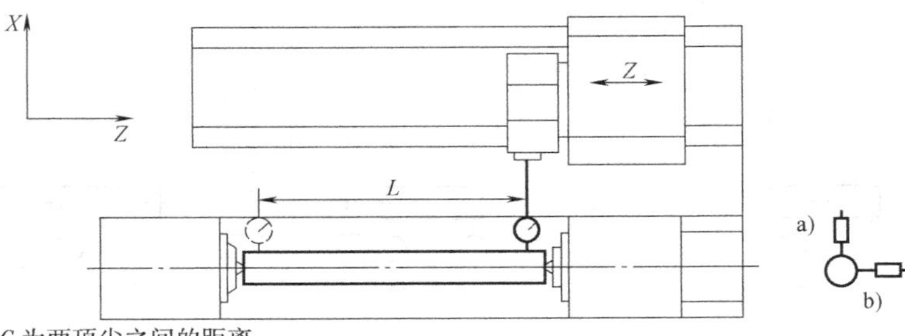 $L=75\%DC$，DC 为两顶尖之间的距离	
公差 $DC\leqslant500$，　$500<DC\leqslant1000$ a）　0.010；　0.015 b）　0.020；　0.030 对于 Z_2 轴，每项公差增加 0.010	
检验工具 检验棒和指示器	
检验方法（参照 GB/T 17421.1—1998 的 5.4.2.2.3，A4.2，A4.3） 在刀架上固定指示器，使其测头分别在 ZX 和 YZ 平面内触及检验棒 沿着在若干个位置上测量，最大读数差即为平行度偏差 对于 A 型机床，当 $DC>1000$mm 时，在 1000mm 内检验	

（续）

检验项目 　刀架工具安装基面对主轴轴线的垂直度 　此项检验适用于工具安装基面与主轴轴线垂直的刀架	G14
简图 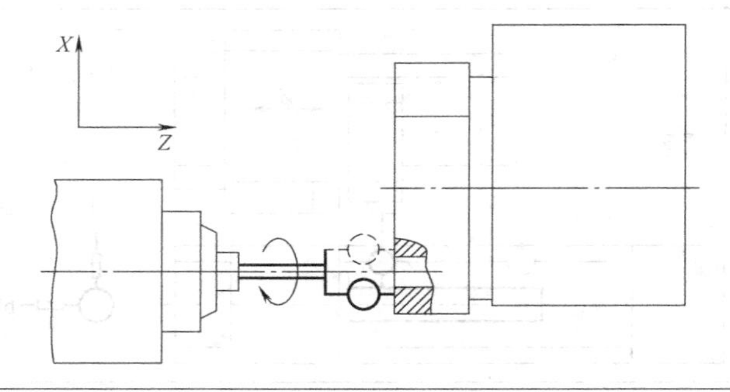 	
公差 　0.020/100　（100 为测量直径）	
检验工具 　指示器	
检验方法（参照 GB/T 17421.1—1998 的 5.5.1.2.1；5.5.1.2.4） 　每个工位均应检验	

检验项目 　刀架工具安装孔轴线对 Z 轴运动的平行度 　a）在 ZX 平面内 　b）在 YZ 平面内 　此项检验适用于工具安装孔轴线与 Z 轴运动轴线平行的刀架	G15
简图 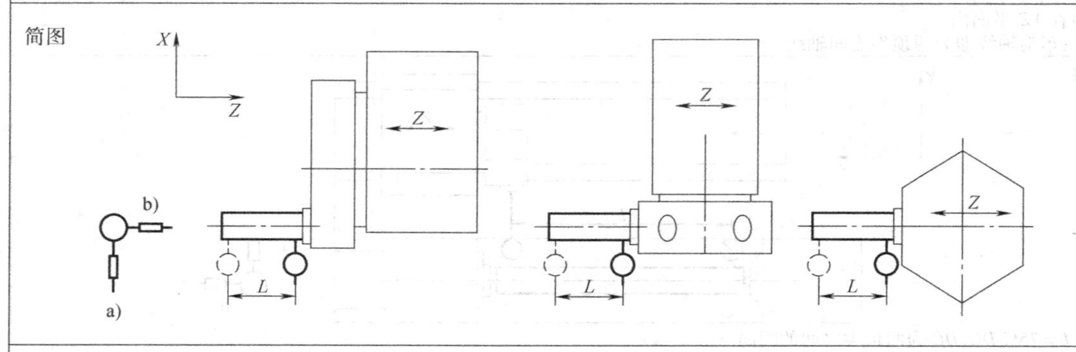 	
公差 　a）和 b）　$L=100$，0.030	
检验工具 　检验棒和指示器	
检验方法（参照 GB/T 17421.1—1998 的 5.4.2.2.3） 　将检验棒固定在刀架（或刀夹）工具安装孔内上，固定指示器使其测头分别在 ZX、YZ 平面内触及检验棒 　每个工位均应检验 　刀架应处在前部位置或尽可能地接近主轴 　如果工具定位方式需要法兰连接的，检验棒应重新设计	

（续）

<table>
<tr><td>G16

检验项目
刀架工具孔轴线对 $X(X_2)$ 轴运动的平行度
a) 在 ZX 平面内
b) 在 XY 平面内
此项检验适用于工具安装孔轴线与主轴轴线垂直的刀架</td><td>G17

检验项目
直排刀架
1) 横向滑板的基准槽或基准侧面对 X 轴运动的平行度
2) 横向滑板的工具安装面对
a) 床鞍 Z 轴运动的平行度
b) 横滑板 X 轴运动的平行度
此项检验仅适用于 d 型直排刀架</td></tr>
<tr><td>简图
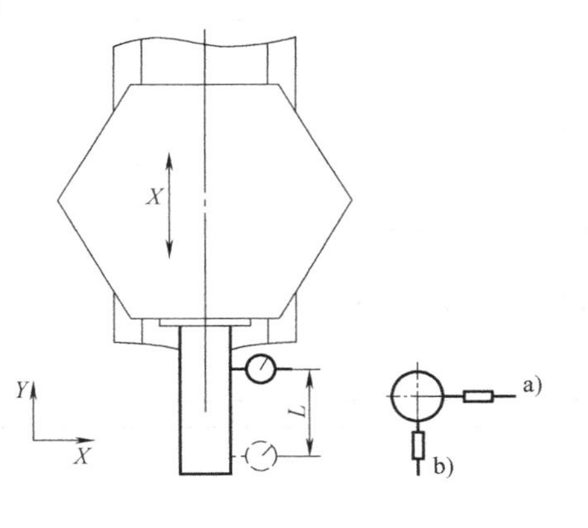
</td><td>简图
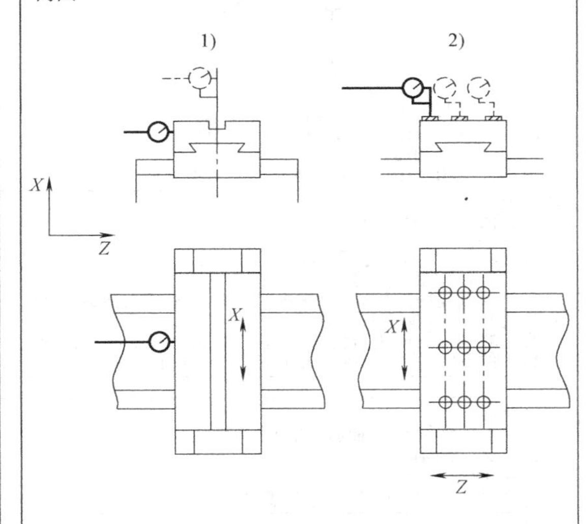
</td></tr>
<tr><td>公差
a) 和 b) $L=100$，0.030</td><td>公差
在任意 300 测量长度上或全行程上（全行程≤300 时）
1) 0.030
2) a) 和 b) 0.025</td></tr>
<tr><td>检验工具
检验棒和指示器</td><td>检验工具
指示器/支架，滑块</td></tr>
<tr><td>检验方法（参照 GB/T 17421.1—1998 的 5.4.2.2.3；A4.2，A4.3）
将检验棒固定在刀架（或刀夹）工具安装孔内上，固定指示器使其测头分别在 ZX、YX 平面内触及检验棒
每个工位均需检验
刀架应处在前部位置或尽可能地接近主轴
如果工具定位方式需要法兰连接的，检验棒应重新设计</td><td>检验方法（参照 GB/T 17421.1—1998 的 5.4.2.2.2.1）
1) 沿测量长度在若干位置上进行检测，测取读数之间的最大差即为平行度误差
2) 在 X 轴和 Z 轴两个方向上，放置 3×3 个滑块，滑块应跨过槽中心。测量位置应位于横滑板安装面的两端和中间</td></tr>
</table>

（续）

检验项目　G18

刀具主轴的径向跳动和端面跳动

1）内锥孔的径向跳动

a）靠近主轴端部

b）距主轴端部 100 处

2）圆柱孔

a）主轴端部的径向跳动

b）主轴端部的端面跳动

简图

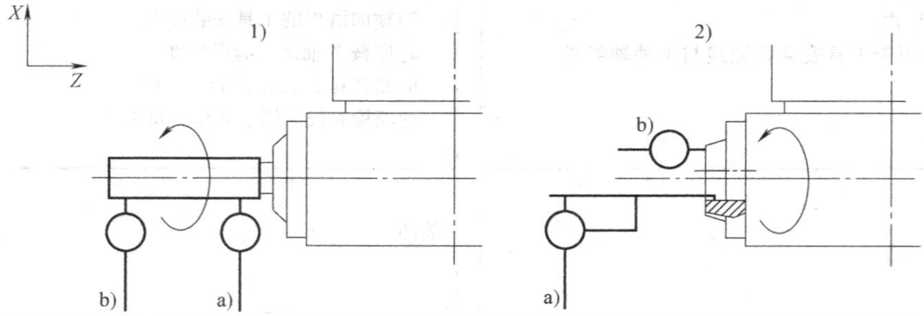

公差

	范围 1	范围 2	范围 3
1）	a）0.010；	0.015；	0.020
	b）0.015；	0.020；	0.025
2）a）和 b）	0.010；	0.015；	0.020

检验工具

检验棒，指示器/支架

检验方法（参照 GB/T 17421.1—1998 的 5.6.1.2.3，5.6.3.2）

在 *ZX* 和 *YZ* 面内检测

应至少重复四次检验，每次都将检验棒相对主轴旋转 90°重新插入，记录读数的平均值

测量时，应减少切向力对测头的影响

所有的主轴均应进行检验，并且在最大直径上测取读数

2）中的 b）项检验应在最大可能半径上进行检验

检验项目　G19

刀具主轴轴线对 *Z* 轴运动的平行度

a）在 *ZX* 平面内

b）在 *YZ* 平面内

此项检验适用于所有动力刀架主轴

简图

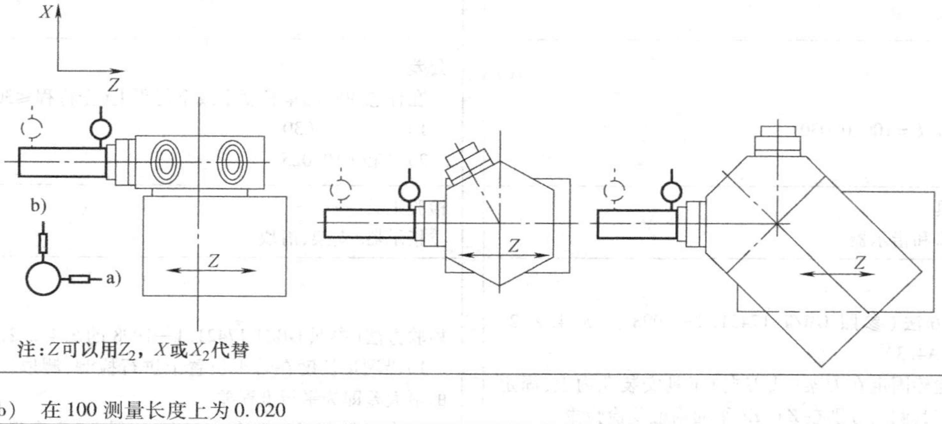

注：Z 可以用 Z_2，X 或 X_2 代替

公差

a）和 b）　在 100 测量长度上为 0.020

检验工具

检验棒和指示器

检验方法（参照 GB/T 17421.1—1998 的 5.4.1.2.1，5.4.2.2.3）

旋转刀具主轴使其处于径向跳动的平均位置，然后在 *Z* 轴方向移动刀架，测取读数的最大差值

或

沿检验棒测取读数，将主轴旋转 180°重复上述检验，偏差以两次测量读数的代数和之半计

每个刀具主轴均应检验

（续）

检验项目 　刀具主轴轴线对 X 轴运动的平行度 　a）在 XY 平面内 　b）在 ZX 平面内 　此项检验适用所有动力刀架主轴	G20
简图 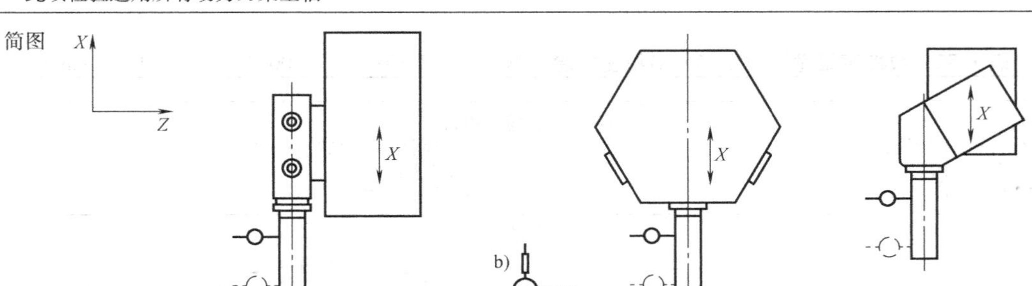 注：X 可以用 X_2 代替	
公差 　在 100 测量长度上为 0.020	
检验工具 　检验棒，指示器/支架	
检验方法（参照 GB/T 17421.1—1998 的 5.4.1.2.1，5.4.2.2.3） 　a）旋转刀具主轴使其处于径向跳动的平均位置，然后在 X 轴方向移动刀架，测取读数的最大差值 　或 　沿检验棒测取读数，将主轴旋转 180°重复上述检验。偏差以两次测量读数的代数和之半计。每个刀具主轴均应检验 　b）在 ZX 面内重复上述检验	

检验项目 　工件主轴轴线与刀具主轴轴线在 Y 方向的位置差 　a）两个主轴相互平行 　b）两个主轴相互垂直	G21
简图 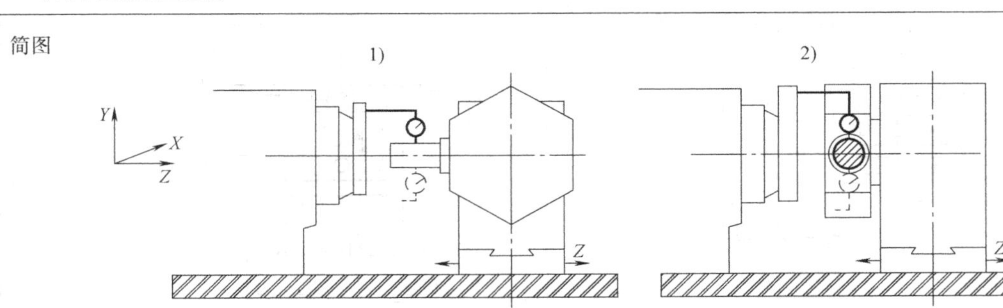	
公差 　　　　范围 1　　　范围 2 和范围 3 　a）和 b）0.030　　　0.040	
检验工具 　检验棒、指示器/支架	
检验方法（参照 GB/T 17421.1—1998 的 a）5.4.4.2，b）5.4.3.2） 　将指示器固定在工件主轴上，检验棒插入刀具主轴孔内 　a）定位刀具主轴位置，使其在 YZ 平面与工件主轴成一直线。指示器的测头在尽可能靠近刀具主轴端部处触及检验棒旋转工件主轴，在 YZ 平面内位于 0°和 180°两个位置测取读数 　b）固定指示器位置，使其在 YZ 平面内触及检验棒，沿 Z 方向移动刀架并在检验棒最高点记录读数，记录 Z 位置。移开床鞍使指示器清零。将工件主轴旋转 180°，然后使床鞍在 Z 位置重新定位，重复移动溜板，以便找到最低点，并记录最低点的数值 　位置差为 0°和 180°测量读数差值之半 　每个工位均应检验	

二、数控铣床和加工中心几何精度检验标准

（一）数控铣床几何精度检验标准

以数控定梁龙门雕铣床为例，检验其几何精度可依据机械行业标准 JB/T 10818.1—2008《数控定梁龙门雕铣床　第 1 部分：精度检验》。表 1-52 是该标准与本书内容有关的部分摘录。

表 1-52　数控定梁龙门雕铣床几何精度检验（摘自 GB/T 10818.1—2008）　　（单位：mm）

G1	G2
检验项目 工作台移动（*X* 轴线）的直线度 a）在 *XZ* 平面内 b）在 *XY* 平面内	检验项目 横向滑座移动（*Y* 轴线）的直线度 a）在 *YZ* 平面内 b）在 *XY* 平面内
简图 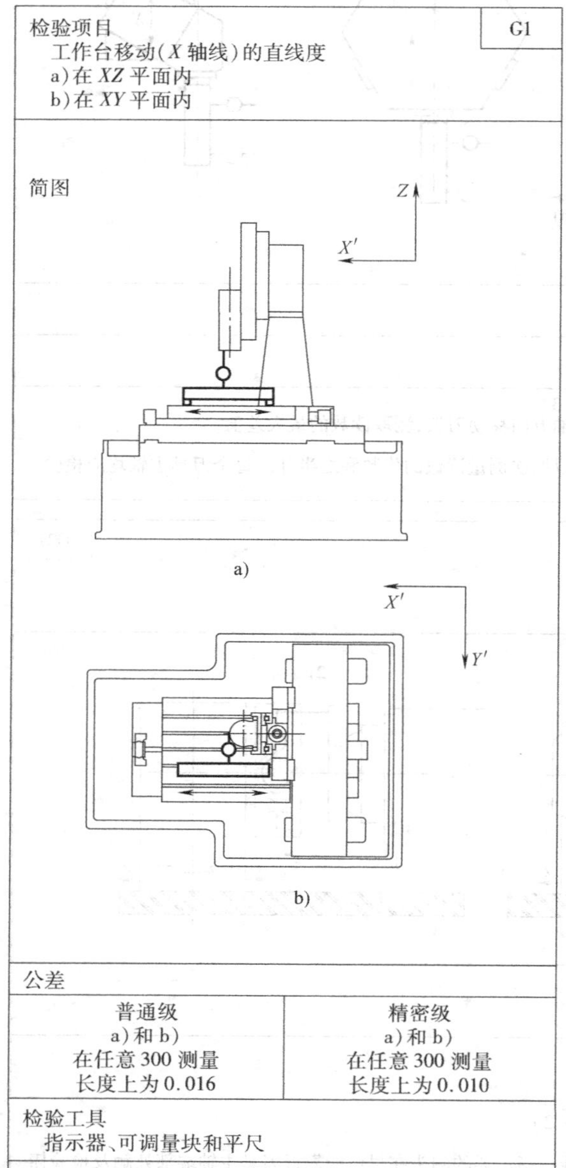 a) b)	简图 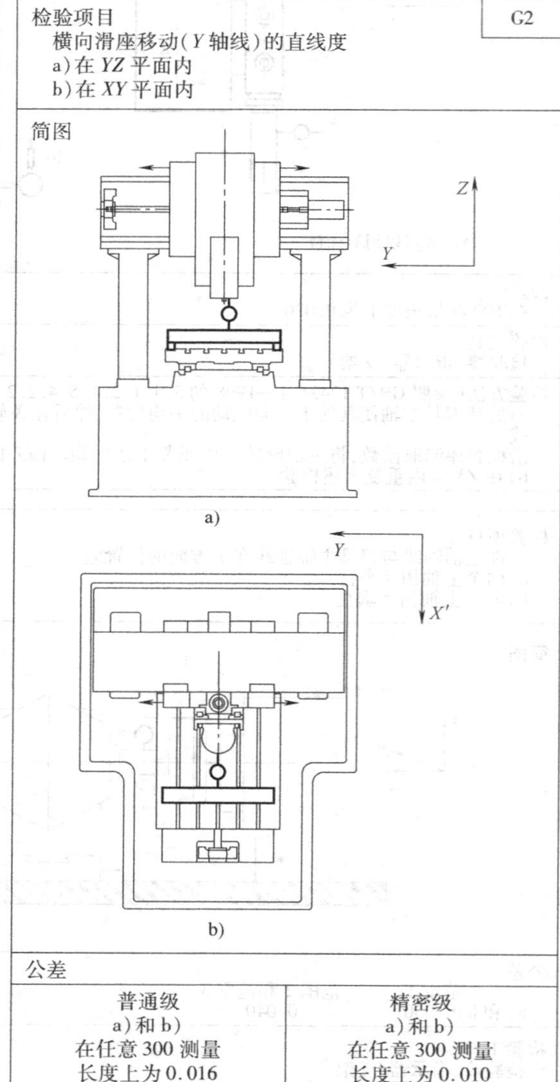 a) b)
公差 普通级：a）和 b）在任意 300 测量长度上为 0.016 精密级：a）和 b）在任意 300 测量长度上为 0.010	公差 普通级：a）和 b）在任意 300 测量长度上为 0.016 精密级：a）和 b）在任意 300 测量长度上为 0.010
检验工具 指示器、可调量块和平尺	检验工具 指示器、可调量块和平尺
检验方法（参照 GB/T 17421.1—1998 中 5.2.3.2.1.1） 调整平尺，使其在测量长度两端的读数相等 指示器固定在主轴箱上，沿 *X* 轴线方向移动工作台进行检验 a）、b）误差分别计算，误差以指示器读数的最大差值计	检验方法（参照 GB/T 17421.1—1998 中 5.2.3.2.1.1） 调整平尺，使其在测量长度两端的读数相等 将指示器固定在主轴箱上，沿 *Y* 轴线方向移动横向滑座进行检验 a）、b）误差分别计算，误差以指示器读数的最大差值计

（续）

G3

检验项目

垂向滑枕移动（Z 轴线）的直线度

a）在 XZ 平面内

b）在 YZ 平面内

简图

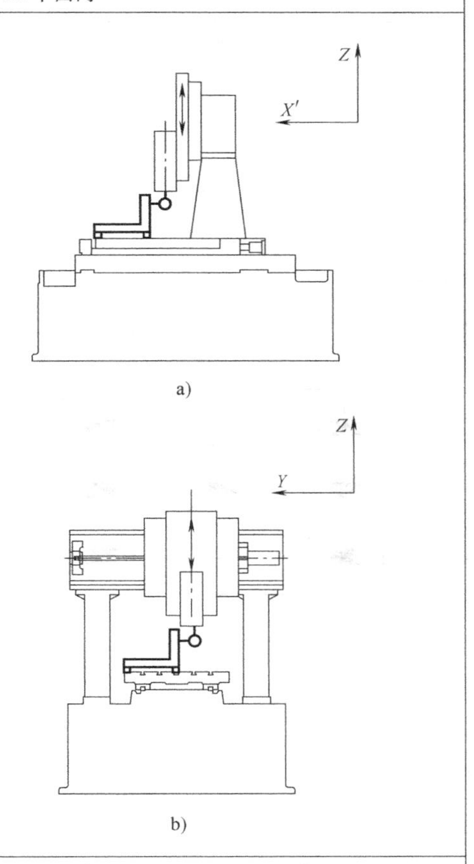

a)

b)

公差

普通级	精密级
a）和 b） 在任意 300 测量长度上为 0.010	a）和 b） 在任意 300 测量长度上为 0.008

检验工具

指示器、可调量块和角尺

检验方法（参照 GB/T 17421.1—1998 中 5.2.3.2.1.1）

工作台置于行程的中间位置

调整角尺，使其在测量长度两端的读数相等

将指示器固定在主轴箱上，沿 Z 轴线方向移动垂向滑枕进行检验

a）、b）误差分别计算，误差以指示器读数的最大差值计

G4

检验项目

横向滑座移动（Y 轴线）与工作台纵向移动（X 轴线）的垂直度

简图

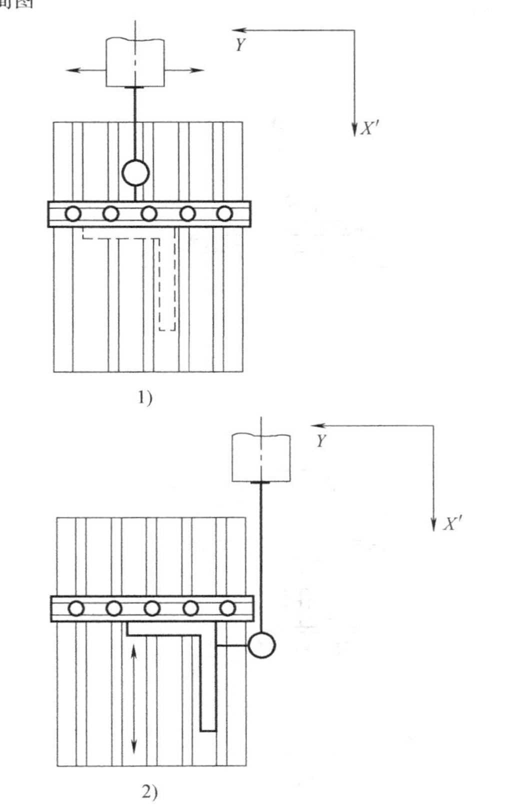

1)

2)

公差

普通级	精密级
0.020/300	0.016/300

检验工具

指示器、平尺和角尺

检验方法（参照 GB/T 17421.1—1998 中 5.3.2.2 和 5.3.2.3）

将指示器固定在主轴箱上

1）将平尺平行于横向滑座移动方向（Y 轴线）放置，调整平尺，使指示器读数在横向移动长度的两端相等，角尺放在平尺上

2）将指示器测头触及角尺的另一边，沿 X 轴线移动工作台检验

误差以指示器读数的最大差值计

（续）

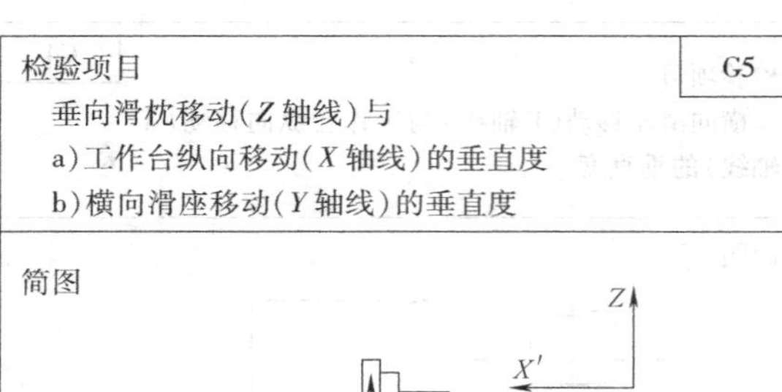

检验项目 垂向滑枕移动（*Z* 轴线）与 a）工作台纵向移动（*X* 轴线）的垂直度 b）横向滑座移动（*Y* 轴线）的垂直度	G5

简图

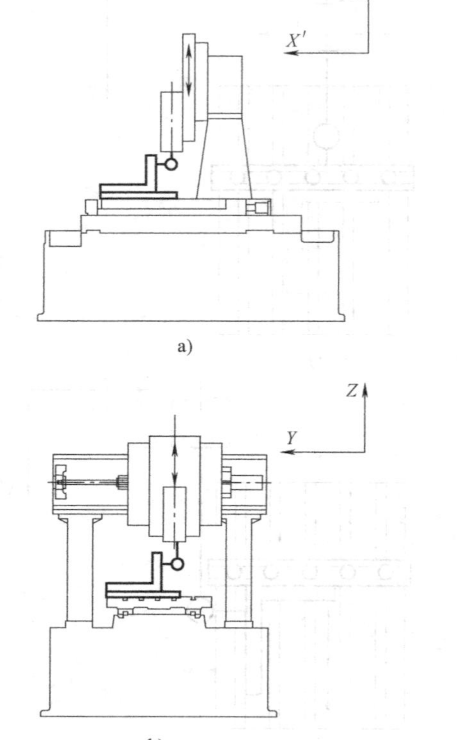

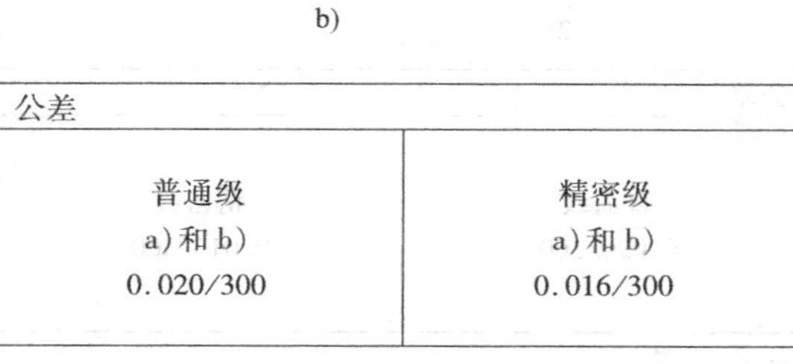

公差	
普通级 a）和 b） 0.020/300	精密级 a）和 b） 0.016/300

检验工具

指示器、平尺和直角尺

检验方法（参照 GB/T 17421.1—1998 中 5.5.2.2.4）

将平尺放置在工作台上，并使其顶面平行于 *X* 轴线和 *Y* 轴线方向，直角尺放在平尺上

将指示器测头分别在 *X*、*Y* 方向上触及角尺，上下移动进行检验

a）、b）误差分别计算，误差以指示器读数的最大差值计

检验项目 工作台面的平面度	G6

简图

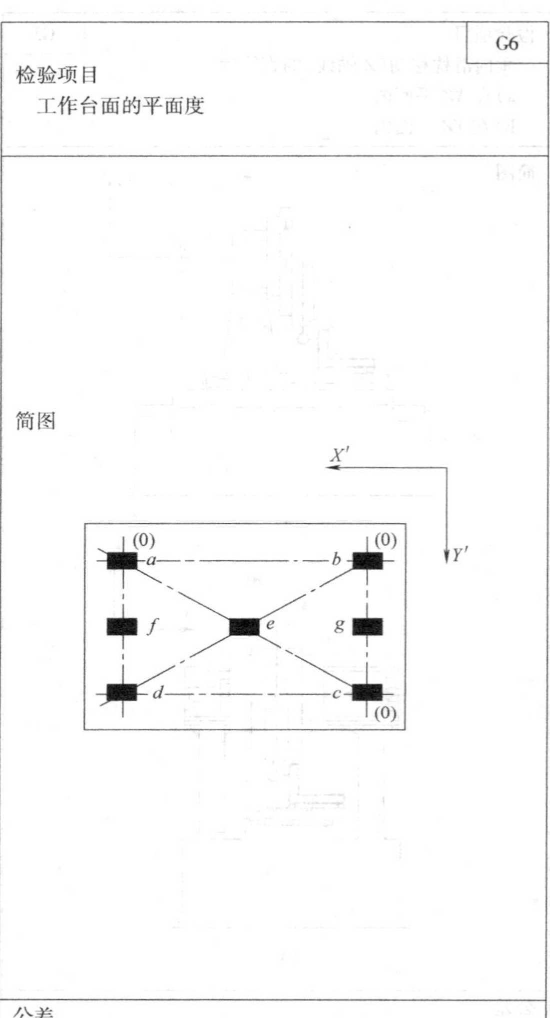

公差	
普通级 1000 测量长度内为 0.032 （仅允许凹） 工作台长度每增加 1000， 允差增加 0.005 最大允差：0.050 局部公差：300 测量长度上 为 0.020	精密级 1000 测量长度内为 0.025 （仅允许凹） 工作台长度每增加 1000， 允差增加 0.005 最大允差：0.030 局部公差：300 测量长度上 为 0.012

检验工具

精密水平仪、平尺和量块

检验方法（参照 GB/T 17421.1—1998 中 5.3.2.2 和 5.3.2.3）

将工作台（*X* 轴线）和横向滑座（*Y* 轴线）置于中间位置

误差以读数的最大差值计

（续）

检验项目 工作台面与 a）工作台纵向移动（X轴线）在XZ垂直平面内的平行度 b）横向滑座移动（Y轴线）在YZ垂直平面内的平行度	G7
简图 a)　b)	
公差	
普通级 a）和b） 在任意300测量长度上为0.02	精密级 a）和b） 在任意300测量长度上为0.015
检验工具 指示器、平尺和等高块	
检验方法（参照GB/T 17421.1—1998中5.4.2.2.2.1） 将指示器安装在机床的固定部件上，使其测头垂直触及平尺检验面，分别移动工作台和横向滑座进行检验 a）、b）误差分别计算，误差以指示器读数的最大差值计	

检验项目 a）周期性轴向窜动 b）主轴轴线的径向跳动（距主轴端面50处）	G8
简图	

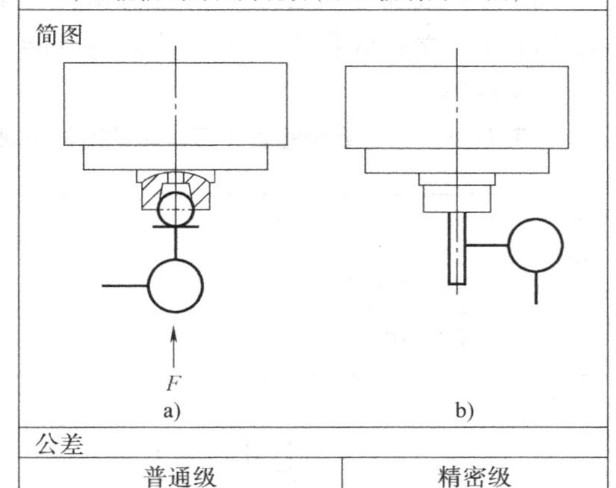

a)　b)

公差	
普通级 a）0.004 b）0.015	精密级 a）0.002 b）0.008
检验工具 指示器和专用检验棒	
检验方法（参照GB/T 17421.1—1998） a）5.6.2.2.1和5.6.2.2.2 在主轴中心孔内放置一钢球（必要时用一辅助检具），指示器测头触及钢球表面，旋转主轴检验，并测取读数施加力F的大小和方向按制造厂规定，当使用轴向预加负荷轴承时，则不必旋加力F 误差以指示器读数的最大差值计 b）5.6.1.2.3 将检验棒固定在主轴孔中，固定指示器，使其测头在距主轴端部50mm处触及检验棒，旋转主轴检验。拔出检验棒，相对主轴旋转90°，重新装入主轴中，依次重复检验三次 误差以四次测量结果的算术平均值计	

检验项目 主轴旋转轴线与工作台面的垂直度 a）在XZ平面内 b）在YZ平面内	G9
简图 a)　b)	
公差	
普通级　a）和b）　0.016/300	精密级　a）和b）　0.010/300
检验工具 指示器、专用检验棒和等高块	
检验方法（参照GB/T 17421.1—1998中5.5.1.2.1和5.5.1.2.4.2） 工作台及Y向滑座置于其行程中间位置 将专用检验棒固定在主轴上，其上固定指示器，使其测头触及工作台面。旋转主轴，分别在XZ、YZ平面内检验拔出检验棒，旋转180°，固定在主轴上，重复检验一次 a）、b）误差分别计算，误差以两次测量结果的代数和之半计	

（二）立式加工中心几何精度检验标准

1. GB/T 18400. 2—2010

检验立式加工中心几何精度可依据国家标准 GB/T 18400. 2—2010《加工中心检验条件 第 2 部分：立式或带垂直主回转轴的万能主轴头机床几何精度检验（垂直 Z 轴）》，部分摘录见表 1-53。

表 1-53 立式或带垂直主回转轴的万能主轴头机床几何精度检验（摘自 GB/T 18400. 2—2010）

（单位：mm）

G1	G2
检验项目 X 轴线运动的直线度 a)在 ZX 垂直平面内 b)在 XY 水平面内	检验项目 Y 轴线运动的直线度 a)在 YZ 垂直平面内 b)在 XY 水平面内
简图 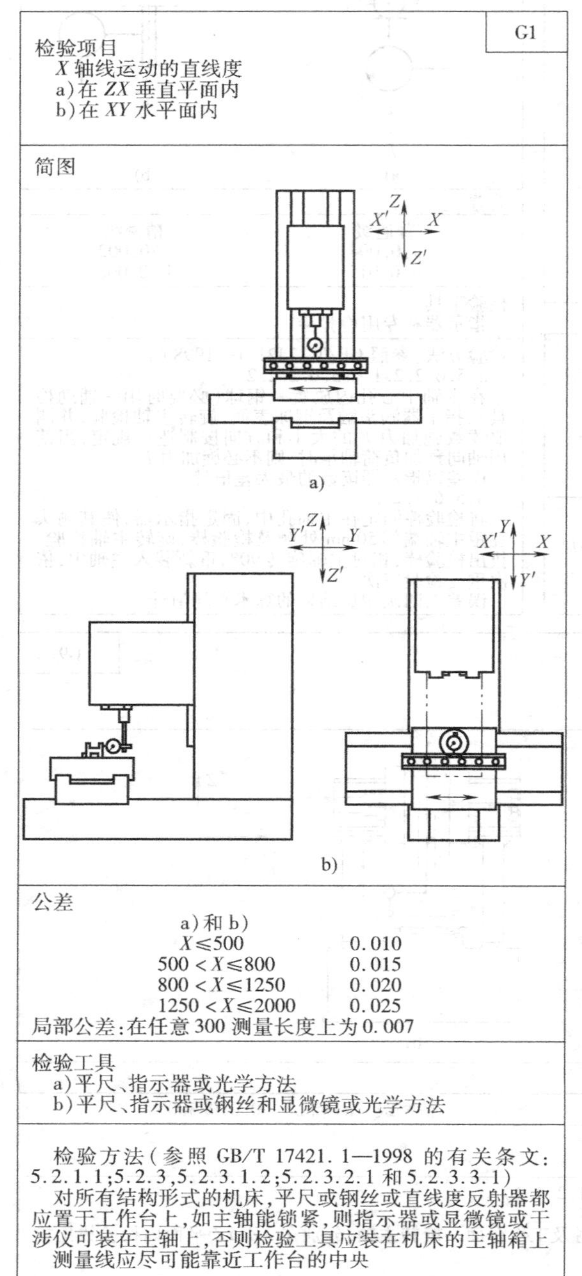 a) b)	简图 a) b)
公差 a)和 b) X≤500 0.010 500＜X≤800 0.015 800＜X≤1250 0.020 1250＜X≤2000 0.025 局部公差：在任意 300 测量长度上为 0.007	公差 a)和 b) Y≤500 0.010 500＜Y≤800 0.015 800＜Y≤1250 0.020 1250＜Y≤2000 0.025 局部公差：在任意 300 测量长度上为 0.007
检验工具 a)平尺、指示器或光学方法 b)平尺、指示器或钢丝和显微镜或光学方法	检验工具 a)平尺、指示器或光学方法 b)平尺、指示器或钢丝和显微镜或光学方法
检验方法（参照 GB/T 17421.1—1998 的有关条文：5.2.1.1；5.2.3；5.2.3.1.2；5.2.3.2.1 和 5.2.3.3.1） 对所有结构形式的机床，平尺或钢丝或直线度反射器都应置于工作台上，如主轴能锁紧，则指示器或显微镜或干涉仪可装在主轴上，否则检验工具应装在机床的主轴箱上 测量线应尽可能靠近工作台的中央	检验方法（参照 GB/T 17421.1—1998 的有关条文：5.2.1.1；5.2.3；5.2.3.1.2；5.2.3.2.1 和 5.2.3.3.1） 对所有结构形式的机床，平尺或钢丝或直线度反射器都应置于工作台上，如主轴能锁紧，则指示器或显微镜或干涉仪可装在主轴上，否则检验工具应装在机床的主轴箱上 测量线应尽可能靠近工作台的中央

（续）

检验项目	G3
Z 轴线运动的直线度 a）在平行于 *Y* 轴线的 *YZ* 垂直平面内 b）在平行于 *X* 轴线的 *ZX* 垂直平面内	

简图

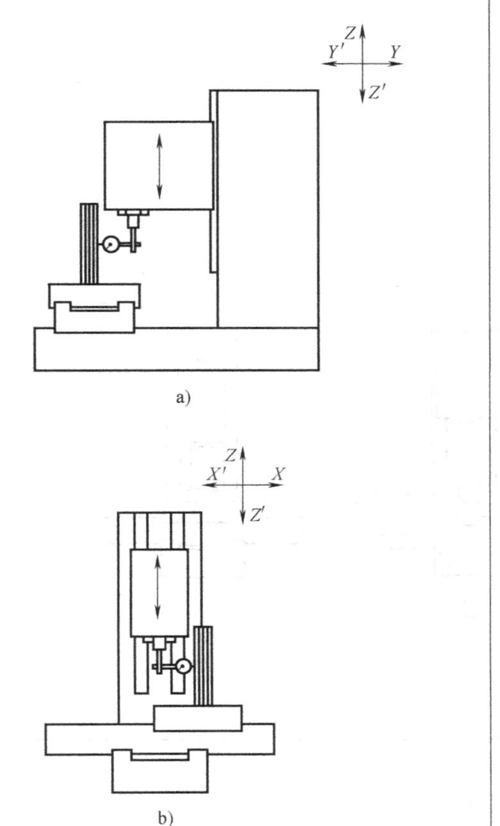

公差

a）和 b）

$Z \leqslant 500$	0.010
$500 < Z \leqslant 800$	0.015
$800 < Z \leqslant 1250$	0.020
$1250 < Z \leqslant 2000$	0.025

局部公差：在任意 300 测量长度上为 0.007

检验工具

直角尺和指示器或钢丝和显微镜或光学方法

检验方法（参照 GB/T 17421.1—1998 的有关条文：5.2.1.1；5.2.3；5.2.3.1.2；5.2.3.2.1 和 5.2.3.3.1）

对所有结构形式的机床，直角尺或钢丝或直线度反射器都应置于工作台中央，如主轴能锁紧，则指示器或显微镜或干涉仪可装在主轴上，否则检验工具应装在机床的主轴箱上

检验项目	G4
X 轴线运动的角度偏差 a）在平行于移动方向的 *ZX* 垂直平面内（俯仰） b）在 *XY* 水平面内（偏摆） c）在垂直于移动方向的 *YZ* 垂直平面内（倾斜）	

简图

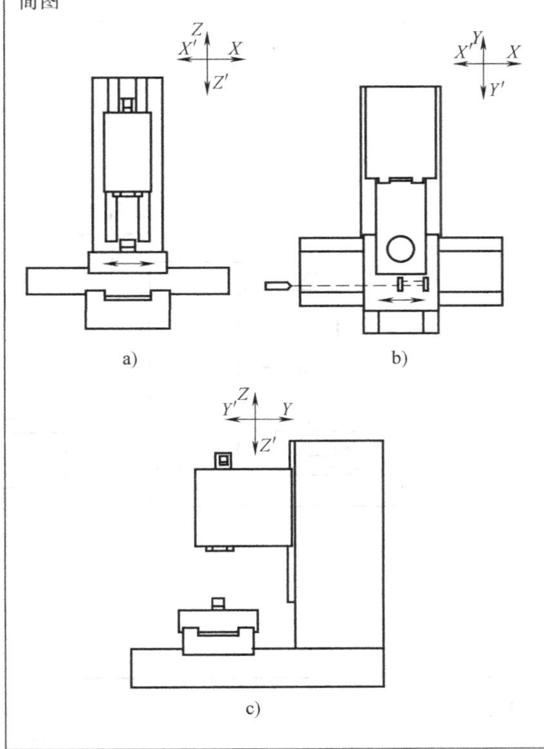

公差

a）、b）和 c）

0.060/1000（或 60μrad 或 12″）

检验工具

a）精密水平仪或光学角度偏差测量工具

b）光学角度偏差测量工具

c）精密水平仪

检验方法（参照 GB/T 17421.1—1998 的有关条文：5.2.3.1.3；5.2.3.2.2；5.2.3.3.2）

检验工具应置于运动部件上（主轴箱或工件夹持工作台）

a）（俯仰）纵向；b）（偏摆）水平；c）（倾斜）横向

当 *X* 轴线运动引起主轴箱和工件夹持工作台同时产生角运动时，这种角运动应分别测量并给予标明。在这种情况下，当使用水平仪测量时，基准水平仪应置于机床的非运动部件（主轴箱或工件夹持工作台）上

沿行程在等距离的五个位置上检验

应在每个位置的两个运动方向测取读数，最大与最小读数的差值应不超过公差

（续）

G5

检验项目

Y 轴线运动的角度偏差

a）在平行于移动方向的 *YZ* 垂直平面内（俯仰）

b）在 *XY* 水平面内（偏摆）

c）在垂直于移动方向的 *ZX* 垂直平面内（倾斜）

简图

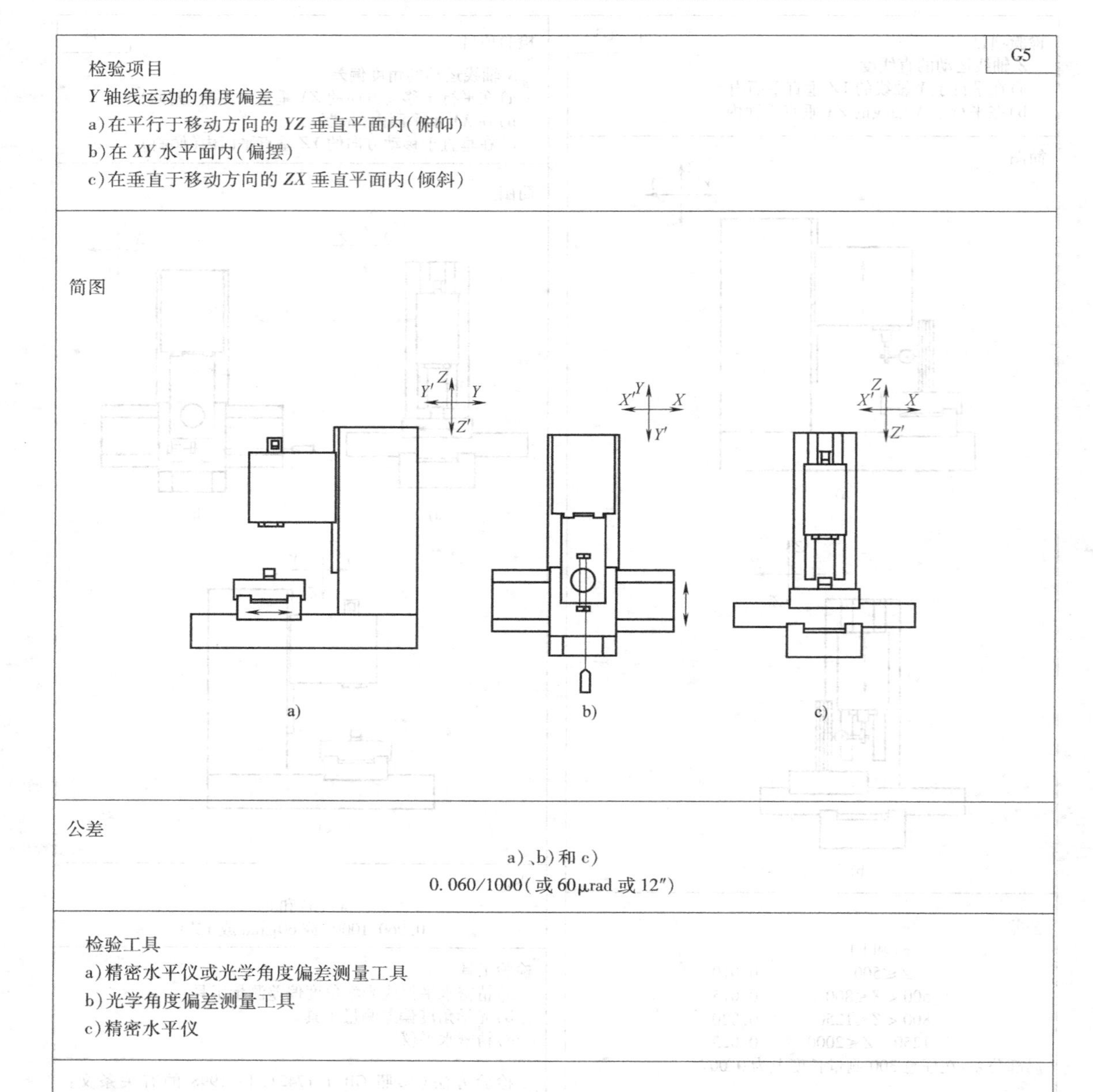

a)　　b)　　c)

公差

a）、b）和 c）

0.060/1000（或 60μrad 或 12″）

检验工具

a）精密水平仪或光学角度偏差测量工具

b）光学角度偏差测量工具

c）精密水平仪

检验方法（参照 GB/T 17421.1—1998 的有关条文：5.2.3.1.3；5.2.3.2.2；5.2.3.3.2）

检验工具应置于运动部件上

a）（俯仰）纵向；b）（偏摆）水平；c）（倾斜）横向

当 *Y* 轴线运动引起主轴箱和工件夹持工作台同时产生角运动时，这种角运动应分别测量并给予标明。在这种情况下，当使用水平仪测量时，基准水平仪应置于机床的非运动部件（主轴箱或工件夹持工作台）上

沿行程在等距离的五个位置上检验

应在每个位置的两个运动方向测取读数，最大与最小读数的差值应不超过公差

（续）

G6

检验项目

Z 轴线运动的角度偏差

a)在平行于 Y 轴线的 YZ 垂直平面内

b)在平行于 X 轴线的 ZX 垂直平面内

简图

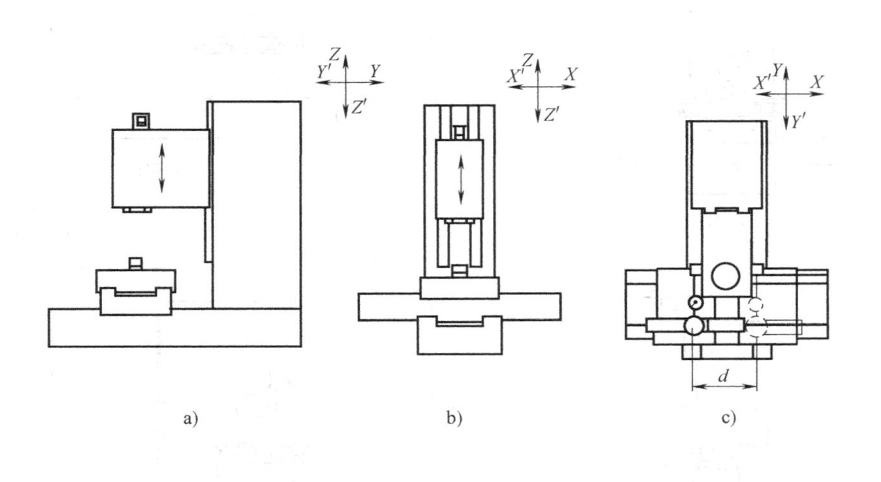

a) b) c)

公差

a)、b)和 c)

0.060/1000(或 60μrad 或 12″)

检验工具

精密水平仪或光学角度偏差测量工具

检验方法(参照 GB/T 17421.1—1998 的有关条文:5.2.3.1.3;5.2.3.2.2;5.2.3.3.2)

应沿行程至少在等距离的五个位置进行检验,在每个位置的两个运动方向测取读数,最大与最小读数的差值应不超过公差

检验工具应置于运动部件上

a)(俯仰)纵向;b)(偏摆)水平;c)(倾斜)横向

当 Z 轴线运动引起主轴箱和工件夹持工作台同时产生角运动时,这种角运动应分别测量并给予标明。在这种情况下,当使用精密水平仪测量时,基准水平仪应置于机床的非运动部件(主轴箱或工件夹持工作台)上

对于 c)(倾斜):将圆柱形直角尺近似平行于 Z 轴线放置在工作台上,使装在专用支架上的指示器的测头触及直角尺。记录指示器的读数并在直角尺的相应高度上做出标记。沿 X 轴线移动工作台并回转专用支架使指示器测头在主轴箱另一侧沿相同高度重新触及角尺。应考虑 X 轴线运动可能引起的倾斜偏差并进行测量。指示器应重新调零,且应在上述角尺的高度处重新测量并记录读数。算出每个测量高度两个读数的差值,选择这些差值中的最大值与最小值,且(最大值－最小值)/d 的计算结果应不超过公差,“d”为指示器两位置间的距离

（续）

检验项目 G7

Z 轴线运动和 *X* 轴线运动间的垂直度

简图

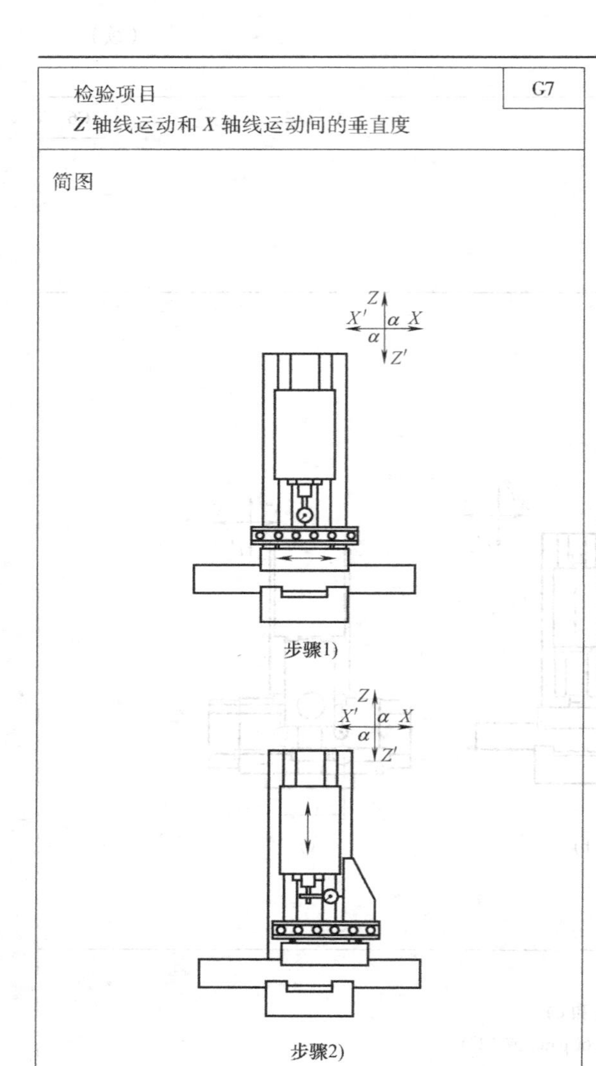

步骤1)

步骤2)

公差

0.02/500

检验工具

平尺或平板、直角尺和指示器

检验方法（参照 GB/T 17421.1—1998 的有关条文：5.5.2.2.4）

步骤 1）　平尺或平板应平行于 *X* 轴线放置

步骤 2）　应通过直立在平尺或平板上的直角尺检查 *Z* 轴线

如主轴能锁紧，则指示器可装在主轴上，否则指示器应装在机床的主轴箱上

应记录角度 α 的值（小于、等于或大于 90°），用于参考和可能进行的修正

检验项目 G8

Z 轴线运动和 *Y* 轴线运动间的垂直度

简图

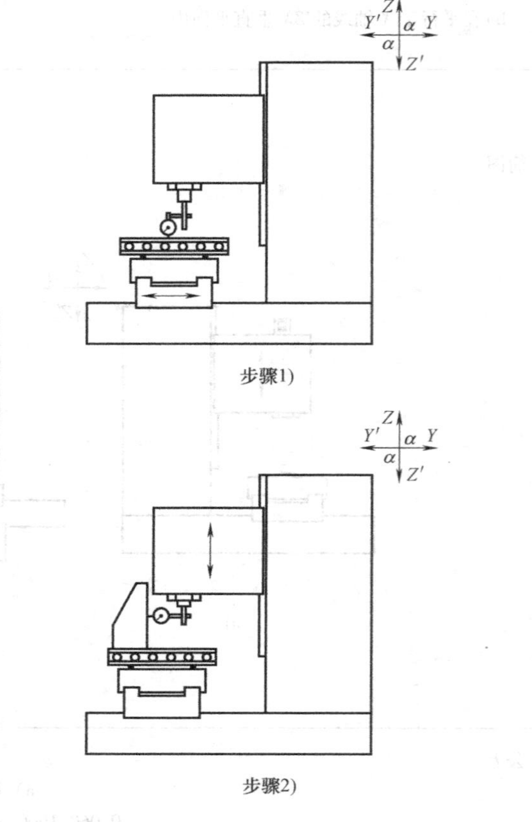

步骤1)

步骤2)

公差

0.02/500

检验工具

平尺或平板、直角尺和指示器

检验方法（参照 GB/T 17421.1—1998 的有关条文：5.5.2.2.4）

步骤 1）　平尺或平板应平行于 *Y* 轴线放置

步骤 2）　应通过直立在平尺或平板上的直角尺检查 *Z* 轴线

如主轴能锁紧，则指示器可装在主轴上，否则指示器应装在机床的主轴箱上

应记录角度 α 的值（小于、等于或大于 90°），用于参考和可能进行的修正

对于装有可移动式横梁的龙门固定式和龙门移动式的机床，还应检查横梁在立柱上的垂直运动（最低位置、中间位置、最高位置）

（续）

检验项目 *Y* 轴线运动和 *X* 轴线运动间的垂直度	G9
简图 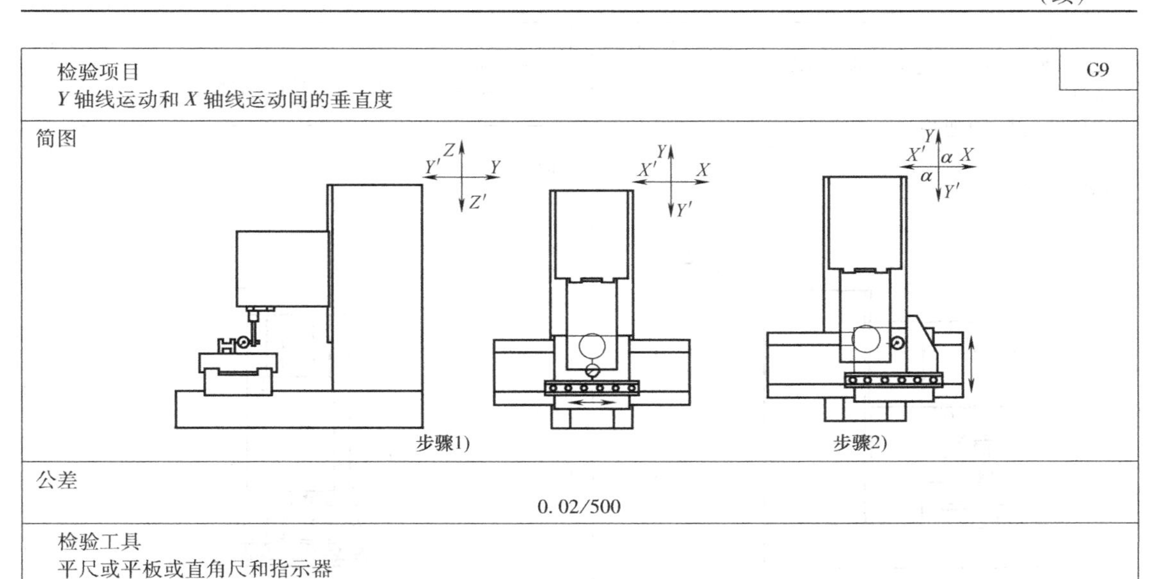 步骤1)　　步骤2)	
公差 0.02/500	
检验工具 平尺或平板或直角尺和指示器	
检验方法（参照 GB/T 17421.1—1998 的有关条文：5.5.2.2.4） 步骤1）　平尺或平板应平行于 *X* 轴线（或 *Y* 轴线）放置 步骤2）　应通过放置在工作台上并一边紧靠平尺的直角尺检验 *Y* 轴线（或 *X* 轴线） 也可以不用平尺来进行本检验，将直角尺的一边平行一条轴线，在角尺的另一边上检查第二条轴线 如主轴能锁紧，则指示器可装在主轴上，否则指示器应装在机床的主轴箱上 应记录角度 α 的值（小于、等于或大于90°），用于参考和可能进行的修正	

检验项目 a）主轴的周期性轴向窜动 b）主轴端面跳动	G10
简图 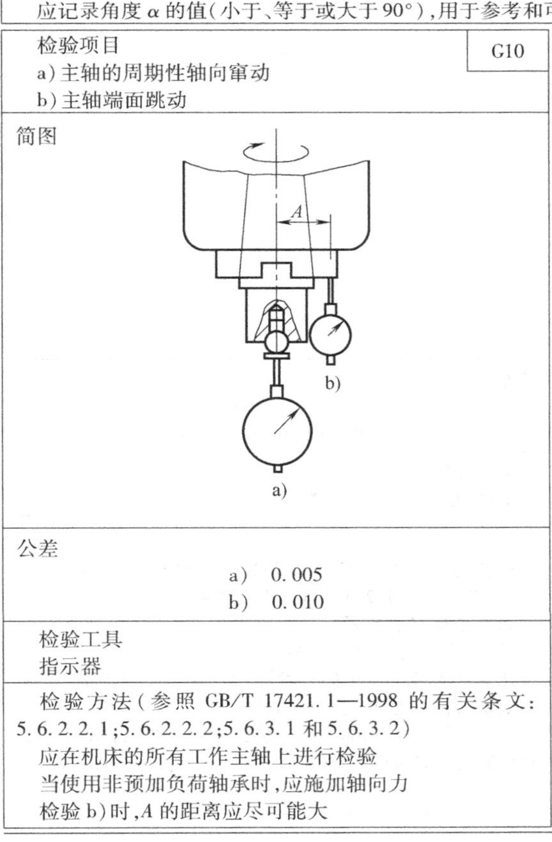	
公差 a）　0.005 b）　0.010	
检验工具 指示器	
检验方法（参照 GB/T 17421.1—1998 的有关条文：5.6.2.2.1；5.6.2.2.2；5.6.3.1 和 5.6.3.2） 应在机床的所有工作主轴上进行检验 当使用非预加负荷轴承时，应施加轴向力 检验 b）时，*A* 的距离应尽可能大	

检验项目 主轴锥孔的径向跳动 a）靠近主轴端部 b）距主轴端部 300mm 处	G11
简图 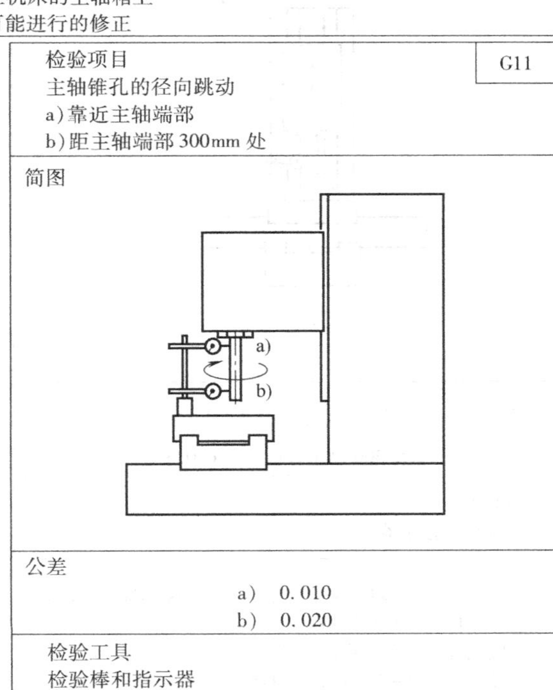	
公差 a）　0.010 b）　0.020	
检验工具 检验棒和指示器	
检验方法（参照 GB/T 17421.1—1998 的有关条文：5.6.1.2.2 和 5.6.1.2.3） 应在机床的所有工作主轴上进行检验 根据 GB/T 17421.1—1998 中 5.6.1.1.4 的注，应至少旋转两整圈进行检验	

（续）

检验项目	G12
主轴轴线和 Z 轴线运动间的平行度 a）在 YZ 垂直平面内 b）在 ZX 垂直平面内	

简图

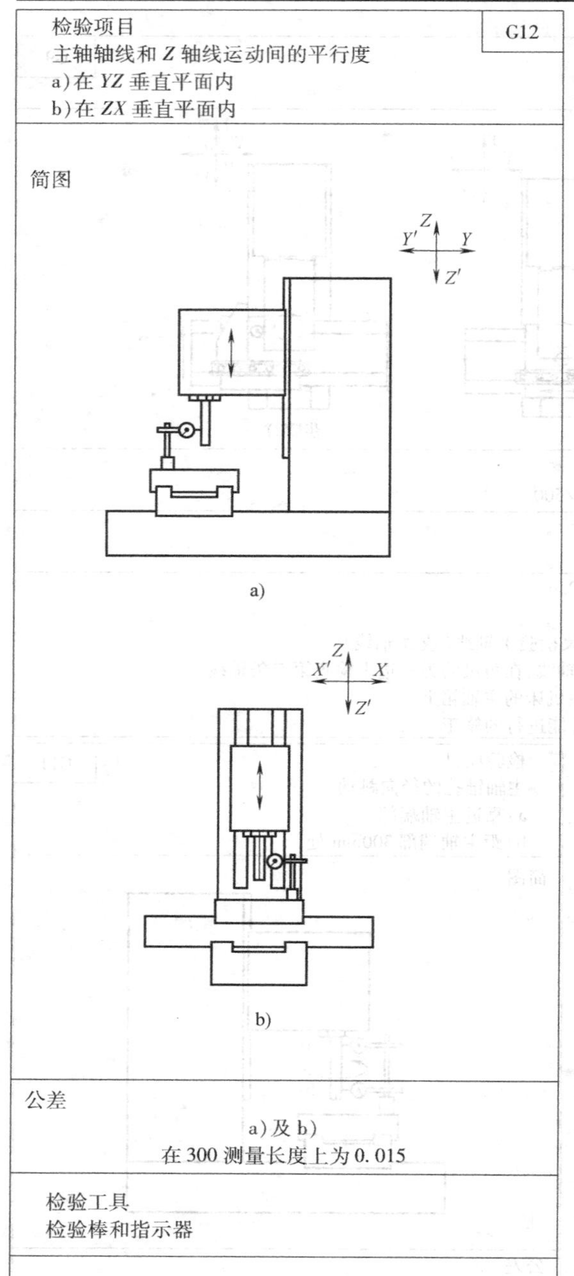

a)

b)

公差

a）及 b）

在 300 测量长度上为 0.015

检验工具

检验棒和指示器

检验方法（参照 GB/T 17421.1—1998 的有关条文：5.4.1.2.1 和 5.4.2.2.3）

X 轴线置于行程的中间位置

对于 a）：如果可能，Y 轴线锁紧

对于 b）：如果可能，X 轴线锁紧

对于装有可移动式横梁的龙门固定式和龙门移动式的机床，还应检查横梁在立柱上的垂直运动（最低位置、中间位置、最高位置）

检验项目	G13
主轴轴线和 X 轴线运动间的垂直度	

简图

S
X′ α　X
α
S′
α

公差

0.020/300

300 为两测点间的距离

检验工具

平尺、专用支架、指示器

检验方法（参照 GB/T 17421.1—1998 的有关条文：5.5.1.2.1；5.5.1.2.3.2 和 5.5.1.2.4）

如果可能，Z 轴锁紧

平尺应平行于 X 轴线放置

此垂直度偏差也能从检验项目 G7 和 G12b）推出，其相关偏差之和不超过这里所示的公差

应记录角度 α 的值（小于、等于或大于 90°），用于参考和可能进行的修正

（续）

G14	G15
检验项目 主轴轴线和 Y 轴线运动间的垂直度	检验项目 工作台[①]面的平面度
简图 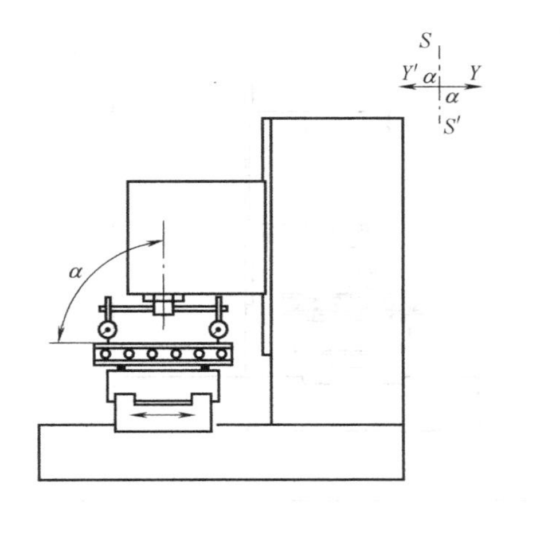	简图 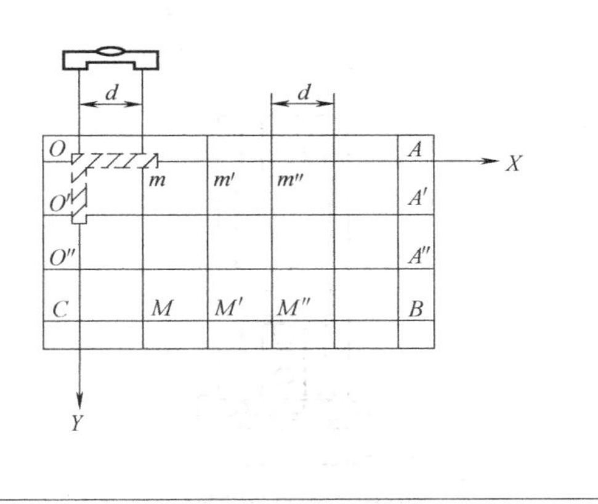
公差 0.020/300 300 为两测点间的距离	公差 $L \leqslant 500$　0.020 $500 < L \leqslant 800$　0.025 $800 < L \leqslant 1250$　0.030 $1250 < L \leqslant 2000$　0.040 L 为工作台或托板的较短边 局部公差：在任意 300 测量长度上为 0.012
检验工具 平尺、专用支架、指示器	检验工具 精密水平仪或平尺、量块、指示器或光学方法
检验方法（参照 GB/T 17421.1—1998 的有关条文：5.5.1.2.1；5.5.1.2.3.2 和 5.5.1.2.4.2） 如果可能，Z 轴锁紧 平尺测量边应平行于 Y 轴线放置，或在测量中应考虑该平行度偏差 此垂直度偏差也能从检验项目 G8 和 G12a）推出，其相关偏差之和不超过这里所示的公差 应记录角度 α 的值（小于，等于或大于 90°），用于参考和可能进行的修正	检验方法（参照 GB/T 17421.1—1998 的有关条文：5.3.2.2；5.3.2.3 和 5.3.2.4） X 轴线和 Y 轴线置于其行程的中间位置 工作台面的平面度应检查两次，一次回转工作台锁紧，一次不锁紧（如适用的话），两次测定的偏差均应符合公差要求 检验适用于尺寸符合 ISO 8526-1：1990 和 ISO 8526-2：1990 规定的托板
	① 固有的回转工作台或一个在应有位置锁紧的代表性托板

（续）

G16

检验项目

工作台①面和 X 轴线运动间的平行度

简图

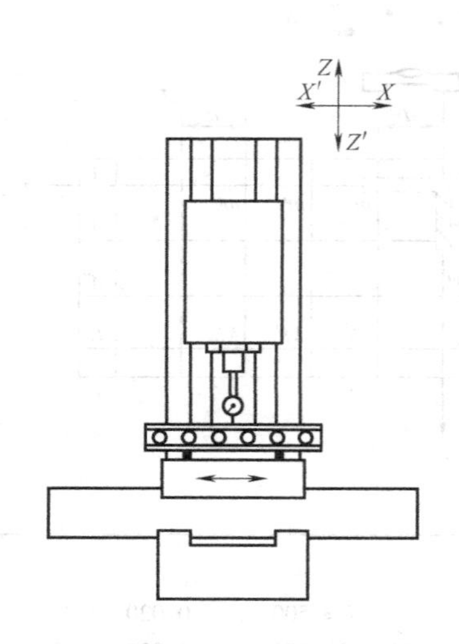

公差

$X \leqslant 500$	0.020
$500 < X \leqslant 800$	0.025
$800 < X \leqslant 1250$	0.030
$1250 < X \leqslant 2000$	0.040

检验工具

平尺、量块、指示器

检验方法（参照 GB/T 17421.1—1998 的有关条文：5.4.2.2.1 和 5.4.2.2.2）

如果可能，Y 轴锁紧

指示器测头近似地置于刀具的工作位置，可在平行于工作台面放置的平尺上进行测量

如主轴能锁紧，则指示器可装在主轴上，否则指示器应装在机床的主轴箱上

① 固有的回转工作台或一个在应有位置锁紧的代表性托板

G17

检验项目

工作台①面和 Y 轴线运动间的平行度

简图

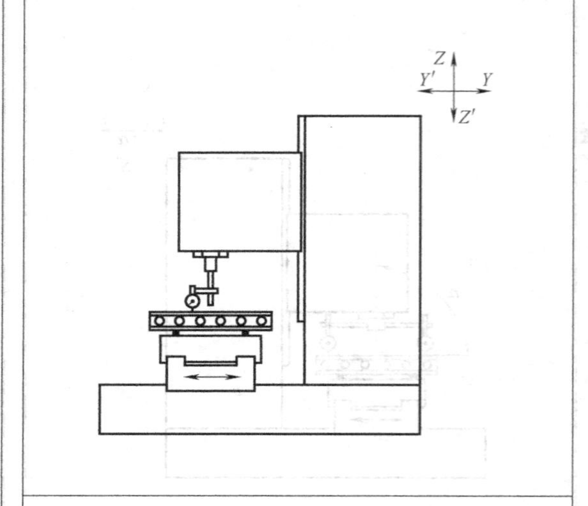

公差

$Y \leqslant 500$	0.020
$500 < Y \leqslant 800$	0.025
$800 < Y \leqslant 1250$	0.030
$1250 < Y \leqslant 2000$	0.040

检验工具

平尺、量块、指示器

检验方法（参照 GB/T 17421.1—1998 的有关条文：5.4.2.2.1 和 5.4.2.2.2）

如果可能，X 轴和 Z 轴锁紧

指示器测头近似地置于刀具的工作位置，可在平行于工作台面放置的平尺上进行测量

如主轴能锁紧，则指示器可装在主轴上，否则指示器应装在机床的主轴箱上

① 固有的回转工作台或一个在应有位置锁紧的代表性托板

（续）

检验项目 0°位置时工作台①的 a)纵向中央或基准T形槽;或 b)纵向定位孔的中心线(如果有);或 c)纵向侧面定位器 和X轴线运动间的平行度	G18
简图 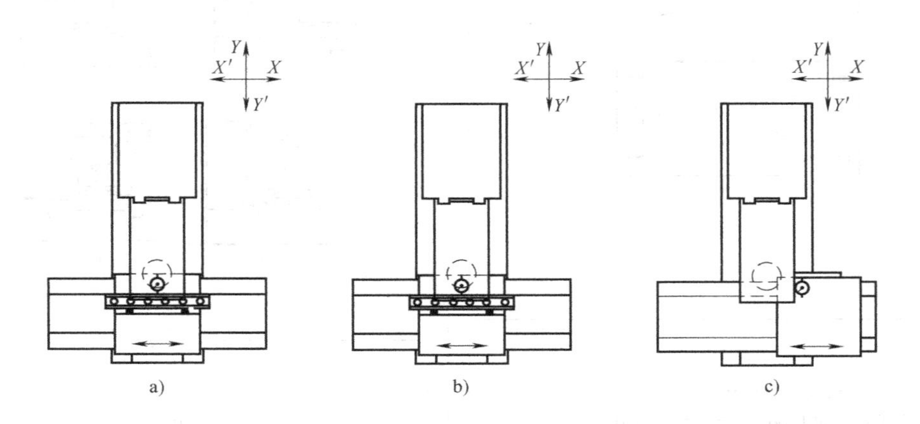 a) b) c)	
公差 a)和b)和c) 在300测量长度上为0.015	
检验工具 平板、角尺或圆柱形直角尺、指示器	
检验方法(参照GB/T 17421.1—1998的有关条文:5.5.2.2.2) 如果可能,Y轴锁紧 如主轴能锁紧,则指示器可装在主轴上,否则指示器应装在机床的主轴箱上 如果有定位孔时,应使用两个与该孔配合且突出部分具有相同直径的标准销。平尺应紧靠它们放置	
① 固有的回转工作台或一个在应有位置锁紧的代表性托板	

2. JB/T 8648.1—2008

钻削加工中心主要用于箱体类零件的孔加工，表1-54列出了中华人民共和国机械行业标准JB/T 8648.1—2008《钻削加工中心　第1部分：精度检验》的部分内容。

表 1-54 钻削加工中心精度检验（摘自 JB/T 8648.1—2008） （单位：mm）

<table>
<tr><td>G1
检验项目
工作台面的平面度</td><td>G2
检验项目
工作台(或立柱、或主轴箱)移动对工作台面的平行度
a)工作台(或立柱、或主轴箱)沿 Z(卧式)或 Y(立式)坐标方向移动
b)工作台(或立柱)沿 X 坐标方向移动</td></tr>
<tr><td>简图
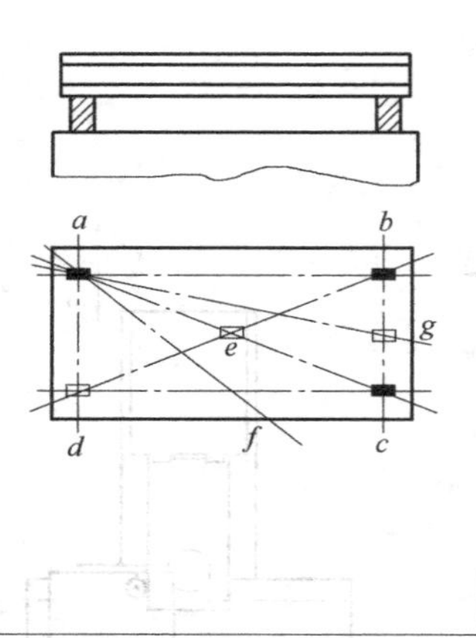
</td><td>简图
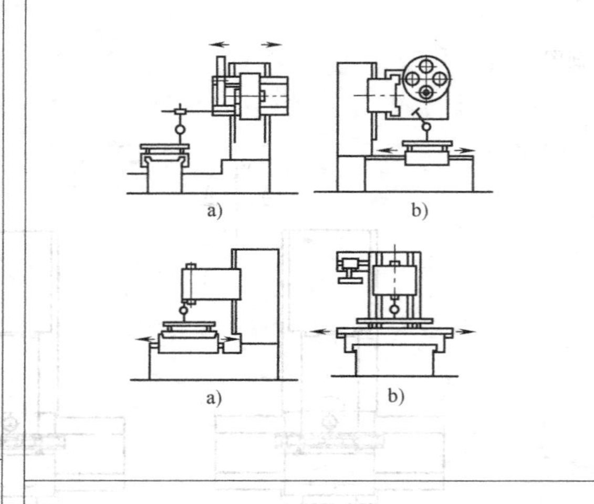
</td></tr>
<tr><td>公差
在 1000 长度内 0.030，
长度每增加 1000，公差值增加 0.01
最大公差 0.04
局部公差：在任意 300 测量长度上 0.016</td><td>公差
a)及 b)
在任意 300 测量长度上 0.025
最大公差为 0.040</td></tr>
<tr><td>检验工具
平尺、量块、指示器</td><td>检验工具
指示器、平尺、等高块</td></tr>
<tr><td>检验方法(按 GB/T 17421.1—1998 的规定)
5.3.2.2 5.3.2.3
将等高量块放在工作台面的 a、b、c 三个基准点上。在 a 和 c 等高量块上放置平尺，调整 e 点处可调量块，使其与平尺检验面接触。再将平尺放在 b 和 e 量块上，调整 d 点处可调量块，使其与平尺检验面接触，用同样方法将平尺放在 d 和 c、b 和 c 量块上，分别调整 f、g 点处的可调量块
按图示位置放置平尺。用指示器测量工作台面与平尺检验面之间的距离
误差以指示器读数的最大差值计
也可用精密水平仪检验</td><td>检验方法(按 GB/T 17421.1—1998 的规定)
5.4.2.2.2.1 或 5.4.2.2.2.2
在工作台面中央对称放置两个等高块，平尺放在其上
a)Z(卧式)或 Y(立式)坐标
b)X 坐标
指示器固定在主轴箱上，使其测头触及平尺的检验面。移动工作台(或立柱、或主轴箱)在全行程上检验
a)、b)误差分别计算。误差以指示器读数的最大差值计</td></tr>
</table>

（续）

G3

检验项目

主轴箱沿 Y（卧式）或 Z（立式）坐标方向移动对工作台面的垂直度

a）在 YZ 平面内

b）在 XY（卧式）或 XZ（立式）平面内

简图

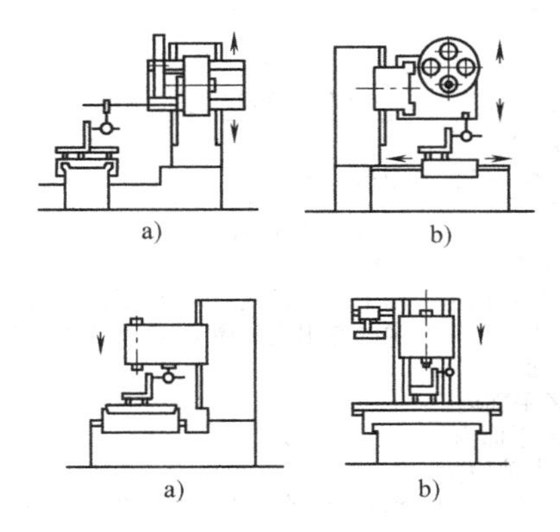

公差

a）及 b）

0.025/300

检验工具

指示器、直角尺、等高块

检验方法（按 GB/T 17421.1—1998 的规定）

5.5.2.2.2

在工作台面上放置两个等高块，直角尺放在其上

a）YZ 平面内

b）XY（卧式）或 XZ（立式）平面内

指示器固定在主轴箱上，使其测头触及直角尺的检验面。沿 Y（卧式）或 Z（立式）坐标方向移动主轴箱在全行程上检验

a）、b）误差分别计算。误差以指示器读数的最大差值计

G4

检验项目

主轴锥孔轴线的径向跳动

a）靠近主轴端面

b）距主轴端面 300 处

简图

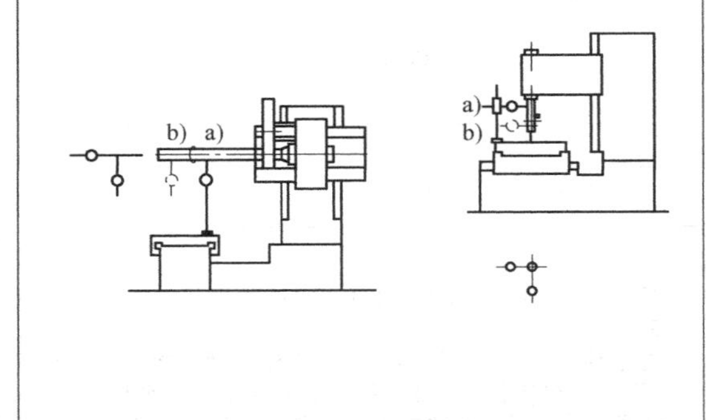

公差

a）0.010

b）0.030

检验工具

指示器、检验棒

检验方法（按 GB/T 17421.1—1998 的规定）

5.6.1.2.3

在主轴锥孔中插入检验棒，固定指示器，使其测头触及检验棒表面

a）靠近主轴端面

b）距主轴端面 300 处

旋转主轴检验。拔出检验棒，相对主轴旋转 90°，重新插入主轴锥孔中，依次重复检验三次

a）、b）误差分别计算。误差以四次测量结果的算术平均值计

在 YZ 和 XZ 的轴向平面内均须检验

（续）

检验项目 G5	检验项目 G6
主轴旋转轴线对工作台面的平行度（仅适用于卧式）	主轴旋转轴线对工作台面的垂直度（仅适用于立式） a）在 *YZ* 平面内 b）在 *XZ* 平面内
简图 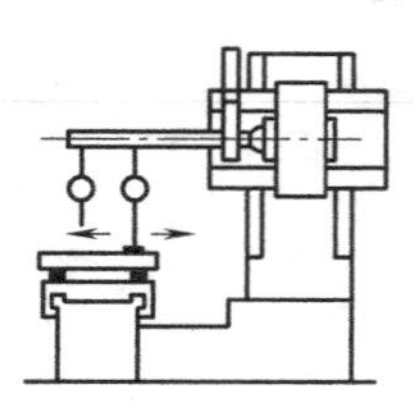	简图 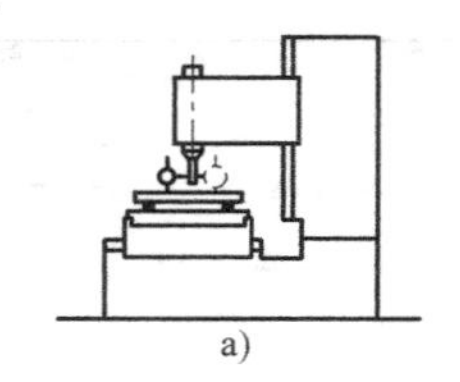 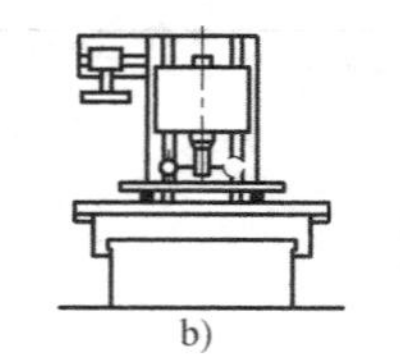 a）　b）
公差 在 300 测量长度上 0.025	公差 a）及 b） 0.025/300①
检验工具 指示器、检验棒、平尺	检验工具 指示器、平尺、专用检验棒
检验方法（按 GB/T 17421.1—1998 的规定） 5.4.1.2.4 在主轴锥孔中插入检验棒。在工作台面上放两个等高块，平尺放在其上。将带有指示器的支架放在平尺上，使指示器测头触及检验棒的表面。在平尺上移动支架检验 将主轴旋转 180°，重复检验一次 误差以两次测量结果的代数和之半计	检验方法（按 GB/T 17421.1—1998 的规定） 5.5.1.2.1；5.5.1.2.4.2 在工作台面上放两个等高量块，其上放平尺。将指示器装在插入主轴锥孔中的专用检验棒上，使其测头触及平尺的检验面 a）*YZ* 平面内 b）*XZ* 平面内 旋转主轴检验 a）、b）误差分别计算。误差以指示器读数的差值计
	① 为两测点间的距离

检验项目 G7
工作台（或立柱、或主轴箱）沿 *Z*（卧式）或 *Y*（立式）坐标方向移动对工作台（或立柱）沿 *X* 坐标方向移动的垂直度
简图 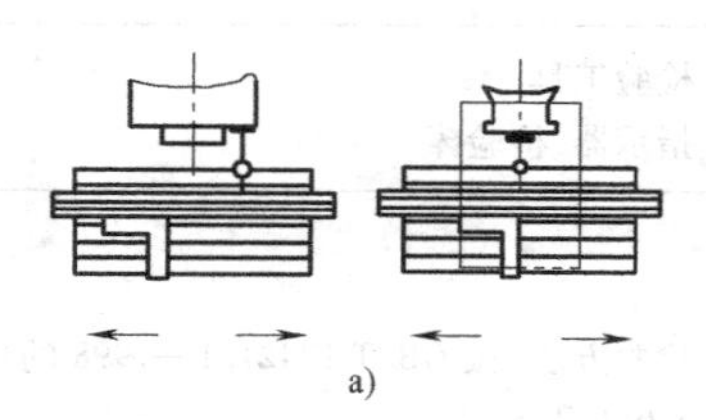 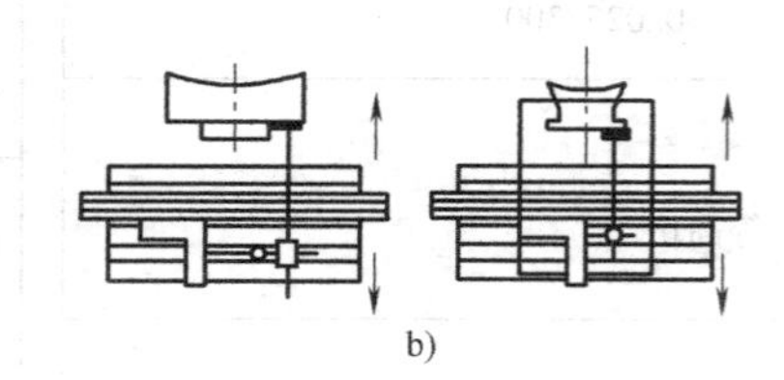 a）　b）
公差 0.020/300
检验工具 指示器、角尺、平尺
检验方法（按 GB/T 17421.1—1998 的规定） 5.5.2.2.4 a）将平尺平行于 *X* 坐标方向放在工作台面上。固定指示器，使其测头触及平尺的检验面，移动工作台（或立柱），并调整平尺，使指示器读数在平尺的两端相等。角尺放在工作台面上，使其一边紧靠调整好的平尺，然后使工作台位于 *X* 坐标方向行程的中间位置 b）固定指示器，使其测头触及角尺的另一边，沿 *Z*（卧式）或 *Y*（立式）坐标方向移动工作台（或立柱、或主轴箱）检验 误差以指示器读数的最大差值计

（续）

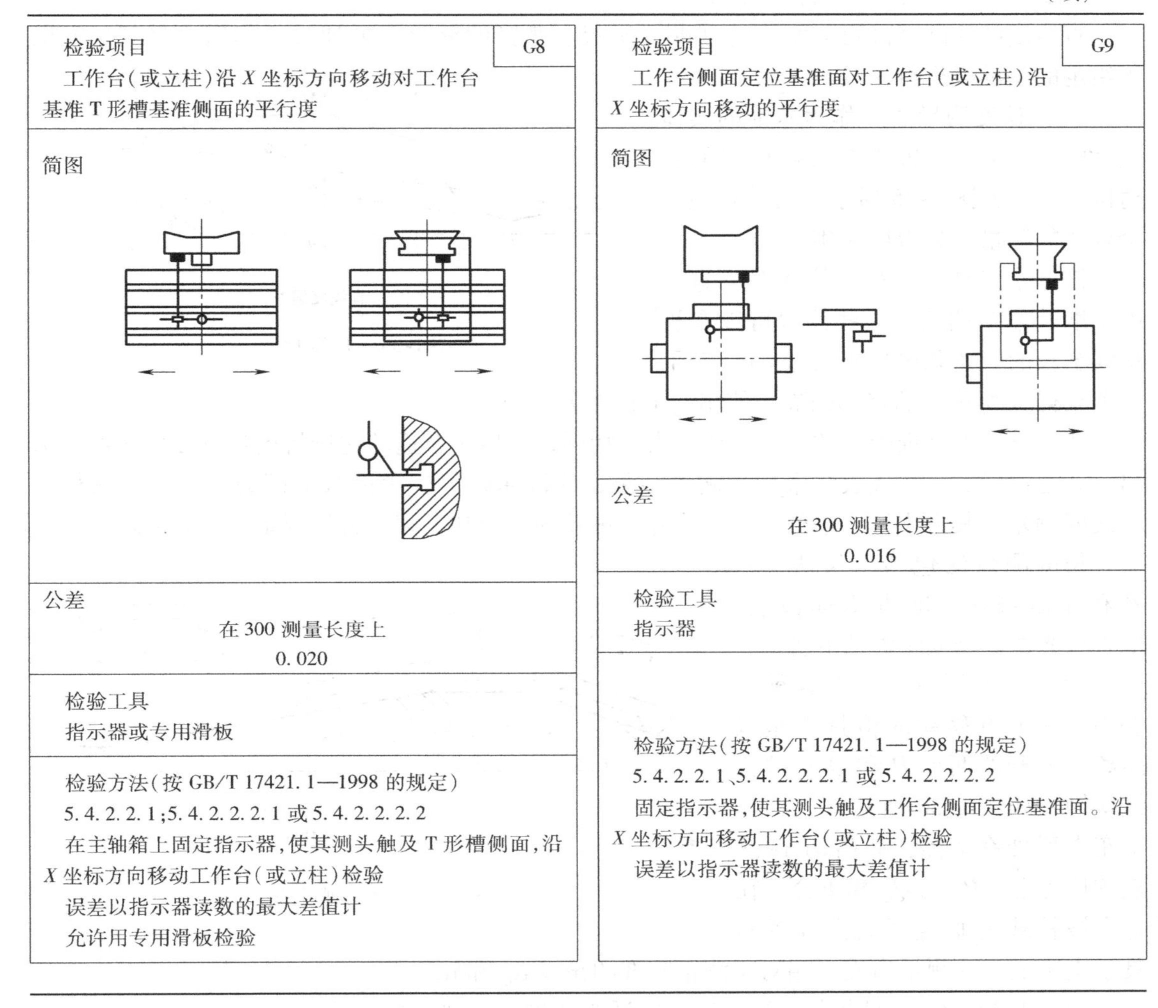

检验项目 G8 工作台（或立柱）沿 *X* 坐标方向移动对工作台基准 T 形槽基准侧面的平行度	检验项目 G9 工作台侧面定位基准面对工作台（或立柱）沿 *X* 坐标方向移动的平行度
简图	简图
公差 在 300 测量长度上 0.020	公差 在 300 测量长度上 0.016
检验工具 指示器或专用滑板	检验工具 指示器
检验方法（按 GB/T 17421.1—1998 的规定） 5.4.2.2.1；5.4.2.2.2.1 或 5.4.2.2.2.2 在主轴箱上固定指示器，使其测头触及 T 形槽侧面，沿 *X* 坐标方向移动工作台（或立柱）检验 误差以指示器读数的最大差值计 允许用专用滑板检验	检验方法（按 GB/T 17421.1—1998 的规定） 5.4.2.2.1、5.4.2.2.2.1 或 5.4.2.2.2.2 固定指示器，使其测头触及工作台侧面定位基准面。沿 *X* 坐标方向移动工作台（或立柱）检验 误差以指示器读数的最大差值计

三、几何精度检验测量方法

按照 GB/T 17421.1—1998《机床检验通则　第 1 部分：在无负荷或精加工条件下机床的几何精度》，介绍部分几何精度检验测量方法。

（一）直线度

直线度的几何精度检测包括一条线在一个平面或空间内的直线度、部件的直线度和运动的直线度。下面介绍一条线在一个平面或空间内的直线度和直线运动。

1. 定义

在平面内的一条给定长度的线，当其上所有的点均包含在平行于该线的总方向且相对距离与公差相等的两条直线内时，则该线被认为是直线。直线的总方向（代表线）的确定，应确保该直线的直线度偏差为最小。

在空间内一条给定长度的线，当其在给定的平行于该线总方向的两个相互垂直平面上的投影满足一条线在一个平面内的直线度要求时，则认为该空间线为直线。

2. 测量方法

直线度的测量方法包括长度测量和角度测量。

直线度的实际基准可为实体的基准（平尺、张紧的钢丝）或通过与精密水平仪、光束等给定的基准线进行比较。

（1）长度测量法　作为基准的实体（直线度基准）应置于有关被检线的合适位置上，如图 1-35 所示，目的是使一个合适的测量工具得以应用。

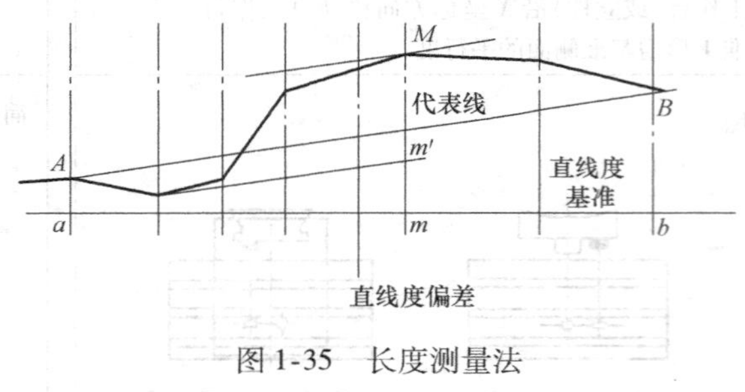

图 1-35　长度测量法

该测量工具提供被检线相对于直线度基准的偏差读数，这些读数可以在被检线全长的（均匀分配或任意的）若干点上获得（所选择的点的间隔与使用的工具无关）。

建议直线度基准位置的两端点读数大致相同，然后用合适的比例将读数直接用图形表示出来。通过确定一条代表线来处理测量结果，线段 Mm' 所代表的数值即为经处理后获得的直线度偏差，其大小等于平行于代表线并与偏差的上端和下端相触的两条直线间的距离。

长度测量法包括平尺法、钢丝和显微镜法、准直望远镜法、准直激光法、激光干涉法五种。

（2）角度测量法　在这种方法中，一个可移动的检具支座以距离 d 分开的两点 P 和 Q 与被检线接触，如图 1-36 所示，该检具支座先后处在 P_0Q_0 和 P_1Q_1 两接连的位置上，P_1 与 Q_0 相重合，在包含被检线的垂直平面内放置检具于支座上，并测量出支座相对于测量基准的角度 α_0 和 α_1。

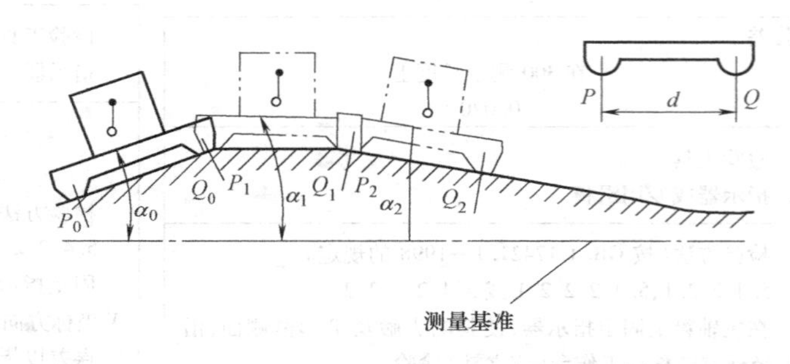

图 1-36　角度测量法

如图 1-37 所示，结果如下述获得，按适当比例将下列参数图形化。

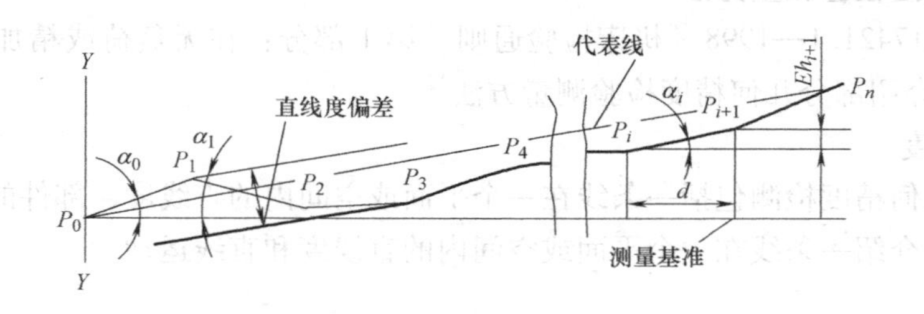

图 1-37　参数图形化

在横坐标中，支脚距离 d 与被检线相应；在垂直坐标中，对应测量基准的是相对高度差。相对高度差计算如下

$$Eh_{i+1} = d\tan\alpha_i$$

式中　d——支脚距离（mm）；

α_i——支座相对于测量基准的角度（°）。

Eh_{i+1}——相对高度差（mm）。

被检线上的不同点 P_0、P_1、$P_2 \cdots P_i \cdots P_n$ 可按预期的比例放大绘制。代表线由这条线的本身确定，如通过 P_0、P_n 两个端点。直线度偏差是由平行于代表线且触及曲线最高点和最低点的两条直线间沿 *YY* 轴线的距离确定的。另外要注意，运动部件支点 *P* 和 *Q* 要有足够的面积，以减少小表面缺陷的影响，一定要认真准备支点并清洁表面，以减少测量误差。

角度测量法包括精密水平仪法、自准直仪法和激光干涉仪法（角度测量）三种。

3. 直线运动

机床部件直线运动的检验不仅是为了保证机床加工出直或平的工件，而且还因为工件上一点的位置精度与直线运动有关。

（1）定义　如图 1-38 所示，一个运动部件的直线运动总是包含着六个偏差因素：

1）在运动方向上的位置偏差。

2）运动部件上一点轨迹的两个线性偏差。

3）运动部件的三个角度偏差。

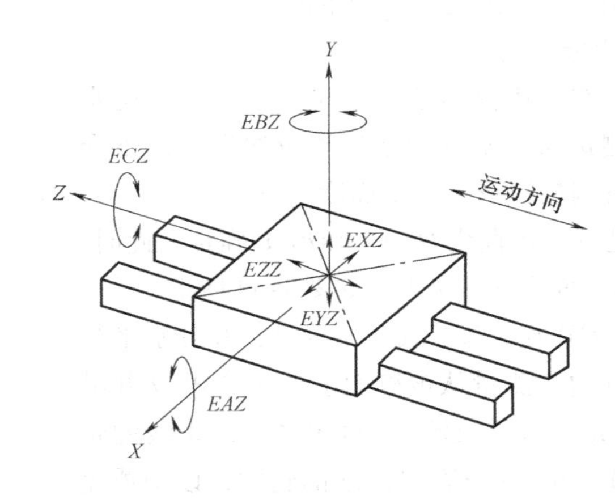

图 1-38　一个运动部件的直线运动包含的六个偏差因素

（2）角度偏差和测量方法

1）角度偏差　部件只要有运动，就会带来角度偏差。这些偏差可称之为倾斜、俯仰和偏摆，所有这些偏差都影响直线运动。当测量一个有代表性的点的轨迹的直线运动时，测量结果包含着全部角度偏差的影响，但是，当运动部件一点的位置不是有代表性的点的位置且必须作分离测量时，这些角度偏差的影响是不同的。每个角度偏差的数值是指运动部件在全部行程中的最大转角。

对俯仰、倾斜和偏摆这三个分量而言，角度偏差的公差可以是不同的。

2）角度偏差测量方法　当在水平平面内测量时，精密水平仪可测量俯仰和倾斜，而自准直仪和激光法可测量俯仰和偏摆。

① 精密水平仪法。当使用精密水平仪测量时，应将其安置在运动部件上，使该部件作增量式移动，水平仪记录下每次移动后的读数。

② 自准直仪法。当使用自准直仪测量时，反射镜安放在运动部件上，且与自准直仪处在基准线上。

③ 激光法。当使用激光测量时，外置干涉仪及光束转向器安装在基准线上，激光反射器安装在运动部件上或相反安装。

（二）平面度

1. 定义

在规定的测量范围内，当所有点被包含在与该平面的总方向平行并相距给定值的两个平面内时，则认为该面是平的。

确定平面或代表面的总方向，是为了获得平面度的最小偏差，通常采用的方法如下：一个被检平面内适当选择的三点，在靠近边缘部分上存在无关紧要的局部缺陷可以忽略不计，或按划分的点用最小二乘法计算的平面。

2. 平面度测量方法

平面测量法有平板测量法、平尺测量法、精密水平仪法、光学测量法、坐标测量机测量法等。以下介绍用精密水平仪测量矩形表面平面度的方法。

基准平面是由两条直线 OmX 和 $OO'Y$ 确定，此时，O、m 和 O'是被检面上的三个点，如图 1-39 所示。

直线 OX 和 OY 最好选择成互相垂直，并分别平行于被测面的轮廓边。测量从被测面上的一个角 O 并沿 OX 方向开始。先用水平仪测量 OA 和 OC 每条线的轮廓，再测量 $O'A'$、$0''A''$和 CB 纵向线的轮廓，以便覆盖整个表面。

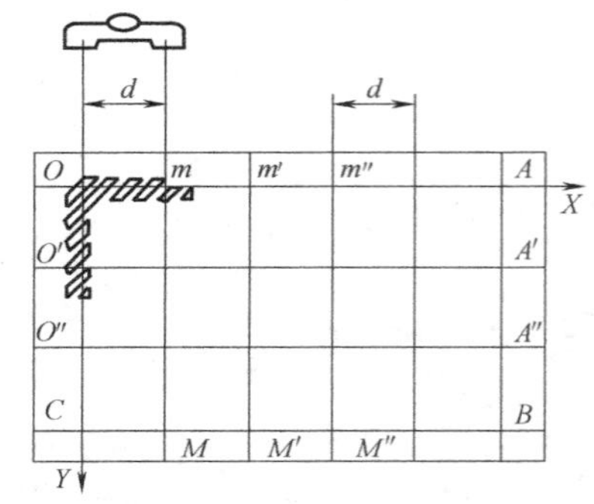

图 1-39　用精密水平仪测量矩形表面的平面度

可沿 mM、$m'M'$等作追加测量，当被检面的宽度与其长度并非不相称时，同时沿对角线测量，即所谓交叉检查，这也是符合需要的。结果整理如图 1-40a、b 所示。

根据 $Omm'A$ 和 $OO'O''C$ 线段的测量结果，采用图 1-40所示的方法，绘出 $Omm'A$ 和 $OO'O''C$ 的曲线。为了绘制出 $O'A'$，$O''A''$和 CB 线，起点应为 O'、O'' 和 C。在图 1-40a所示的情况下，全部曲线非常接近测量基准，因而这个平面可认为是代表平面，但是，在图 1-40b 所示的情况下，$Omm'A$ 和 $OO'O''C$ 的代表线位于 OX'和 OY'方向。在这种情况下，代表平面将很可能是包含 OX'和 OY'的平面，即 $OABC$ 平面。

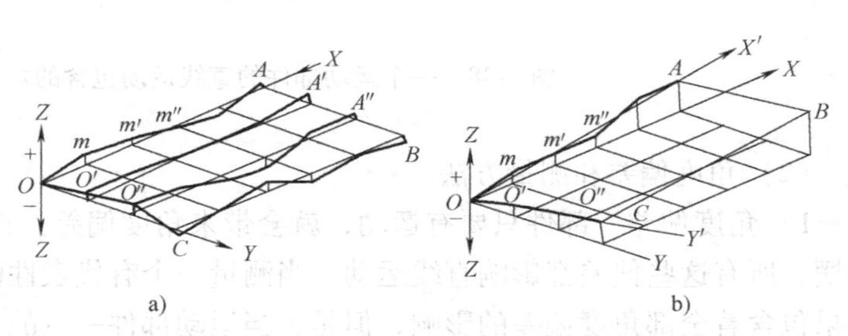

图 1-40　结果整理

a）包含 OX、OY 的代表平面　b）包含 OX'、OY'的代表平面

（三）平行度

平行度测量包括线和面的平行度和运动的平行度。平行度的数值为一条线（或面）的代表线（或面）到另一条线（或面）距离的差值，如果选择不同的线（或面）作为基准线（或面），结果可能是不同的。下面介绍线和面的平行度测量方法。

1. 定义

当测量一条线上若干点到一个面与通过该线的法向平面相交的代表线的距离时，如果在规定的范围内所求得的最大偏差不超过规定值，则认为这条线平行于该平面。

当一条线平行于通过另一条线的代表线的两平面时，则认为两条线是平行的。在两个平面内的平行度公差不一定相同。

在规定平面（水平的、垂直的、垂直于检验面的、通过检验轴线的等）的规定长度上（如在300mm 上或在整个平面上）测定这些偏差值。

2. 测量方法

（1）主轴轴线说明　当测量涉及轴线平行度时，轴线本身应由形状精度高、表面光洁和有足够长度的圆柱面来代表。如果主轴的表面不满足这些条件，或者如果它是一个内表面，且不允许使用测头时，可采用一个辅助的圆柱面——检验棒。

检验棒的固定和定心应在轴的端部或在为夹持工具或别的附件而设计的圆柱孔或圆锥孔内进行。在主轴上安装检验棒代表旋转轴线时，应考虑到检验棒轴线与旋转轴线不重合这一情况。在主轴旋转时，检验棒的轴线描绘出一个双曲面（如果检验棒的轴线与旋转轴线相交，则描绘出一个锥面），并且在测量平面内产生两个位置 $B—B'$，如图 1-41 所示。

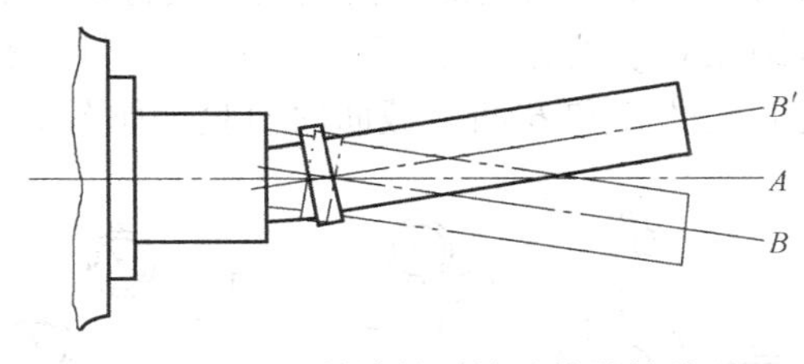

图 1-41　主轴旋转时检验棒的轴线

（2）测量位置　在此条件下，平行度的测量可以在主轴处于任何位置处进行，但应将主轴旋转 180°后，再重复测量一次，以两次读数的代数和之半表示在规定平面内的平行度误差。也可以将检验棒调整到平均位置 A 处（被称为径向跳动平均位置），然后仅在该位置进行检验。两种方法同样迅速，但前者更精确。

主轴径向跳动平均位置是指在测量平面内使指示器测头与代表旋转轴线的圆柱面接触，在慢慢旋转主轴时观察指示器的读数。当指针指出其行程两端间的平均读数时，即主轴处于径向跳动平均位置。

（四）主轴径向跳动

1. 定义

主轴径向跳动包括圆跳动、偏心距、在规定点上轴线的径向偏摆和在规定截面内零件的径向跳动。下面介绍在规定截面内零件的径向跳动，如图 1-42 所示，如果不考虑圆跳动，则在规定的截面内的径向跳动是其径向偏摆的两倍。一般情况下，所测量的径向跳动由轴线的径向偏摆、零部件的圆度和旋转轴线运动的径向误差（轴承的误差）组成。对于滚动轴承支承的主轴要转动两圈以上，滚子和隔离罩才能转一圈，而且主轴的径向跳动一般是每隔几转就重复一次。因此，应在几转以上检验主轴径向跳动，至少两转。

2. 检验方法

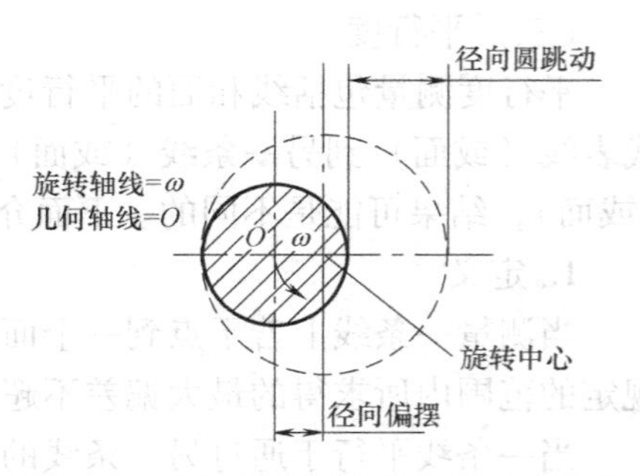

图 1-42　在规定截面内零件的径向跳动

检验前，应使主轴充分旋转，以保证在检验期间润滑油膜不会变化，同时所达到的温度应是机床正常运转的温度。再有在进行几何精度检验时，应该根据使用条件和制造厂的规定将机床空运转，使机床零部件达到恰当的温度，因为有些零部（如主轴）的发热会引起位置和形状的变化。

（1）外表面　将指示器的测头垂直触及被检查的旋转表面，当主轴慢慢地旋转时，观测指示器上的读数，如图 1-43 所示。

图 1-43b 所示为锥面上测量，测头垂直于素线放置，并且在测量结果上应计算锥度所产生的影响。当主轴旋转时，如果轴线有任何移动，则被检圆的直径就会变化，使产生的径向跳动比实际值大。因此只有当锥面的锥度不很大时才可检验径向跳动。在任何情况下，主轴的轴向窜动都要预先测量，同时根据锥度角来计算它对检验结果可能产生的影响。

（2）内表面　当圆柱孔或锥孔不能直接用指示器检验时，则可在该孔内装入检验棒，用检验棒伸出的圆柱部分按相关条文检验。如果仅在检验棒的一个截面上检验，则应规定该测量圆相对于轴的位置。因为检验棒的轴线有可能在测量平面内与旋转轴线相交，所以应在规定间距的 *A* 和 *B* 两个截面内检验，如图 1-44 所示。

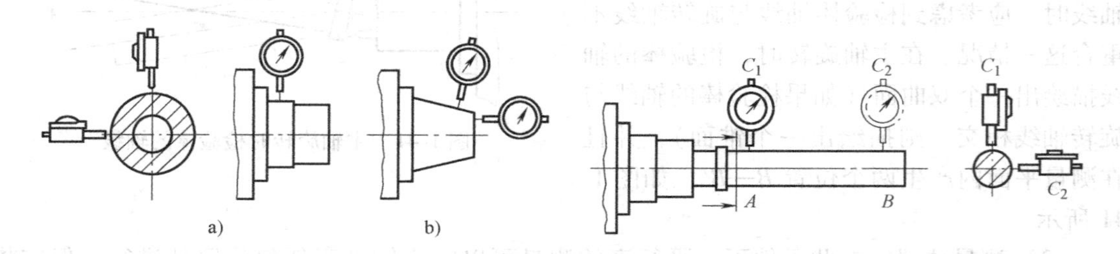

图 1-43　外表面测量
a）圆柱外表面测量　b）圆锥外表面测量

图 1-44　内表面测量

例如：在靠近检验棒的根部处进行一次检验，另一次则在离根部某规定距离处检验。由于检验棒插入孔内（尤其是锥孔内）可能出现误差，这些检测至少应重复四次，即每次将检验棒相对主轴旋转 90°重新插入，取读数的平均值为测量结果。在每种情况下，均应在垂直的轴向平面内和在水平的轴向平面内检验径向跳动，如图 1-44 中的 C_1 和 C_2 位置。

（五）机床精度检验中的公差

公差是限制尺寸、形状、位置和位移所不能超过的变动量，它们对工作精度以及对工具、重要零部件和附件的安装都是必要的。

在确定公差时，应规定所使用的计量单位、参考基准、公差值及其相对于参考基准的位置、测量范围。

公差和测量范围应采用同一单位制。公差特别是尺寸公差，当简单参照机械零部件的有关标准不能确定它们时，则应对其加以说明。对于角度公差应采用角度单位（°、′、″）或正切值（mm/m）。

当一个规定的测量范围的公差已知时，另一个测量范围的公差可以用比例定律与第一个测量范围的公差相比较而确定。对于与基准测量范围有很大差别的测量范围，则不能用比例定律，因为小测量范围的公差应该比按比例定律得出的公差大，大测量范围的公差应该比按比例定律得出的公差小。

实训任务

1. 逐一记录现场的工具名称和规格/量程，填写表1-55。

表1-55　工具清单

序号	名称	规格/量程	用途	使用方法

2. 逐一记录现场的量具名称和规格/量程，填写表1-56。

表1-56　量具清单

序号	名称	规格/量程	用途	使用方法

3. 逐一记录现场的检具名称和规格/量程，填写表 1-57。

表 1-57　检具清单

序号	名称	规格/量程	用途	使用方法

4. 操作华中世纪星系统数控车床。

（1）列出面板按键（表 1-58）

表 1-58　华中世纪星系统数控车床面板按键

序号	按键名称	含义/说明	备注

（2）操作练习

1）开机，填写表 1-59。

表 1-59　开机操作步骤

序号	操作内容	结果

2）手动回零，填写表1-60。

表1-60　手动回零操作步骤

序号	操作内容	结果

3）手动操作，填写表1-61。

表1-61　手动操作步骤

序号	操作内容	操作过程	结果
1	*Z*轴快速向负方向移动		
2	*X*轴慢速向负方向移动		
3	主轴正转		
4	换3号刀		
5	换为手轮操作		

可以补充其他操作：

4）练习MDI方式的指令，填写表1-62。

表1-62　MDI方式的指令表

内　容	指　令
主轴正（反）转	
坐标轴的快速移动（*X*轴）	
坐标轴的进给移动（*Z*轴）	
车床换刀	
加工中心换刀	
加工中心转台分度	

可以补充其他操作：

5）编制简单程序，进行图形模拟，填写表1-63、表1-64、表1-65。

表 1-63　加工零件表

零件图 1	
程序	
结果	

表 1-64　加工零件表

零件图 2	
程序	
结果	

表 1-65　加工零件表

零件图 3	
程序	
结果	

5. 操作 FANUC 0i Mate-TD 系统数控车床，操作练习表格同实训 4。

6. 操作 SKY2008NA 数控雕铣床，操作练习表格同实训 4。

7. 操作华中 818B 数控系统立式加工中心，操作练习表格同实训 4。

8. 列出目前国内常用的标准类型及数控机床几何精度的标准代号，以及教材给出的数控机床几何精度的标准代号。

9. 阐述数控机床几何精度的概念。

10. 现场阐述部分数控机床几何精度检验方法的原理。

11. 数控机床几何精度标准包含什么内容？

项目二　数控车床几何精度的检验

任务一　平导轨数控车床几何精度的检验

数控机床检验前安装的准备工作是：必须将数控机床安置在适当的基础上，并按照机床制造厂的说明书调平机床。调平的目的是为了获得数控机床的静态稳定性，以方便其后的测量工作，特别是与运动部件直线度有关的测量。

一、平导轨数控车床水平调整

调整床身导轨水平的意义是保证数控车床安装时处于水平位置。由于数控车床在总装时，其部件之间要有严格的相互几何精度要求，只有保证部件之间的精度，才能最终保证整机的精度。而床身导轨是各部件装配和检验精度的基准，若床身导轨的精度不达要求，会导致各部件之间的相互关系改变，严重影响各部件的装配精度，同时也保证不了数控车床的整机精度。

1. 准备工具

准备水平仪（框式或条式）两个、扳手两种规格（拧螺母和螺栓用，最好是呆扳手）、加长杆、棉布若干，如图 2-1 所示。

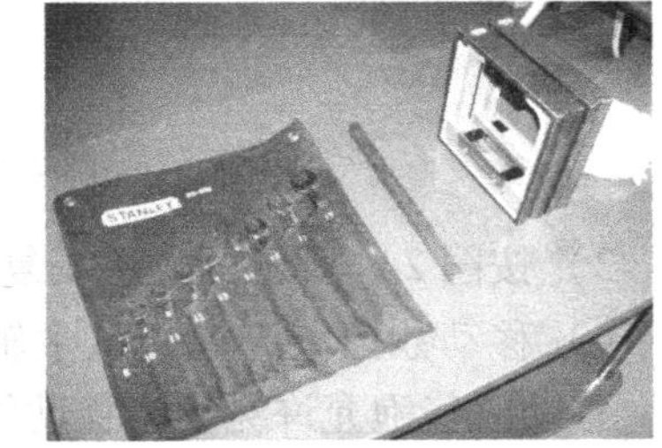

图 2-1　准备工具

2. 水平调整方法

（1）粗调　如图 2-2a 所示，将数控车床六个地角螺栓的螺母旋下，把六个地角螺栓全部松到低点，同时保证前后床腿面与垫铁吃实，使数控车床处于最低位置。如果是新的数控机床，则先要卸除搬运用的支撑。用棉布将两个水平仪的测量面和与水平仪的接触面擦拭干净。如水平仪放置空间不足，也可用螺钉旋具把溜板上的盖板卸下。

1）水平仪放置在溜板上。如图 2-2b 所示，将两个框式水平仪以横向、纵向放置，分别与 X 轴、Z 轴平行。

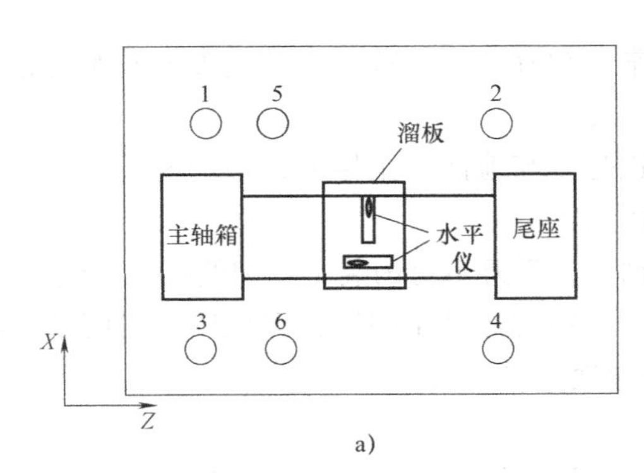

a)

b)

图 2-2　水平仪放置

a）俯视图　b）实物图

2）移动溜板在主轴箱端和尾座端中间，观察水平仪的气泡方向，气泡移向哪边，床身哪边就高。例如气泡在右边，就用扳手顺时针调整左边的地角螺栓，以此类推，循环这种方法，使纵向及横向水平仪的气泡处于居中位置，这样粗调就完成了。

（2）精调　数控车床通电，用指令或手轮移动溜板，如图 2-3 所示，注意移动速度要慢。

1）先用指令或手轮移动溜板到主轴箱端，待溜板稳定后观察水平仪中的气泡位置，确定外围四个地角螺栓的高低，调平床身。

2）用指令或手轮移动溜板到尾座端，根据水平仪气泡位置调节相应的地角螺栓，使气泡尽量居中。观察气泡位置，气泡偏向哪方，则对它相对方向的数控车床地角螺栓进行调节。此时要注意，水平仪气泡经过粗调后已偏离中心不大，所以在调地角螺栓时要轻，要慢。

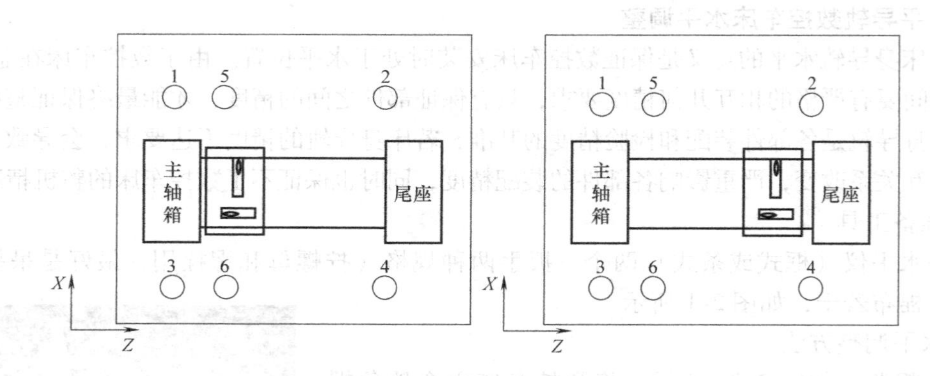

图 2-3　用指令或手轮移动溜板精调水平

3）按图 2-3 所示的方法反复操作。

4）移动数控车床溜板从主轴箱端到尾座端，在纵、横两个方向上观察水平仪气泡位置，移动时气泡允许晃动，移动停止待稳定后气泡变化在 1 格之内，纵向及横向水平仪均不得超过 0. 02mm/1000mm。最后将螺母 1～4 旋紧，再将中间的地角螺栓、螺母 5、6 旋紧，使气泡尽量居中。按上述方法复查水平精度，若精度没有变化，则完成数控车床的精调操作，否则需重新进行。

3. 调整导轨水平注意事项

1）调导轨水平前先检查水平仪是否正常（放在平台上前后左右转方向看水泡指示差多少，如果差太多需调整）。

2）机床调水平的关键在于机床地角垫铁是否与地面真正接触，就是说假如调整的机床有四个地角垫铁，不可三个接触实，一个悬空。

3）机床移动时，为了保证机床部件的精度，千万不可吊装主轴和丝杠等部位。

4）导轨水平如果不好，短时间内影响加工精度还是小问题，但机床用时间长了，其龙骨会变形，到那时机床问题就会严重，所以导轨水平至关重要。

二、几何精度检验

为了尽可能使润滑和温升在正常工作状态下评定数控机床精度，在进行几何精度检验时，应根据使用条件和制造厂的规定将数控机床空运转，使数控机床零部件达到恰当的温度，这是因为有些零部件（如主轴）的发热会引起位置和形状的变化。

高精度数控机床和温度波动对其精度有显著影响的一些数控机床对环境的要求比较特殊。从环境温度上升到工作温度的一个正常周期内，数控机床的尺寸多少发生了变化，这是必须考虑的。

热变形可带来不利影响的主要区域如下：

① 在主平面和轴向平面内的构件（热变形易使其发生位移），包括主轴。

② 主要依靠丝杠保证定位精度的轴向驱动系统和定位反馈系统。

简式数控卧式车床精度检验依据的国家标准是 GB/T 25659. 1—2010，其几何精度检验项目共有 19 项。数控车床几何精度的检验是在静态下进行的，或在空运转时进行的。现介绍精度 G1 ~ G12 的检验方法。

1. G1 检验导轨精度

（1）检验方法　G1 检验导轨精度的方法见表 2-1，借助溜板移动检测床身导轨的几何精度，以保证在切削过程中，数控车床的刀具沿着正确的轨迹运行。

表 2-1　导轨精度检验方法

<table>
<tr><td>检验项目（G1）</td><td>导轨精度
a)纵向
导轨在垂直平面内的直线度误差
b)横向
导轨在垂直平面内的平行度误差</td><td>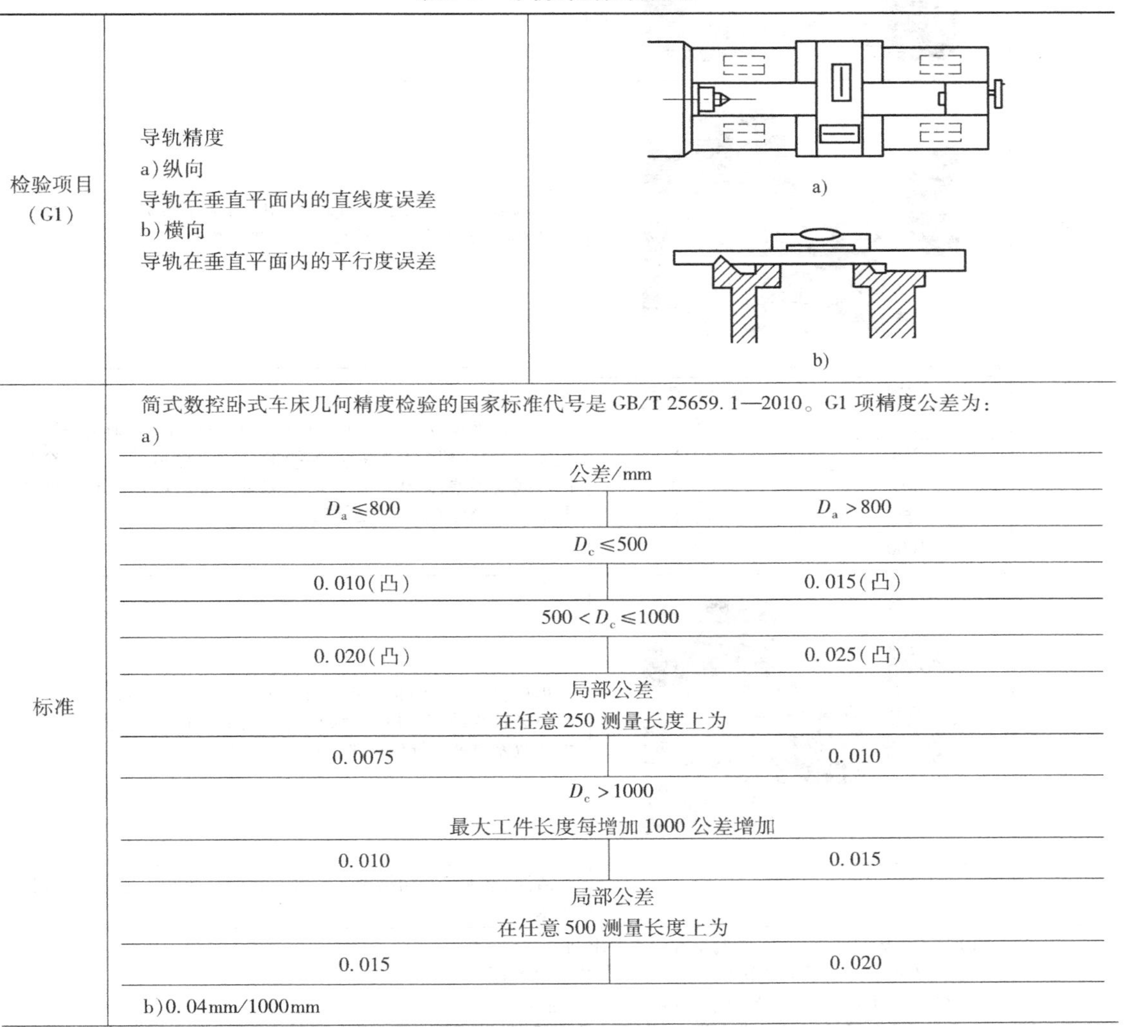
a)
b)</td></tr>
<tr><td>标准</td><td colspan="2">简式数控卧式车床几何精度检验的国家标准代号是 GB/T 25659. 1—2010。G1 项精度公差为：
a)
<table>
<tr><td colspan="2">公差/mm</td></tr>
<tr><td>$D_a \leqslant 800$</td><td>$D_a > 800$</td></tr>
<tr><td colspan="2">$D_c \leqslant 500$</td></tr>
<tr><td>0. 010(凸)</td><td>0. 015(凸)</td></tr>
<tr><td colspan="2">$500 < D_c \leqslant 1000$</td></tr>
<tr><td>0. 020(凸)</td><td>0. 025(凸)</td></tr>
<tr><td colspan="2">局部公差
在任意 250 测量长度上为</td></tr>
<tr><td>0. 0075</td><td>0. 010</td></tr>
<tr><td colspan="2">$D_c > 1000$
最大工件长度每增加 1000 公差增加</td></tr>
<tr><td>0. 010</td><td>0. 015</td></tr>
<tr><td colspan="2">局部公差
在任意 500 测量长度上为</td></tr>
<tr><td>0. 015</td><td>0. 020</td></tr>
</table>
b)0. 04mm/1000mm</td></tr>
</table>

（续）

<table>
<tr><th>序号</th><th>图示或数据</th><th>操作步骤</th></tr>
<tr><td>1</td><td> 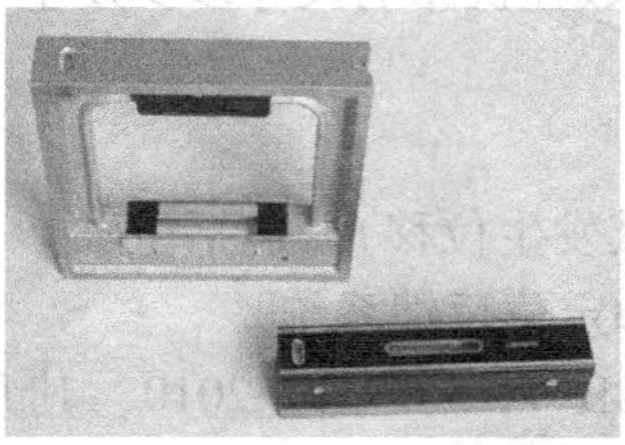</td><td>准备精密水平仪（框式或条状，0.02mm/1000mm）</td></tr>
<tr><td>2</td><td> 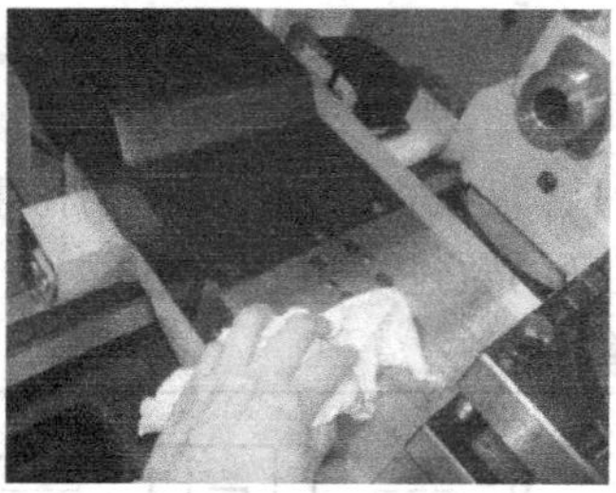</td><td>用干净的棉布擦拭精密水平仪测量面和放置精密水平仪的溜板表面，并且用手检查一遍，以防有棉布残留物</td></tr>
<tr><td>3</td><td> </td><td>先检验 a）项精度，靠近前导轨处，沿 Z 轴方向放一水平仪，以 250mm 等距离沿 Z 轴移动溜板进行检验</td></tr>
<tr><td>4</td><td><table>
<tr><th>位置</th><th>水平仪读数</th></tr>
<tr><td>0</td><td>0</td></tr>
<tr><td>250</td><td>+1.8</td></tr>
<tr><td>500</td><td>+1.4</td></tr>
<tr><td>750</td><td>−0.8</td></tr>
<tr><td>1000</td><td>−1.6</td></tr>
</table></td><td>记录水平仪读数。按水平仪的读数依次排列，画出导轨误差曲线，曲线相对其两端点连线的最大坐标值就是导轨全长的直线度误差，曲线上任意局部测量长度的两端点相对曲线两端点的坐标差值，就是导轨的局部误差</td></tr>
<tr><td>5</td><td> </td><td>再检验 b）项，溜板上沿 X 轴方向放一水平仪，以 250mm 等距离 Z 轴移动溜板检验，水平仪在全部测量长度上读数的最大代数差值就是导轨的平行度误差</td></tr>
<tr><td>6</td><td></td><td>清洁、整理。清洁精密水平仪，测量面涂油、入盒，整理数控车床</td></tr>
<tr><td>注意</td><td colspan="2">1）对于斜床身车床，直线度偏差方向不要求凸
2）D_a 表示床身上最大回转直径；D_c 表示最大工件长度
3）在导轨两端 $D_c/4$ 测量长度上局部公差可以加倍</td></tr>
</table>

（2）计算　例如检验某一台数控车床，溜板每移动 250mm 测量一次，精密水平仪分度值为 0.02mm/1000mm；溜板在各个测量位置时水平仪读数依次为：+1.8、+1.4、-0.8、-1.6 格。

水平仪读数单位为“格”，表示角度差。数据处理用图解法，直观性好。在坐标纸上以横坐标表示被测实际轮廓的长度，按相应的等分五段距离，再以纵坐标表示以“格”为单位的误差值。把测得的精密水平仪的读数值记录在坐标纸上，按累计法进行画图。

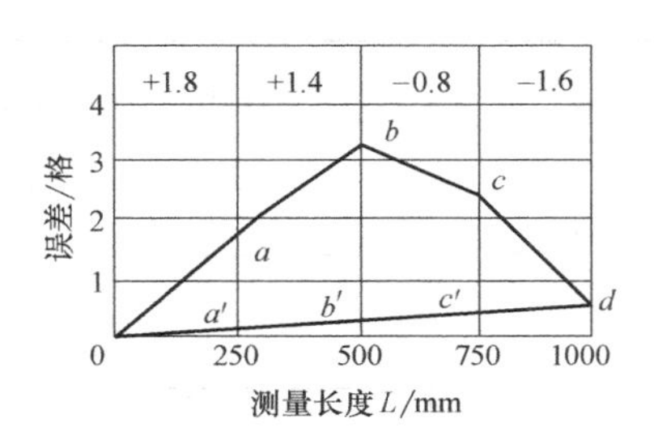

图 2-4　导轨在垂直平面内的直线度

根据这些读数画出纵向导轨在垂直平面内的直线度，如图 2-4 所示。

由图 2-4 可以计算得到导轨全长的直线度误差为

$$\delta_{全} = \overline{bb'} \times \frac{0.02}{1000} \times 250\text{mm} = 2.8 \times \frac{0.02}{1000} \times 250\text{mm} = 0.014\text{mm}$$

导轨的局部误差为

$$\delta_{局} = (\overline{aa'} - 0) \times \frac{0.02}{1000} \times 250\text{mm} = 1.6 \times \frac{0.02}{1000} \times 250\text{mm} = 0.008\text{mm}$$

还可以用桥板（图 2-5）完成该项精度的检验，如图 2-6 所示。

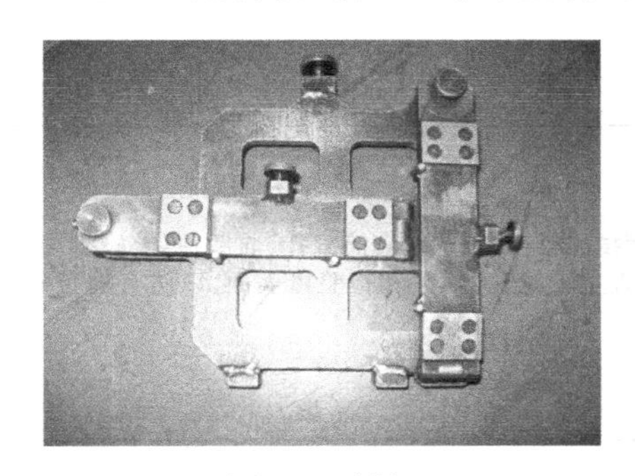

图 2-5　桥板

图 2-6　用桥板检验车床直线度

2. G2 检验溜板移动在 ZX（水平）平面内的直线度

（1）常用检验方法　表 2-2 中 a 图所示为常用检验方法。

表 2-2　溜板移动在 ZX（水平）平面内的直线度检验方法

检测项目 （G2）	溜板移动在 ZX（水平）平面内的直线度	a) 螺栓 偏差 b)

（续）

<table>
<tr><td rowspan="9">标准</td><td colspan="2">简式数控卧式车床几何精度的国家标准代号是 GB/T 25659. 1—2010。G2 项公差范围为：</td></tr>
<tr><td colspan="2">公差/mm</td></tr>
<tr><td>$D_a \leqslant 800$</td><td>$D_a > 800$</td></tr>
<tr><td colspan="2">$D_c \leqslant 500$</td></tr>
<tr><td>0. 015</td><td>0. 020</td></tr>
<tr><td colspan="2">$500 < D_c \leqslant 1000$</td></tr>
<tr><td>0. 020</td><td>0. 025</td></tr>
<tr><td colspan="2">$D_c > 1000$
最大工件长度每增加 1000 公差增加 0. 005
最大公差</td></tr>
<tr><td>0. 030</td><td>0. 050</td></tr>
</table>

序号	图示	操作步骤
1		准备百分表和长检验棒、顶尖、磁力表座
2		用干净的棉布擦拭主轴锥孔、尾座套筒锥孔、前后顶尖、检验棒、溜板，并且用手检查主轴锥孔、顶尖和检验棒表面，以防有棉布残留物
3		图 a 所示为用百分表和检验棒进行检验，安装主轴和尾座顶尖，将百分表固定在磁性表座上，磁性表座吸在溜板上，借助顶尖使百分表测头处于水平平面。安装长检验棒，百分表测头垂直触及检验棒侧素线，压表适量，调整尾座，使百分表在检验棒两端的读数相同，移动 *Z* 轴溜板进行全行程检验，百分表的最大读数差即为 *ZX*(水平)平面内的直线度误差
4		清洁、整理。清洁百分表、长检验棒、顶尖，长检验棒、顶尖涂油，百分表入盒，量具和检具应放回规定的位置，不能随意放，整理数控车床

（2）用钢丝和显微镜检验方法　表 2-2 中 b 图所示是用钢丝和显微镜检验直线度误差。在数控车床中心高的位置紧绷一根钢丝，将显微镜固定在溜板上，调整钢丝，使显微镜在钢丝两端的读数相等。以 250mm 等距离移动溜板，在全程进行检验，显微镜读数的最大代数差值即为 *ZX* 平面内的直线度误差。

1）钢丝和显微镜说明。如图 2-7 所示，测量装置是由带分划板的显微镜和可显示出相对于钢丝的精确位置的可调测微装置组成的。

测量直线度时，显微镜放在数控车床上，通过水平仪（与显微镜支架结为一体）进行调节。钢丝两端通过目镜的十字线调成同一状态。移动工作台读取在水平面内的读数。

使用钢丝和显微镜时注意以下事项：当装钢丝时，应仔细小心，钢丝不可出现死弯并应尽量绷紧；钢丝的直径应尽可能小，在任何情况下都不能超过 ϕ0.2mm；对于长度大于或等于20m 的床身，不需要特殊的保护措施也可以进行检验。

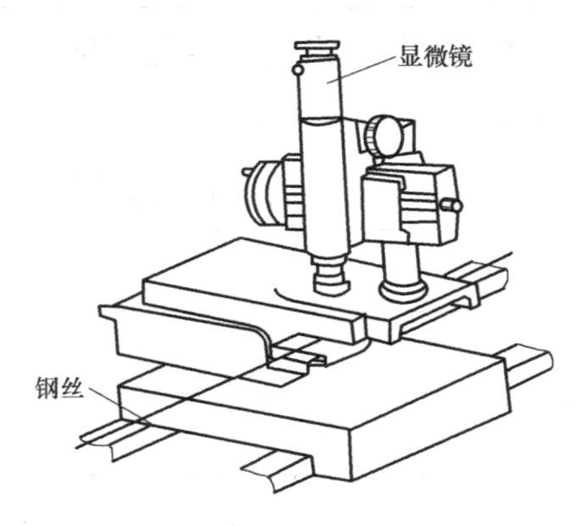

图 2-7　钢丝和显微镜

2）检验原理。用钢丝和显微镜法检验直线度的原理如图 2-8 所示，张紧一根直径约 ϕ0.1mm 的钢丝，使其尽可能地平行于被检线。例如，对位于水平面内的 *MN* 线而言，用一个垂直安放并装有水平测微移动装置的显微镜，即可读出被检线对代表测量基准的张紧钢丝在水平面 *XY* 内的偏差。

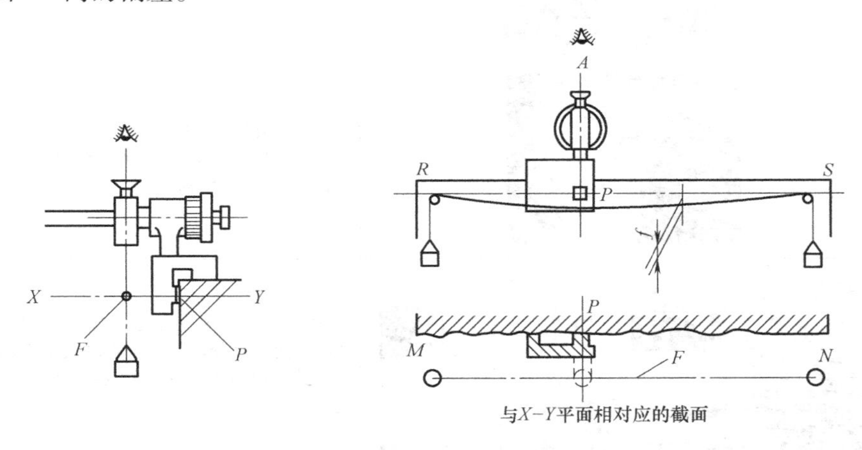

图 2-8　用钢丝和显微镜法检验直线度的原理

张紧的钢丝 *F* 和被检线 *MN* 应位于同一水平面内，显微镜座应位于包含被检线的表面上的两个支点上，其中一点 *P* 位于与包含了显微镜光学轴线的假想面相垂直的平面内。

3. G3 检验尾座移动对溜板移动的平行度（表 2-3）

表 2-3　尾座移动对溜板移动平行度的检验方法

检测项目 (G3)	尾座移动对溜板移动的平行度 a) 在 *YZ* 平面内 b) 在 *ZX* 平面内	a) b) *L*=常数

（续）

<table>
<tr><td rowspan="9">标准</td><td colspan="3">简式数控卧式车床几何精度的国家标准代号是 GB/T 25659.1—2010。G3 项公差范围为：</td></tr>
<tr><td colspan="3">公差/mm</td></tr>
<tr><td colspan="3">$D_c \leqslant 1500$</td></tr>
<tr><td>a）和 b）0.030</td><td colspan="2">a）和 b）0.040</td></tr>
<tr><td colspan="3">局部公差
在任意 500 测量长度上为：0.020</td></tr>
<tr><td colspan="3">$D_c > 1500$
a）和 b）　0.040</td></tr>
<tr><td colspan="3">局部公差
在任意 500 测量长度上为：0.030</td></tr>
<tr><td>序号</td><td>图示</td><td colspan="2">操作步骤</td></tr>
<tr><td>1</td><td></td><td colspan="2">准备百分表和磁力表座、尾座顶尖</td></tr>
<tr><td>2</td><td></td><td colspan="2">用干净的棉布擦拭尾座锥孔、尾座顶尖、溜板表面，并且用手检查一遍尾座锥孔、尾座顶尖表面，以防有棉布残留物</td></tr>
<tr><td>3</td><td></td><td colspan="2">将百分表固定在磁性表座上，磁性表座吸在溜板上，使得百分表测头垂直触及垂直（YZ）平面内、近尾座端面的顶尖套上，找到测量点 a 处，压表适量</td></tr>
<tr><td>4</td><td></td><td colspan="2">锁紧顶尖套，用插销使尾座与溜板一起移动，在溜板全行程进行测量，百分表读数的最大差值即为全长上的平行度误差；在任意 300mm 行程上进行测量时，百分表读数的最大差值即为局部长度的平行度偏差</td></tr>
<tr><td>5</td><td></td><td colspan="2">借助尾座顶尖，将百分表的测头垂直触及 ZX（水平）平面内、近尾座端面的顶尖套上，找到测量点 b 处，重复步骤 4，测出尾座移动在 ZX 平面内对溜板移动的平行度误差</td></tr>
<tr><td>6</td><td></td><td colspan="2">清洁、整理。清洁百分表、顶尖，顶尖涂油，百分表入盒，量具和检具应放回规定的位置，不能随意放，整理数控车床</td></tr>
</table>

在操作步骤 4 时，如果数控车床没有插销，可以按照图 2-9 所示完成该项精度检验。将尾座套筒伸出后，按正常工作状态锁紧，同时使尾座尽可能地靠近溜板，把安装在溜板上的第二个百分表相对于尾座套筒的端面调整为零；溜板移动时也要手动移动尾座直至第二个百分表的读数为零，使尾座与溜板相对距离保持不变。按此法使溜板和尾座全行程移动，只要第二个百分表的读数始终为零，则第一个百分表相应指示出平行度误差。或者沿行程在每隔 300mm 处记录第一个百分表读数，百分表读数的最大差值即为平行度误差。第一个百分表在图 2-9a 图中的 a 和 b 位置分别测量，图 2-9b 所示为垂直（*YZ*）平面内尾座移动对溜板移动的平行度误差检测，图 2-9c 所示为水平（*XZ*）平面内尾座移动对溜板移动的平行度误差检测，两个平面内的平行度误差要单独计算。

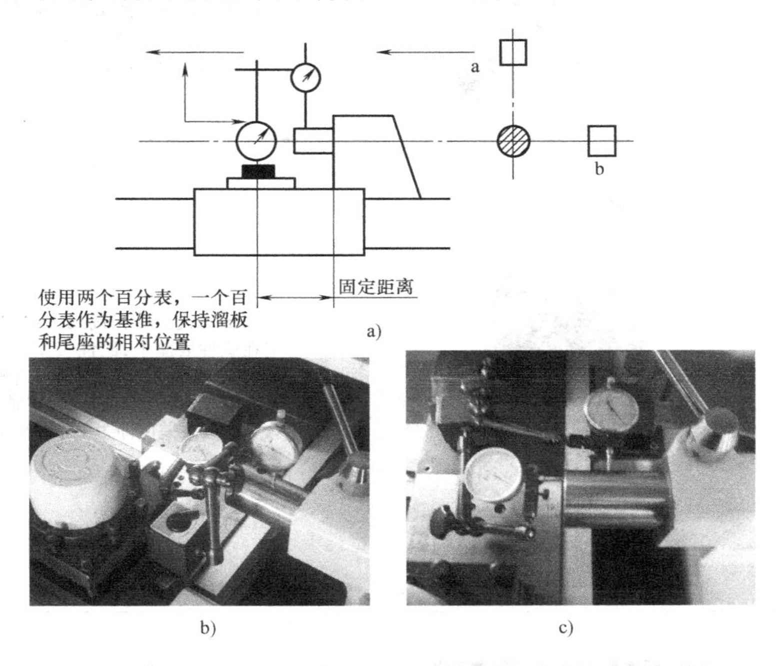

图 2-9　使用两个百分表检验尾座移动对溜板移动的平行度误差

4. G4 检验主轴端部的跳动（表 2-4）

表 2-4　主轴端部的跳动检验方法

检测项目（G4）	主轴端部的跳动 a）主轴的轴向窜动 b）主轴轴肩支承面的跳动	
标准	简式数控卧式车床几何精度的国家标准代号是 GB/T 25659.1—2010。G4 项公差范围为：	
	公差/mm	
	$D_a \leq 800$	$D_a > 800$
	a）0.010 b）0.020 （包括轴向窜动）	a）0.015 b）0.020 （包括轴向窜动）

（续）

序号	图　示	操作步骤
1	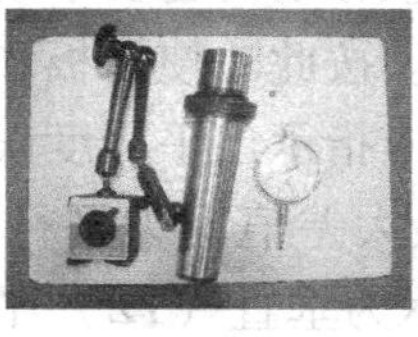	准备百分表和主轴短检验棒(在中心孔处,用一个磁性钢球吸附)
2		用干净的棉布擦拭主轴锥孔、主轴短检验棒、溜板表面,并且用手检查主轴锥孔、主轴短检验棒表面,以防有棉布残留物
3	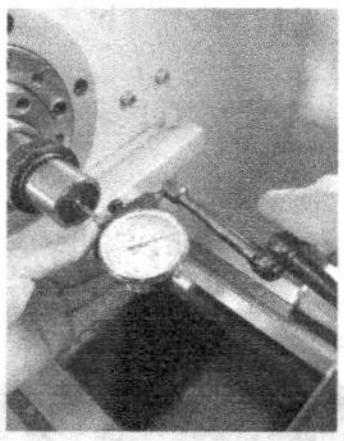 	主轴短检验棒正确插入主轴锥孔内,百分表固定在磁性表座上,磁性表座吸附在溜板上或导轨上,使其测头沿主轴轴线垂直触及主轴短检验棒上的钢球,手动、匀速旋转主轴两圈以上,读出百分表的最大差值即为主轴的轴向窜动误差
4	 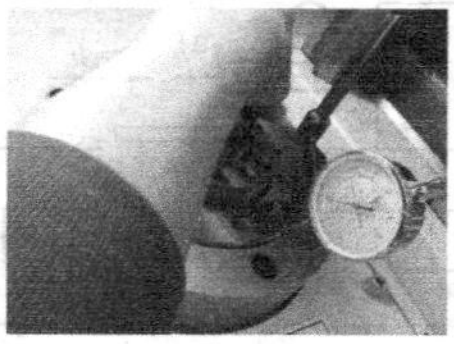	百分表固定在磁性表座上,磁性表座吸附在溜板上或导轨上,使其测头沿主轴轴线垂直触及轴肩支承面上,手动、匀速旋转主轴两圈以上,读数最大差值即为主轴轴肩支承面的跳动误差
5		清洁、整理。清洁百分表,入盒;清洁主轴检验棒并涂油,入盒;量具和检具应放回规定的位置,不能随意放;整理数控车床

5. G5 检验主轴定心轴颈的径向跳动（表 2-5）

表 2-5　主轴定心轴颈的径向跳动检验方法

<table>
<tr><td>检测项目（G5）</td><td>主轴定心轴颈的径向跳动</td><td colspan="2"> 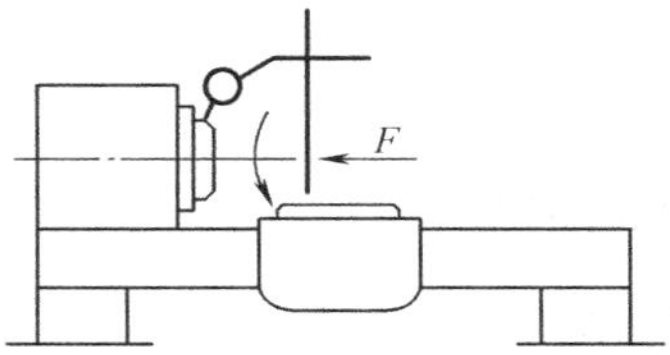F</td></tr>
<tr><td rowspan="4">标准</td><td colspan="3">简式数控卧式车床几何精度的国家标准代号是 GB/T 25659.1—2010。G5 项公差范围为：</td></tr>
<tr><td colspan="3">公差/mm</td></tr>
<tr><td colspan="2">$D_a \leq 800$</td><td>$D_a > 800$</td></tr>
<tr><td colspan="2">0.010</td><td>0.015</td></tr>
<tr><td>序号</td><td colspan="2">图　　示</td><td>操作步骤</td></tr>
<tr><td>1</td><td colspan="2"> </td><td>准备百分表、磁性表座</td></tr>
<tr><td>2</td><td colspan="2"> </td><td>用干净的棉布擦拭主轴轴颈表面，并且用手检查主轴轴颈表面，以防有棉布残留物</td></tr>
<tr><td>3</td><td colspan="2"> </td><td>把百分表固定在磁性表座上，把磁性表座吸附在溜板上，使百分表测头垂直触及定心轴颈，手动、匀速旋转主轴两圈以上，百分表读数的最大差值即为主轴定心轴颈的径向跳动误差</td></tr>
<tr><td>4</td><td colspan="2"></td><td>清洁、整理。清洁百分表、入盒，量具应放回规定的位置，不能随意放，整理数控车床</td></tr>
</table>

6. G6 检验主轴锥孔轴线的径向跳动（表 2-6）

表 2-6　主轴锥孔轴线的径向跳动检验方法

检测项目（G6）	主轴锥孔轴线的径向跳动 a）靠近主轴 b）距主轴端面 L 处

标准	简式数控卧式车床几何精度的国家标准代号是 GB/T 25659. 1—2010。G6 项公差范围为	
	公差/mm	
	$D_a \leq 800$	$D_a > 800$
	a）0. 010 b）在 $L=300$ 处：0. 020	a）0. 015 b）在 $L=500$ 处：0. 050

序号	图示或公式	操作步骤
1		准备百分表、磁性表座和主轴长检验棒
2		用干净的棉布擦拭主轴锥孔、主轴检验棒，并且用手检查一遍主轴锥孔，以防有棉布残留物
3		将检验棒插入主轴锥孔中

（续）

序号	图示或公式	操作步骤
4		固定百分表，使其测头垂直触及靠近主轴端的检验棒上表面，找到测量最高点，压表适量。手动旋转主轴两圈以上，记录百分表读数的最大差值
5		拔出主轴检验棒，相对旋转 90°，重新插入主轴锥孔中，重复步骤 4，记录百分表读数的最大差值
6	$\delta_a=\dfrac{\delta_0+\delta_{90^\circ}+\delta_{180^\circ}+\delta_{270^\circ}}{4}$	拔出主轴检验棒，依次相对旋转 180°和 270°，重新插入主轴锥孔中，重复步骤 4，记录百分表的最大读数差值。计算四次测量结果的平均值即为靠近主轴锥孔轴线的径向跳动误差
7		移动刀架，使百分表测头垂直触及靠近距主轴端面 L(300mm) 处位置，并找到最高点，压表适量。手动旋转主轴两圈以上，记录百分表读数的最大差值
8	$\delta_b=\dfrac{\delta_{0^\circ}+\delta_{90^\circ}+\delta_{180^\circ}+\delta_{270^\circ}}{4}$	重复 5～6 步骤，计算四次测量结果的平均值即为距主轴端面 L(300mm) 处主轴锥孔轴线的径向跳动误差
9		清洁、整理。清洁百分表，入盒；清洁主轴检验棒并涂油，入盒；量具和检具应放回规定的位置，不能随意放；整理数控车床

7. G7 检验主轴轴线对溜板移动的平行度（表 2-7）

表 2-7　主轴轴线对溜板移动平行度的检验方法

检测项目（G7）	主轴轴线对溜板移动的平行度 a) 在 YZ 平面内 b) 在 ZX 平面内	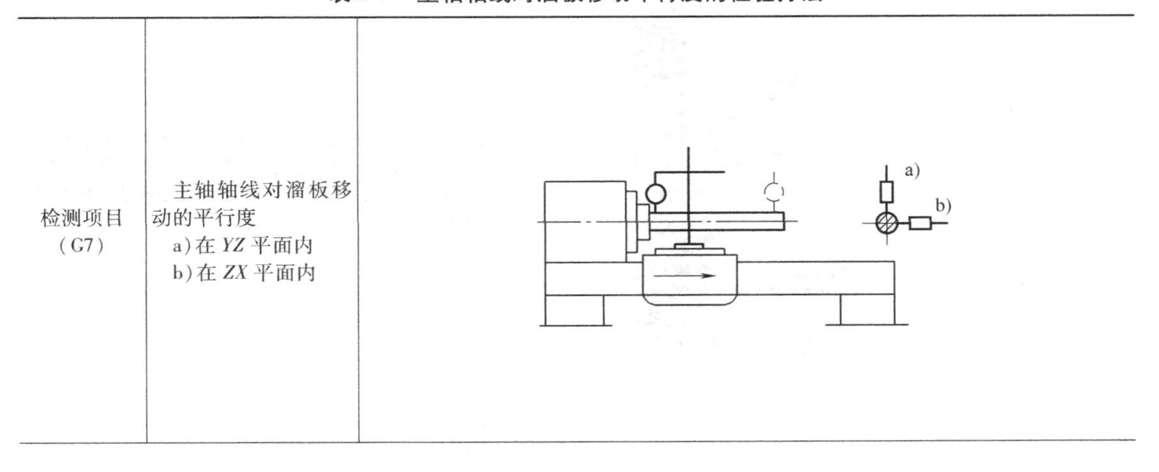

（续）

<table>
<tr><td rowspan="4">标准</td><td colspan="2">简式数控卧式车床几何精度的国家标准代号是 GB/T 25659.1—2010。G7 项公差范围为</td></tr>
<tr><td colspan="2">公差/mm</td></tr>
<tr><td>$D_a \leq 800$</td><td>$D_a > 800$</td></tr>
<tr><td>a）在 300 测量长度上为 0.020（只许向上偏）
b）在 300 测量长度上为 0.015（只许偏向刀具）</td><td>a）在 500 测量长度上为 0.040（只许向上偏）
b）在 500 测量长度上为 0.030（只许偏向刀具）</td></tr>
</table>

序号	图示或公式	操作步骤
1	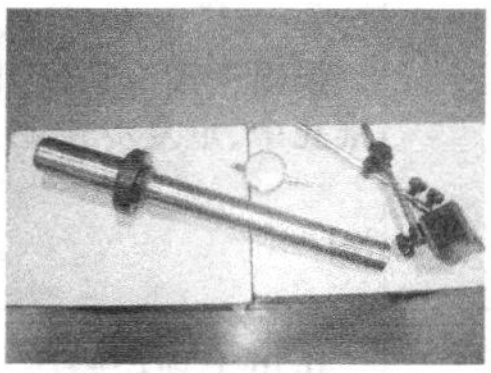	准备百分表、磁性表座和主轴长检验棒
2	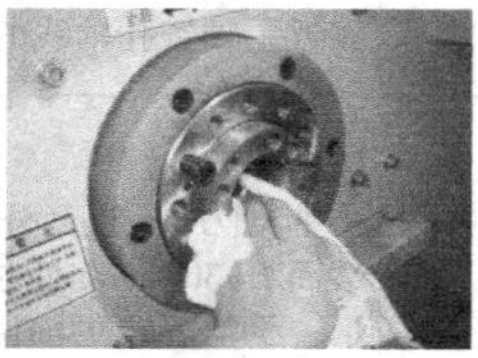	用干净的棉布擦拭主轴锥孔、主轴检验棒，并且用手检查一遍主轴锥孔，以防有棉布残留物
3		将检验棒插入主轴锥孔中
4	 	固定百分表，使其测头垂直触及主轴检验棒上表面，找到测量最高点，压表适量。在 *YZ*（垂直）平面内，移动溜板 300mm，记录百分表读数的最大差值

（续）

序号	图示或公式	操作步骤
5		拔出主轴检验棒，相对旋转180°，重新插入主轴锥孔中，重复步骤4，记录百分表读数的最大差值
6	$\delta_a=\frac{\delta_{0°}+\delta_{180°}}{2}$	计算两次测量结果的代数和之半，即为在 *YZ*（垂直）平面内主轴轴线对溜板移动的平行度误差，并且判断偏置方向
7		用同样方法，百分表测头垂直触及主轴检验棒侧表面，找到测量点，压表适量。在 *XZ*（水平）平面内移动溜板300mm，记录百分表读数的最大差值
8	$\delta_b=\frac{\delta_{0°}+\delta_{180°}}{2}$	重复5～6步骤，计算两次测量结果的代数和之半，即为在 *XZ*（水平）平面内主轴轴线对溜板移动的平行度误差，判断偏置方向
9		清洁、整理。清洁百分表，入盒；清洁主轴检验棒并涂油，入盒；量具和检具应放回规定的位置，不能随意放；整理数控车床

8. G8 检验主轴顶尖的跳动（表2-8）

表2-8　主轴顶尖的跳动检验方法

检测项目（G8）	顶尖的跳动	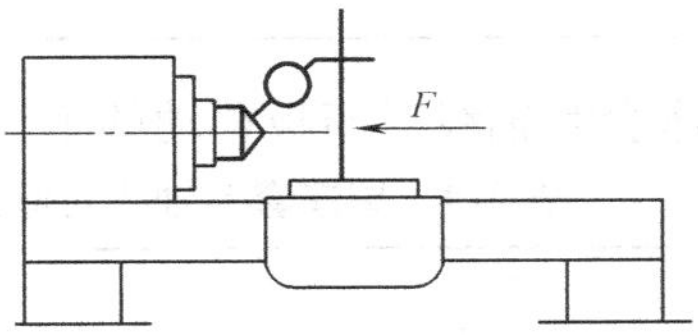 F
标准	简式数控卧式车床几何精度的国家标准代号是GB/T 25659.1—2010。G8项公差范围为	
	公差/mm	
	$D_a\leq800$	$D_a>800$
	0.015	0.020

（续）

序号	图　示	操作步骤
1		准备百分表、磁性表座和主轴顶尖
2		用干净的棉布擦拭主轴锥孔、主轴顶尖，并且用手检查一遍主轴锥孔、主轴顶尖表面，以防有棉布残留物
3		将主轴顶尖正确插入主轴锥孔中
4		固定百分表，使其测头垂直触及顶尖锥面，压表适量，手动旋转主轴两圈以上进行检验，读出百分表读数的最大变化值。计算顶尖的跳动误差是用百分表读数的最大变化值除以 $\cos\alpha$（α 是顶尖锥角的一半）
5		清洁、整理。清洁百分表、入盒；清洁主轴顶尖并涂油，入盒；量具和检具应放回规定的位置，不能随意放；整理数控车床

9. G9 检验尾座套筒轴线对溜板移动的平行度（表 2-9）

表 2-9　尾座套筒轴线对溜板移动平行度的检验方法

检测项目（G9）	尾座套筒轴线对溜板移动的平行度 a）在 *YZ* 平面 b）在 *ZX* 平面	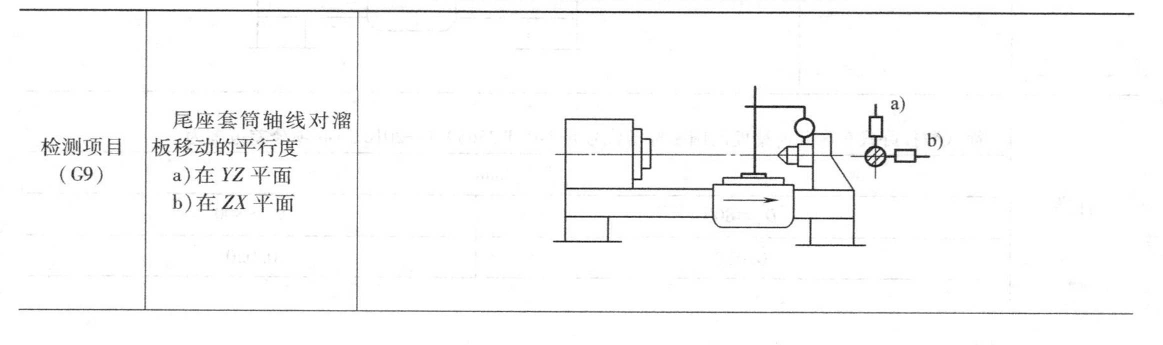

（续）

标准	简式数控卧式车床几何精度的国家标准代号是 GB/T 25659.1—2010。G9 项公差范围为	
	公差/mm	
	$D_a \leq 800$	$D_a > 800$
	a)在 100 测量长度为:0.015(只许向上偏) b)在 100 测量长度为:0.010(只许偏向刀具)	a)在 100 测量长度为:0.020(只许向上偏) b)在 100 测量长度为:0.015(只许偏向刀具)

序号	图　示	工艺及量具
1		准备百分表、磁性表座和尾座顶尖
2		用干净的棉布擦拭尾座锥孔、尾座套筒表面,并且用手检查一遍尾座锥孔、尾座套筒表面,以防有棉布残留物
3		将尾座套筒移出大于 100mm 长度,并锁紧。固定百分表,使其测头垂直触及尾座套筒的垂直表面上,压表适量,*Z* 轴移动溜板,读出百分表的最大差值即为在垂直(*YZ*)平面内尾座套筒轴线对溜板移动的平行度误差,判断偏置方向
4		借助尾座顶尖,将百分表的测头垂直触及水平平面内尾座套筒表面上,找到测量点 *b* 处,压表适量,*Z* 轴移动溜板,读出百分表的最大差值即为在水平(*ZX*)平面内尾座套筒轴线对溜板移动的平行度,判断偏置方向
5		清洁、整理。清洁百分表、入盒;清洁尾座顶尖并涂油,入盒;量具和检具应放回规定的位置,不能随意放;整理数控车床

10. G10 检验尾座套筒锥孔轴线对溜板移动的平行度(表 2-10)

表 2-10　尾座套筒锥孔轴线对溜板移动平行度的检验方法

检测项目 (G10)	尾座套筒锥孔轴线对溜板移动的平行度 a)在 *YZ* 平面内 b)在 *ZX* 平面内	a) b)

（续）

<table>
<tr><td rowspan="4">标准</td><td colspan="2">简式数控卧式车床几何精度的国家标准代号是 GB/T 25659.1—2010。G10 项公差范围为</td></tr>
<tr><td colspan="2">公差/mm</td></tr>
<tr><td>$D_a \leqslant 800$</td><td>$D_a > 800$</td></tr>
<tr><td colspan="2">a）在 300 测量长度为：0.030（只许向上偏）
b）在 300 测量长度为：0.030（只许偏向刀具）</td></tr>
<tr><td>序号</td><td>图示或公式</td><td>操作步骤</td></tr>
<tr><td>1</td><td> 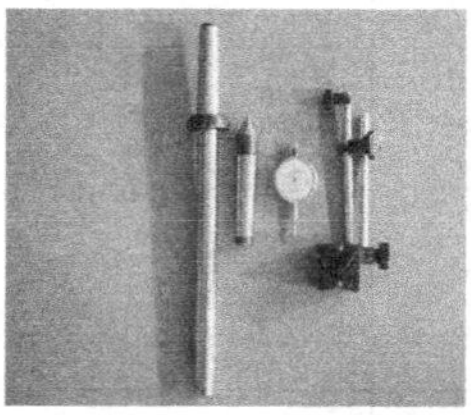</td><td>准备百分表、尾座顶尖、尾座检验棒（300mm）、磁性表座</td></tr>
<tr><td>2</td><td> 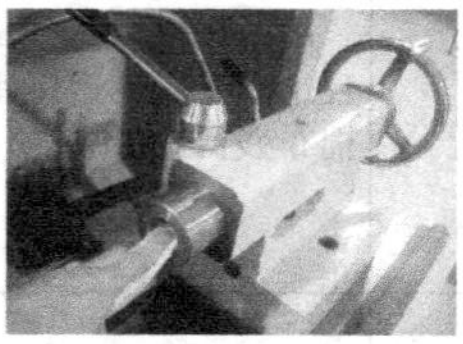</td><td>用干净的棉布擦拭尾座锥孔、尾座检验棒表面、溜板表面，并且用手检查尾座锥孔、尾座检验棒表面，以防有棉布残留物</td></tr>
<tr><td>3</td><td> </td><td>将尾座套筒移出适量，插入尾座检验棒并锁紧套筒，百分表固定在磁性表座上，磁性表座固定在溜板上，百分表测头垂直触及尾座检验棒的垂直（YZ）表面，溜板在 X 轴的方向上移动，百分表指针折返点是检验点，压表适量。使溜板在 Z 轴方向上移动，记录百分表读数的最大差值</td></tr>
<tr><td>4</td><td>$\delta_a = \dfrac{\delta_{0°} + \delta_{180°}}{2}$</td><td>拔出尾座检验棒，旋转 180°，重新插入沿 Z 轴移动溜板，记录百分表读数的最大差值。计算两次测量结果的代数和之半即为在 YZ 平面内尾座套筒锥孔轴线对溜板移动的平行度误差，判断偏置方向</td></tr>
<tr><td>5</td><td> </td><td>借助尾座顶尖，将百分表的测头垂直触及水平（ZX）平面内尾座检验棒表面上，找到测量点 b 处，压表适量。使溜板在 Z 轴方向上移动，记录百分表读数的最大差值</td></tr>
<tr><td>6</td><td>$\delta_b = \dfrac{\delta_{0°} + \delta_{180°}}{2}$</td><td>拔出尾座检验棒，旋转 180°，重新插入使溜板在 Z 轴方向上移动，记录百分表读数的最大差值。计算两次测量结果的代数和之半即为尾座套筒锥孔轴线在水平（ZX）平面内对溜板移动的平行度误差，判断偏置方向</td></tr>
<tr><td>7</td><td></td><td>清洁、整理。清洁百分表、入盒；清洁尾座检验棒和尾座顶尖并涂油，入盒；量具和检具应放回规定的位置，不能随意放；整理数控车床</td></tr>
</table>

11. G11 检验主轴和尾座两顶尖的等高度（表 2-11）

表 2-11　主轴和尾座两顶尖的等高度检验方法

<table>
<tr><td>检测项目（G11）</td><td>主轴和尾座两顶尖的等高度</td><td colspan="2"> 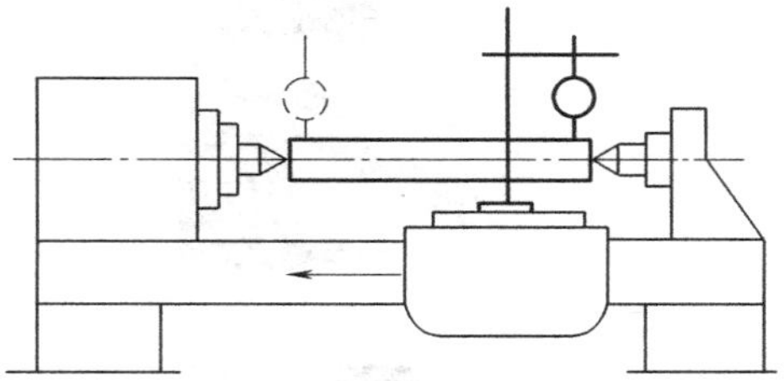</td></tr>
<tr><td rowspan="4">标准</td><td colspan="3">简式数控卧式车床几何精度的国家标准代号是 GB/T 25659.1—2010。G11 项公差范围为</td></tr>
<tr><td colspan="3">公差/mm</td></tr>
<tr><td colspan="2">$D_a \leq 800$</td><td>$D_a > 800$</td></tr>
<tr><td colspan="2">0.040（只许尾座高）</td><td>0.060（只许尾座高）</td></tr>
<tr><td>序号</td><td colspan="2">图　示</td><td>操作步骤</td></tr>
<tr><td>1</td><td colspan="2"> 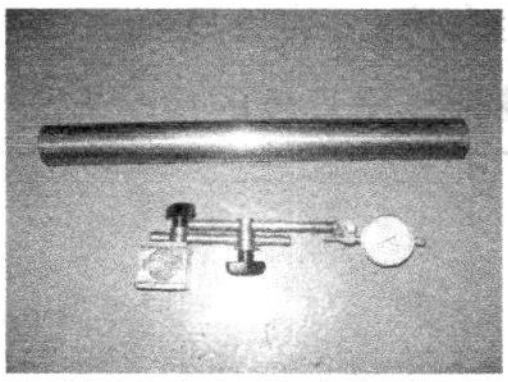</td><td>准备百分表、磁性表座和长检验棒</td></tr>
<tr><td>2</td><td colspan="2"> 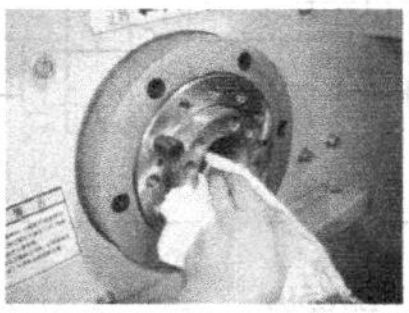 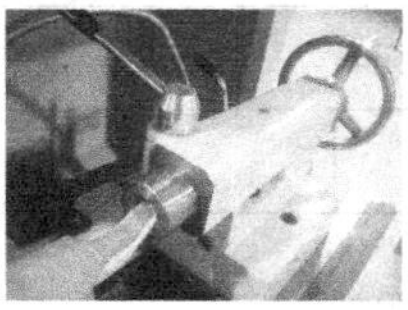</td><td>用干净的棉布擦拭主轴锥孔和尾座锥孔、长检验棒，并且用手检查主轴锥孔和尾座锥孔、长检验棒表面，以防有棉布残留物</td></tr>
<tr><td>3</td><td colspan="2"> </td><td>在主轴锥孔和尾座锥孔中分别装入顶尖，调整尾座位置，再装长检验棒，松紧度合适，最后锁紧尾座顶尖</td></tr>
</table>

（续）

序号	图示	操作步骤
4		固定百分表在溜板上，使其测头在垂直平面内垂直触及检验棒上表面，压表适量，Z 轴移动溜板至行程两端，记录百分表读数的最大差值
5		旋转检验棒 180°，再次 Z 轴移动溜板，至行程两端记录百分表读数的最大差值。计算两次测量结果的代数和之半即为主轴和尾座两顶尖的等高度偏差，判断偏置方向
6		清洁、整理。清洁百分表、入盒；清洁检验棒和顶尖并涂油，入盒；量具和检具应放回规定的位置，不能随意放；整理数控车床

12. G12 检验横刀架横向移动对主轴轴线的垂直度（表 2-12）

表 2-12 横刀架横向移动对主轴轴线垂直度的检验方法

检测项目（G12）	横刀架横向移动对主轴轴线的垂直度	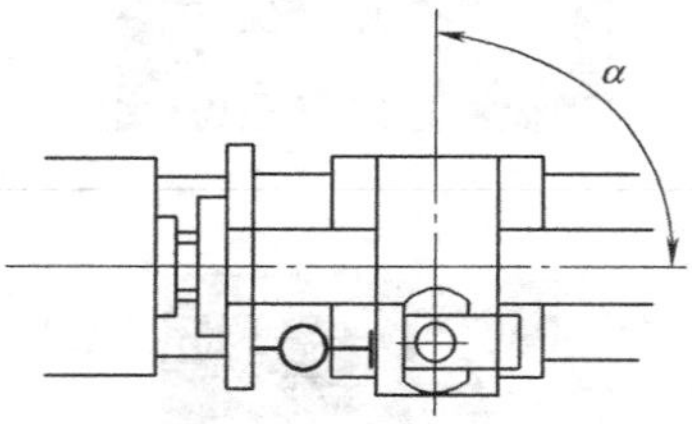 α
标准	简式数控卧式车床几何精度的国家标准代号是 GB/T 25659.1—2010。G12 项公差范围为	
	公差/mm	
	$D_a \leq 800$	$D_a > 800$
	0.020/300 $\alpha \geq 90°$	

序号	图示或公式	操作步骤
1		准备百分表、磁性表座和平盘

（续）

序号	图示或公式	操作步骤
2		用干净的棉布擦拭主轴锥孔、平盘配合面及测量面，并且用手检查主轴锥孔、平盘配合面及测量面，以防有棉布残留物，将平盘正确插入主轴
3		百分表固定刀架上，使其测头垂直触及平盘检测面，压表适量，移动 X 轴溜板，记录百分表读数的最大差值
4	$\delta=\dfrac{\delta_{0^\circ}+\delta_{180^\circ}}{2}$	将平盘从主轴锥孔拔出旋转 180°，重复测量，记录百分表读数的最大差值。两次测量结果的代数和之半即为横刀架横向移动对主轴轴线的垂直度偏差，判断偏置方向
5		清洁、整理。清洁百分表、入盒；清洁平盘并涂油，入盒；量具和检具应放回规定的位置，不能随意放；整理数控车床

三、几何精度检验与加工的关系

数控车床精度标准中规定主轴轴线和尾座套筒锥孔轴线对溜板移动的平行度误差，只许向上偏和偏向刀具（即向前偏），这是因为向上偏可以补偿工件因重力作用产生的下垂，向前偏可以补偿刀具的作用力产生的水平弯曲。

检验尾座套筒的几何精度是保证用顶尖支承工件或钻孔、铰孔时，工件或钻头等切削工具可以获得正确的切削位置。

数控车床车出的零件端面总是不平、带有圆弧，这是数控车床的主轴轴向窜动超差造成的，或者是横刀架横向移动对主轴轴线的垂直度超差造成的。

如果数控车床加工出来的内孔不是圆孔而是椭圆孔，则可能是工件没有装夹正确，或者是主轴径向跳动超差。

任务二　斜导轨数控车床几何精度的检验

一、斜导轨数控车床水平调整

斜导轨数控车床使用检验水平精度的专用检具——水平胎。由于车库床身是倾斜的，即有一定的角度，因此，要保证水平仪处于水平位置，这种专用检具（水平胎）就必须与床身有一定的角度。斜导轨数控车床床身导轨水平的调整方法和过程与平导轨数控车床一致。另外，因斜导轨数控车床的防护为全防护的，其床身导轨是不外露的，故整机调整水平时，不能使用水平桥尺进行调平，否则需要将导轨防护拆下。为此，利用刀盘上的刀槽夹紧专用检具（水平胎）进行调平。图 2-10 所示为水平胎安装在刀盘上的示意图和实物图。

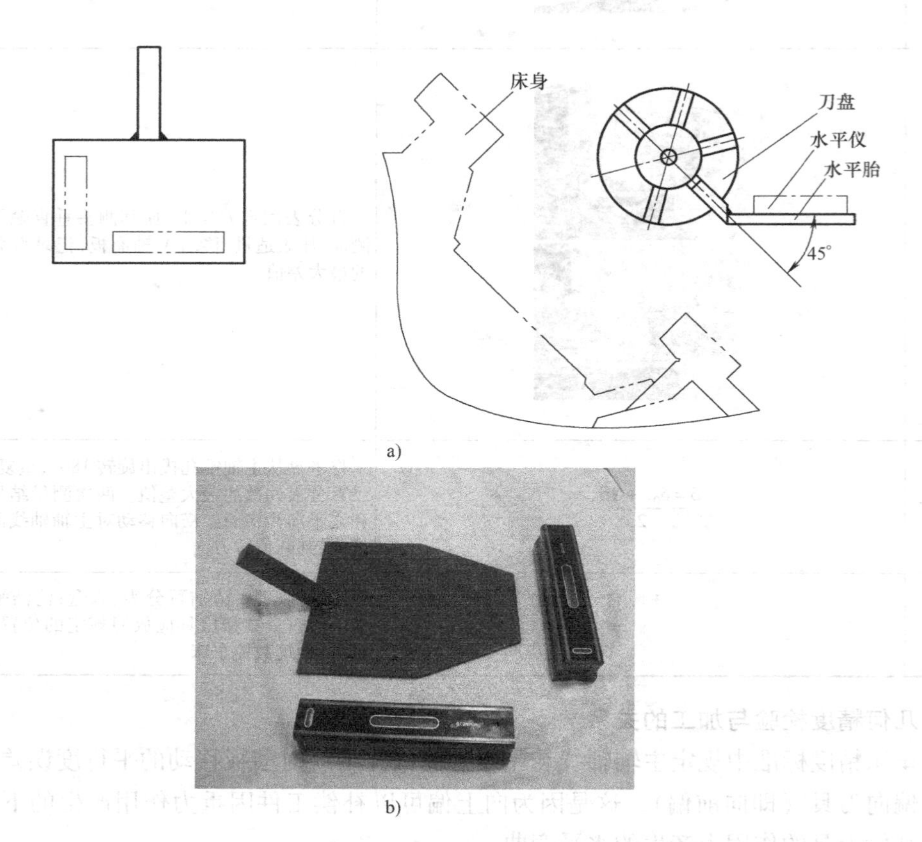

图 2-10　水平胎安装在刀盘上的示意图和实物图

a）示意图　b）实物图

调整斜导轨床身数控车床水平如图 2-11 所示，水平仪放置在水平胎上，调整地脚螺栓，完成斜导轨数控车床水平调整。

一般情况下，数控车床新安装后的前六个月需要检查一次床身的水平情况。如果数控车床水平比较差，就应调到允许误差值内。六个月后，可根据需要不定期进行数控车床水平检查，如果客观条件没有多大变化，一年检查一两次即可。检查时可以参照数控车床合格证上提供的精度进行。

二、数控车床尺寸范围

根据中华人民共和国国家标准 GB/T 16462.1—2007《数控车床和车削中心检验条件第 1 部分：卧式机床几何精度检验》，数控车床和车削中心按主参数分为三个尺寸范围，见表 2-13。

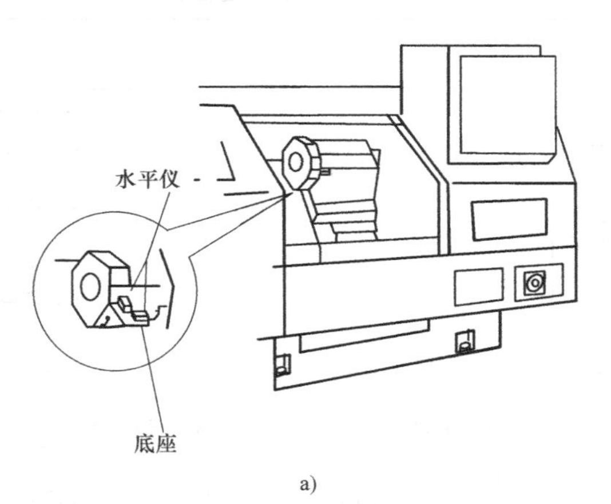

a)

b)

图 2-11　水平仪安放在水平胎上的示意图和实物图
a）示意图　b）实物图

表 2-13　数控车床和车削中心的尺寸范围　（单位：mm）

主参数	范围 1	范围 2	范围 3
床身上最大回转直径	$D \leqslant 250$	$250 < D \leqslant 500$	$500 < D \leqslant 1000$
公称棒料直径	$d' \leqslant 25$	$25 < d' \leqslant 63$	$d' > 63$
公称卡盘直径	$d \leqslant 125$	$125 < d \leqslant 250$	$d > 250$

注：1. 主参数的选择由制造厂确定。
2. 公称卡盘直径定义见 JB/T 3860.1—2011《机床　楔式动力卡盘　第 1 部分：分类和技术条件》规定。

三、几何精度检验

下面对斜导轨数控车床的几何精度检验进行选项介绍。

1. 检验主轴箱主轴精度

（1）检验主轴端部精度（表 2-14）

表 2-14　主轴端部精度检验方法

检验项目（G1）	主轴端部 a）定心轴颈的径向跳动误差 b）周期性轴向窜动 c）主轴端面跳动误差	

标准

GB/T 16462.1—2007《数控车床和车削中心检验条件第1部分：卧式机床几何精度检验》中G1项公差要求

公差/mm \ 范围	范围1	范围2	范围3
a）	0.005	0.008	0.012
b）	0.005	0.005	0.005
c）	0.008	0.010	0.015

序号	图　示	操作步骤
1		准备千分表、磁性表座、装有磁性钢球的检验棒
2		用干净的棉布擦拭主轴锥孔、装有钢球的检验棒、导轨面/刀架，并且用手检查主轴锥孔和装有钢球的检验棒表面，以防有棉布残留物。把装有钢球的检验棒正确插入主轴锥孔中
3		将千分表安装在磁性表座上，再吸在导轨面/刀架上，千分表测头垂直于定心轴颈处，压表值适量，手动方式低速转动主轴两圈以上，千分表的最大代数差即为主轴定心轴颈的径向跳动误差

（续）

序号	图　示	操作步骤
4		千分表的测头垂直于检验棒钢球最大直径处，压表值适量，手动转动主轴两圈以上，千分表的最大代数差即为主轴周期性轴向窜动误差
5		千分表的测头垂直于主轴端面最大直径处，压表值适量，手动转动主轴两圈以上，千分表的最大代数差即为主轴端面跳动误差
6		整理工作场地，量具擦拭、涂油、入盒，放在指定位置，清洁数控车床

（2）检验主轴孔的径向跳动　标准提供两种方法检验，见表2-15，着重介绍第二种检验方法。

表2-15　主轴孔的径向跳动检验方法

检验项目（G2）	主轴孔的径向跳动 1）测头直接触及 a）前锥孔面 b）后定位面 2）使用检验棒检验 a）靠近主轴端面 b）距主轴端面300mm处	1)　a)　b) 2)　a)　b)　300　ZX　YZ　X　Z　X　Z
标准	GB/T 16462.1—2007《数控车床和车削中心检验条件第1部分：卧式机床几何精度检验》中G2项公差要求 1）a）和b）0.008mm 2）在300mm测量长度上或全行程上（全行程≤300mm时）	

公差/mm＼范围	范围1	范围2	范围3
a）	0.010	0.015	0.020
b）	0.015	0.020	0.025

（续）

序号	图　示	操作步骤
1		准备千分表、杠杆千分表、主轴检验棒
2		用干净的棉布擦拭主轴锥孔，并且用手检查主轴锥孔表面，以防有棉布残留物
3		在主轴锥孔前端处固定杠杆千分表，千分表测头垂直于主轴前锥孔面上，压表适量，手动缓慢转动主轴两圈以上，千分表的最大代数差即为主轴前锥孔面的径向跳动误差
4		用干净的棉布擦拭主轴检验棒，并且用手检查主轴检验棒表面，以防有棉布残留物，把主轴检验棒正确插入主轴锥孔中
5		将千分表安装在磁性表座上，再吸在导轨面/刀架溜板上，千分表测头垂直于靠近主轴端部的检验棒上表面处，压表值适量，手动缓慢转动主轴两圈以上，记录千分表的读数 拔出主轴检验棒，使其相对主轴旋转90°重新插入，以此类推，共检验四个相对90°位置，记录读数，偏差以四个测量结果的平均值计算，得到使用检验棒靠近主轴端面的主轴孔径向跳动误差

（续）

序号	图　　示	操作步骤
6		沿 Z 轴移动至距主轴端面 300mm 处，压表值适量，手动缓慢转动主轴两圈以上，记录千分表的读数；拔出主轴检验棒，使其相对主轴旋转 90° 重新插入，以此类推，共检验四个相对 90° 位置，记录读数，偏差以四个测量结果的平均值计算，得到使用检验棒距主轴端面 300mm 处的主轴孔径向跳动误差
7		整理工作场地，量具擦拭、涂油、入盒并放在指定位置，清洁数控车床

2. 检验主轴箱主轴与线性运动轴的关系

主轴箱主轴与线性运动轴的关系包括 Z 轴运动（床鞍运动）对主轴轴线的平行度、主轴（C′轴）轴线对运动轴线的垂直度、Y 轴运动（刀架）对 X 轴运动（刀架滑板）的垂直度等。Z 轴运动（床鞍运动）对主轴轴线的平行度的检验方法见表 2-16。

表 2-16　Z 轴运动对主轴轴线的平行度检验方法

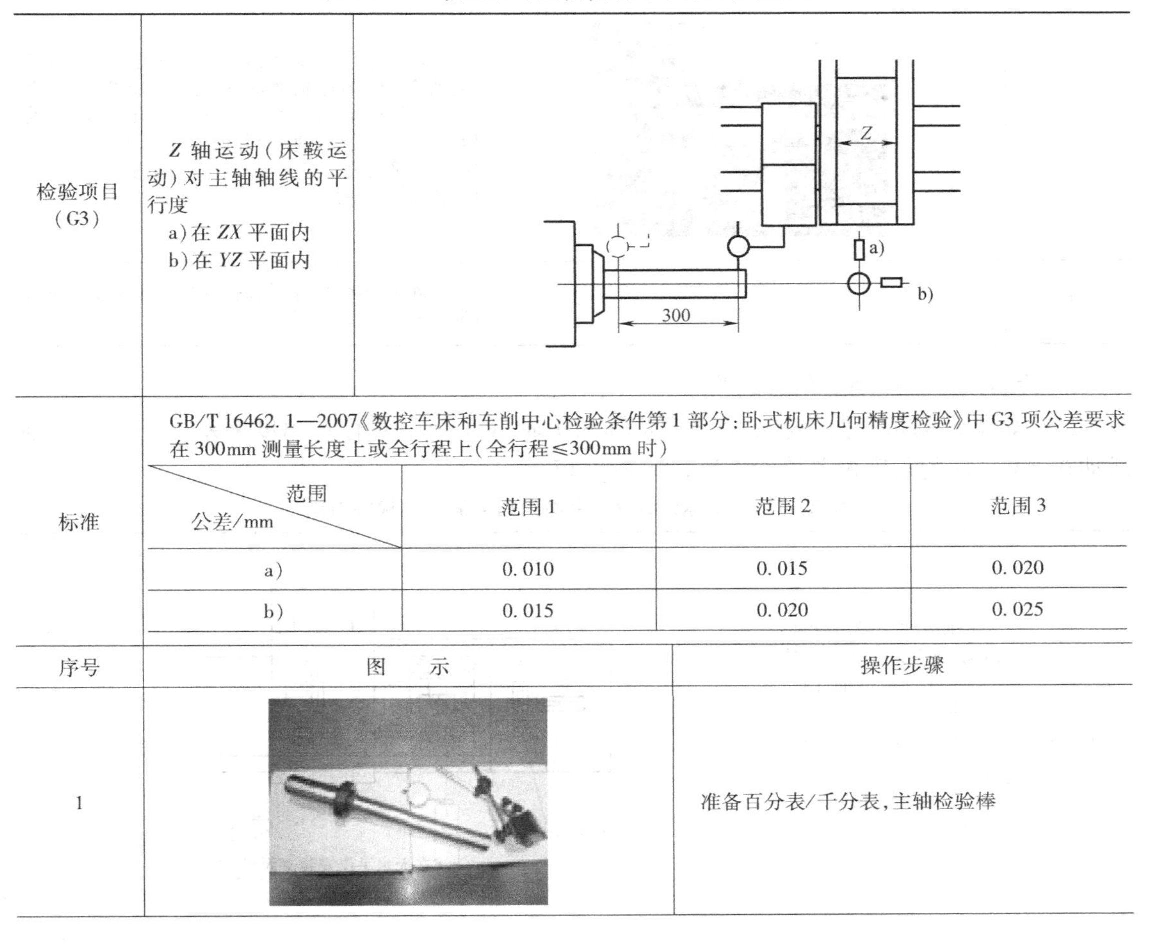

检验项目（G3）	Z 轴运动（床鞍运动）对主轴轴线的平行度 a）在 ZX 平面内 b）在 YZ 平面内		
标准	GB/T 16462.1—2007《数控车床和车削中心检验条件第 1 部分：卧式机床几何精度检验》中 G3 项公差要求在 300mm 测量长度上或全行程上（全行程≤300mm 时）		
公差/mm \ 范围	范围 1	范围 2	范围 3
a）	0.010	0.015	0.020
b）	0.015	0.020	0.025

序号	图　　示	操作步骤
1		准备百分表/千分表，主轴检验棒

（续）

序号	图示	操作步骤
2		用干净的棉布擦拭主轴锥孔和主轴检验棒，并且用手检查主轴锥孔表面和主轴检验棒表面，以防有棉布残留物
3		将主轴检验棒正确插入主轴锥孔，固定百分表/千分表，*ZX* 平面内表测头垂直于主轴检验棒处，压表值适量，移动 *Z* 轴溜板，记录百分表/千分表的最大读数值；拔出主轴检验棒，使其相对主轴旋转 180°重新插入，偏差以两个测量结果的平均值计算，得到在 *ZX* 平面内 *Z* 轴运动对主轴轴线的平行度误差
4		固定百分表/千分表，*YZ* 平面内表测头垂直于主轴检验棒，压表值适量，移动 *Z* 轴溜板，记录百分表/千分表的最大读数值；拔出主轴检验棒，使其相对主轴旋转 180°重新插入，偏差以两个测量结果的平均值计算，得到在 *YZ* 平面内 *Z* 轴运动对主轴轴线的平行度
5		整理工作场地，量具擦拭、涂油、入盒并放在指定位置，清洁数控车床

3. 检验线性轴运动的角度偏差

线性轴运动的角度偏差包括 *Z* 轴、*X* 轴和 *Y* 轴（车削中心有）角度偏差，现介绍 *X* 轴运动在 *ZX* 平面的角度偏差检验方法，见表 2-17。

表 2-17 *X* 轴运动在 *ZX* 平面内角度偏差的检验方法

检验项目（G8）	*X* 轴运动（刀架滑板运动）的角度偏差 a）在 *XY* 平面内（俯仰） b）在 *YZ* 平面内（倾斜） c）在 *ZX* 平面内（偏摆）	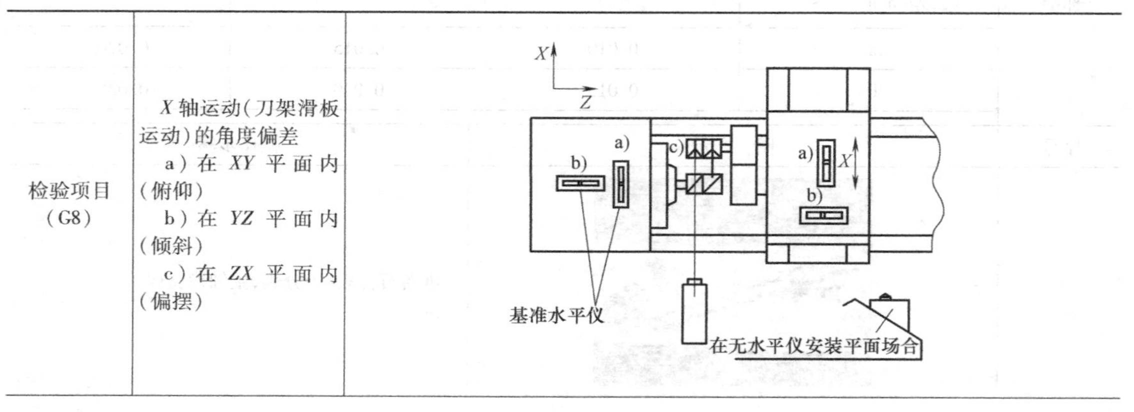

（续）

标准	GB/T 16462.1—2007《数控车床和车削中心检验条件第1部分：卧式机床几何精度检验》中G8项公差要求

公差/mm \ Z/mm	$Z \leqslant 500$	$500 < Z \leqslant 1000$	$1000 < Z \leqslant 2000$
a)、b)和c)	0.040/1000（或8″）	0.060/1000（或12″）	0.080/1000（或16″）

序号	图　示	操作步骤
1		准备自准直仪、反射器 用干净的棉布擦拭自准直仪的检测面，并且用手检查其表面，以防有棉布残留物
2		用自准直仪检验时，应调整自准直仪测微目镜，使其与基准面平行，反射器放在水平胎上，应在X轴线往复两个运动方向上、沿行程至少五个等距位置上进行检验，最大和最小读数之差即为角度偏差
3		整理工作场地，量具擦拭、涂油、入盒并放在指定位置，清洁数控车床

4. 检验尾座

尾座检验项目包括尾座 R 轴运动对床鞍 Z 轴运动的平行度误差、尾座套筒运动对床鞍 Z 轴运动的平行度误差、尾座套筒锥孔轴线对床鞍 Z 轴运动的平行度误差和 Z 轴运动对车削轴线的平行度误差。现介绍 Z 轴运动对车削轴线平行度的检验方法，见表2-18。

表2-18　Z轴运动对车削轴线平行度的检验方法

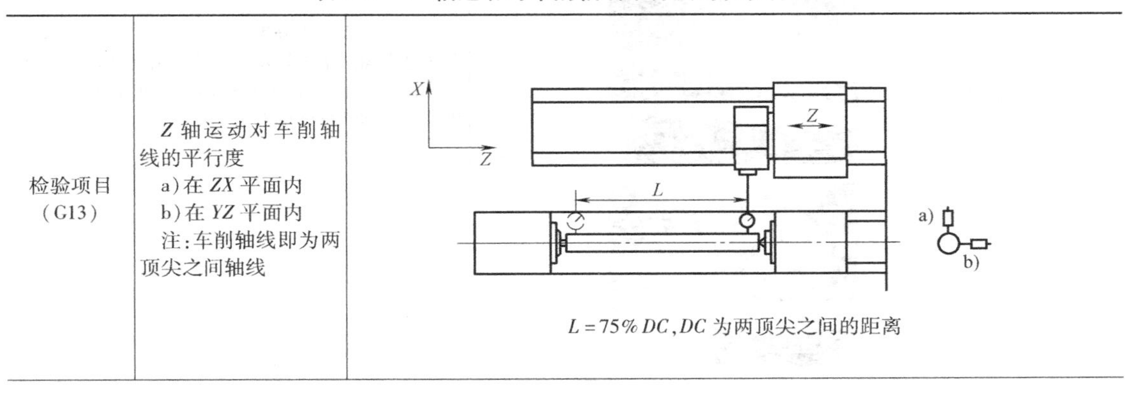

检验项目（G13）	Z轴运动对车削轴线的平行度 a）在ZX平面内 b）在YZ平面内 注：车削轴线即为两顶尖之间轴线	$L = 75\% DC$，DC 为两顶尖之间的距离

（续）

<table>
<tr><td rowspan="4">标准</td><td colspan="3">GB/T 16462. 1—2007《数控车床和车削中心检验条件第 1 部分：卧式机床几何精度检验》中，G13 项公差要求</td></tr>
<tr><td>DC/mm
公差/mm</td><td>DC≤500</td><td>500 < DC≤1000</td></tr>
<tr><td>a）</td><td>0. 010</td><td>0. 015</td></tr>
<tr><td>b）</td><td>0. 020</td><td>0. 030</td></tr>
</table>

序号	图　示	操作步骤
1		准备百分表/千分表、磁性表座和长检验棒
2		用干净的棉布擦拭主轴锥孔和尾座锥孔，并且用手检查面，以防有棉布残留物
3	a　b	在刀架上固定百分表/千分表，使其测头在 a 所在测量平面内垂直触及检验棒。沿着 Z 轴在若干个位置上测量，最大读数差即为 a 项 Z 轴运动对车削轴线的平行度偏差

（续）

序号	图　示	操作步骤
4	a b	在刀架上固定百分表/千分表，使其测头在b所在测量平面内垂直触及检验棒。沿着 Z 轴在若干个位置上测量，最大读数差即为b项 Z 轴运动对车削轴线的平行度偏差 当 $DC>1000$mm 时，在1000mm内检验
5		整理工作场地，量具擦拭、涂油、入盒并放在指定位置，清洁数控车床

实 训 任 务

1. 完成数控车床（平导轨）水平调整，填写实训报告单（表2-19）。

表2-19　数控车床（平导轨）水平调整实训报告单

任务名称	数控车床（平导轨）水平调整	设备型号	
工具清单（规格）		参考资料清单	
允许误差		调试误差	
完成用时		学生签字时间	
技术员签字时间		车间主任签字时间	

2. 逐项完成数控车床（平导轨）几何精度检验，填写检验记录单（表2-20）。

表 2-20　数控车床（平导轨）几何精度检验记录单

机床型号		实验日期	
检验项目	检测工具	检测结果	数据分析
G1 导轨调平 a. 纵向导轨在垂直平面内的直线度 b. 横向导轨在垂直平面内的平行度			
G2 溜板移动在 *ZX*（水平）平面内的直线度			
G3 尾座移动对溜板移动的平行度 a. 在 *YZ* 平面内 b. 在 *ZX* 平面内			
G4 主轴端部的跳动 a. 主轴的轴向窜动 b. 主轴轴肩支承面的跳动			
G5 主轴定心轴颈的径向跳动			
G6 主轴锥孔轴线的径向跳动 a. 靠近主轴端面 b. 距主轴端面 300mm 处			
G7 主轴轴线对溜板移动的平行度 a. 在 *YZ* 平面内 b. 在 *ZX* 平面内			
G8 主轴顶尖的跳动			
G9 尾座套筒轴线对溜板移动的平行度 a. 在 *YZ* 平面内 b. 在 *ZX* 平面内			
G10 尾座套筒锥孔轴线对溜板移动的平行度 a. 在 *YZ* 平面内 b. 在 *ZX* 平面内			
G11 主轴和床尾两顶尖的等高度			

3. 完成数控车床（斜导轨）水平调整，填写实训报告单（表2-21）。

表2-21　数控车床（斜导轨）水平调整实训报告单

任务名称	数控车床(斜导轨)水平调整	设备型号	
工具清单（规格）		参考资料清单	
允许误差		调试误差	
完成用时		学生签字时间	
技术员签字时间		车间主任签字时间	

4. 选项完成数控车床（斜导轨）几何精度检验，填写检验记录单（表2-22）。

表2-22　数控车床（斜导轨）几何精度检验记录单

机床型号		实验日期	
检验项目	检测工具	检测结果	数据分析
G1 主轴端部 a)定心轴颈的径向跳动 b)周期性轴向窜动 c)主轴端面跳动			
G2 主轴孔的径向跳动			
G3 *Z* 轴运动对主轴轴线的平行度			
G10 尾座 *R* 轴运动对床鞍 *Z* 轴运动的平行度			
G11 尾座套筒运动对床鞍 *Z* 轴运动的平行度			
G12 尾座套筒锥孔轴线对床鞍 *Z* 轴运动的平行度			
G13 *Z* 轴运动对车削轴线的平行度			

5. 思考题

（1）数控车床主轴几何精度检验有哪几项？

（2）数控车床尾座具有什么功能？

（3）检测G9a需要准备哪些工具和量具？G9a的检测方法和检测步骤是什么？

（4）在水平面内，百分表的测头如何确定？检测G9b增加了什么工具和量具？G9b的检测方法和检测步骤是什么？

（5）检验棒的结构有什么特点？检验棒如何插入和拔出尾座锥孔内？G10a的检测方法和检测步骤是什么？检验棒要转180°，测量两次，数据精度如何处理？

（6）G10b 的检测方法和检测步骤是什么？

（7）总结 G9 和 G10 的检测重点有哪些内容？

（8）斜导轨数控车床调平时，水平仪放在何处？如何放置？

（9）斜导轨是床身倾斜，和平导轨数控车床相比有什么特点？

（10）总结斜导轨和平导轨几何精度检验有什么不同？

项目三　数控铣床和立式加工中心几何精度的检验

任务一　数控铣床几何精度的检验

一、水平调整

以数控雕铣床为例，介绍其水平调整方法。数控雕铣床调平使用的检验工具是精密水平仪，调平方法是将工作台置于导轨行程的中间位置，将两个水平仪分别沿 X 和 Y 坐标轴置于工作台中央，调整机床垫铁的高度，使水平仪水泡处于读数中间位置，完成数控铣床的静态调平。分别沿 X 和 Y 坐标轴全行程移动工作台，观察水平仪读数的变化，调整机床垫铁的高度，使工作台沿 Y 和 X 坐标轴全行程移动时水平仪读数的变化范围小于两格或者处于标准范围内。具体调平过程见表 3-1。

表 3-1　数控雕铣床调平过程

序号	图　示	操作步骤
1		准备锤子、水平仪
2	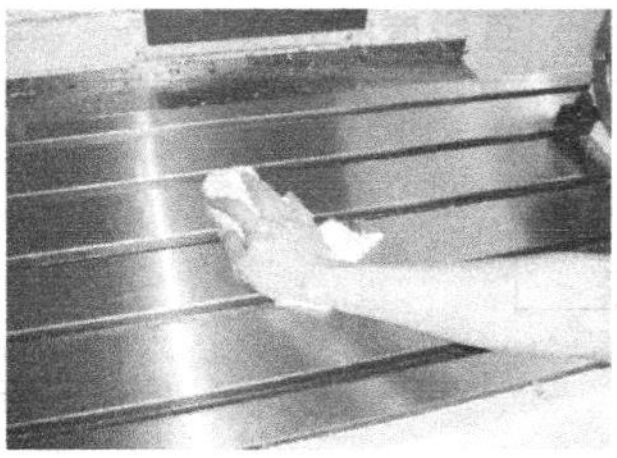	用干净的棉布擦拭工作台面，并且用手检查一遍工作台面，以防有棉布残留物
3		将工作台（X 轴）和横向滑座（Y 轴）置于中间位置，放置水平仪

（续）

序号	图　示	操作步骤
4		用锤子调整机床减振垫铁，使水平仪气泡居中
5		先沿 X 坐标轴全行程移动工作台，观察水平仪读数的变化，调整机床垫铁的高度；再沿 Y 坐标轴全行程移动工作台，观察水平仪读数的变化，调整机床垫铁的高度。使水平仪气泡沿 X 轴和 Y 轴都处于标准内
6		整理工作场地，清洁量具、检具及数控雕铣床

二、几何精度检验

以数控雕铣床为例，介绍其几何精度检验方法。

1. 运动轴线

（1）检验工作台移动（X 轴线）的直线度　检验方法见表 3-2。

表 3-2　检验工作台移动（X 轴线）直线度的方法

检验项目 G1	工作台移动（X 轴线）的直线度 a）在 XZ 平面内 b）在 XY 平面内	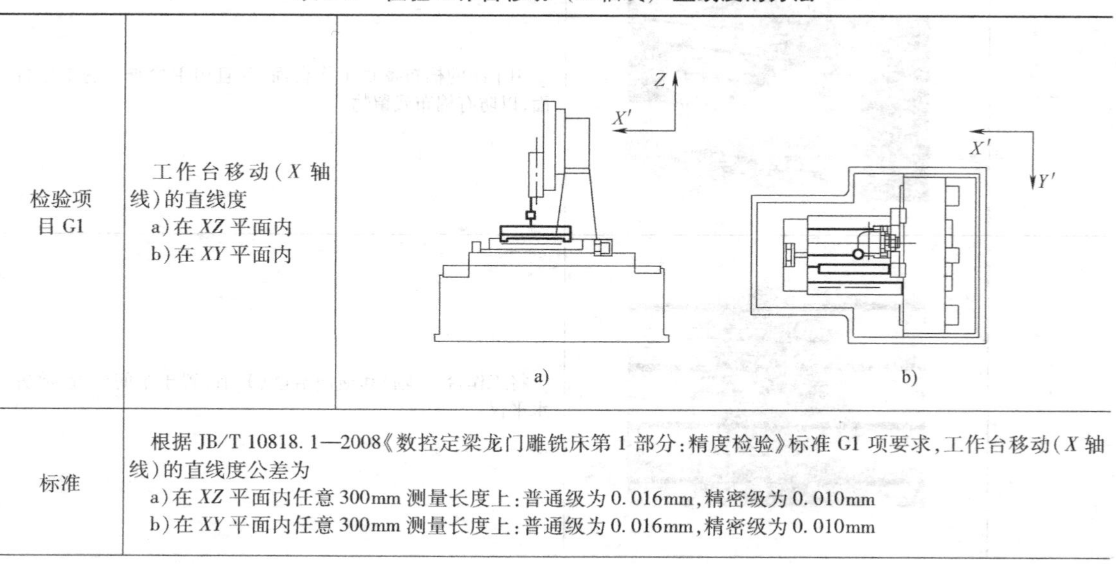 a)　　b)
标准	根据 JB/T 10818.1—2008《数控定梁龙门雕铣床第 1 部分：精度检验》标准 G1 项要求，工作台移动（X 轴线）的直线度公差为 a）在 XZ 平面内任意 300mm 测量长度上：普通级为 0.016mm，精密级为 0.010mm b）在 XY 平面内任意 300mm 测量长度上：普通级为 0.016mm，精密级为 0.010mm	

（续）

序号	图　示	操作步骤
1	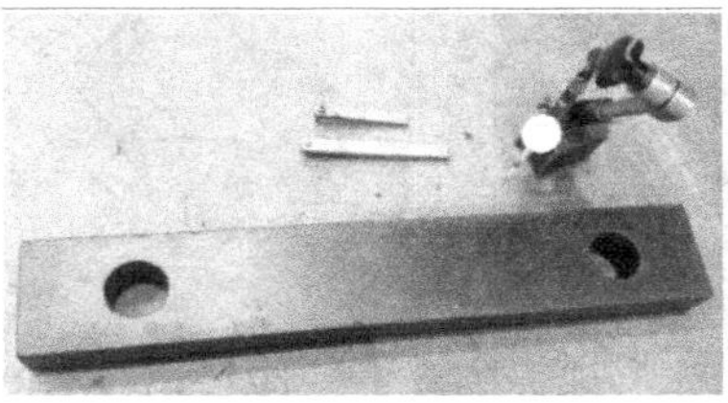	准备指示器、塞尺(或可调量块)和平尺
2	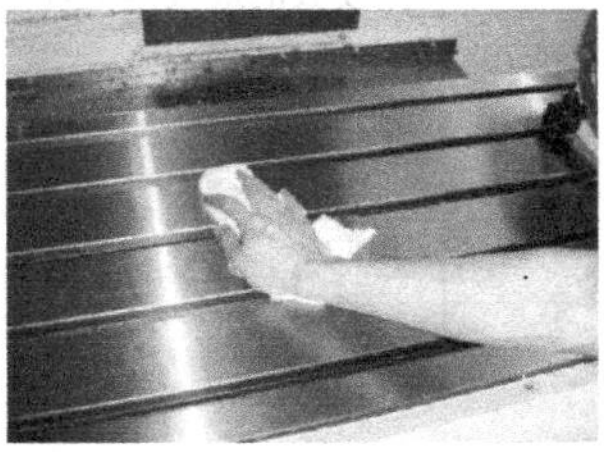	用干净的棉布擦拭工作台面,并且用手检查一遍工作台面,以防有棉布残留物
3		调整平尺,使其在测量长度两端的读数相等
4		指示器固定在主轴箱上,沿 X 轴线方向移动工作台进行检验

（续）

序号	图　　示	操作步骤
5		记录读数，a)、b)误差分别计算，误差以指示器读数的最大差值计
6		整理工作场地，清洁量具、检具及数控雕铣床

（2）检验横向滑座移动（*Y* 轴）的直线度　检验方法见表 3-3。

表 3-3　检验横向滑座移动（*Y* 轴）直线度的方法

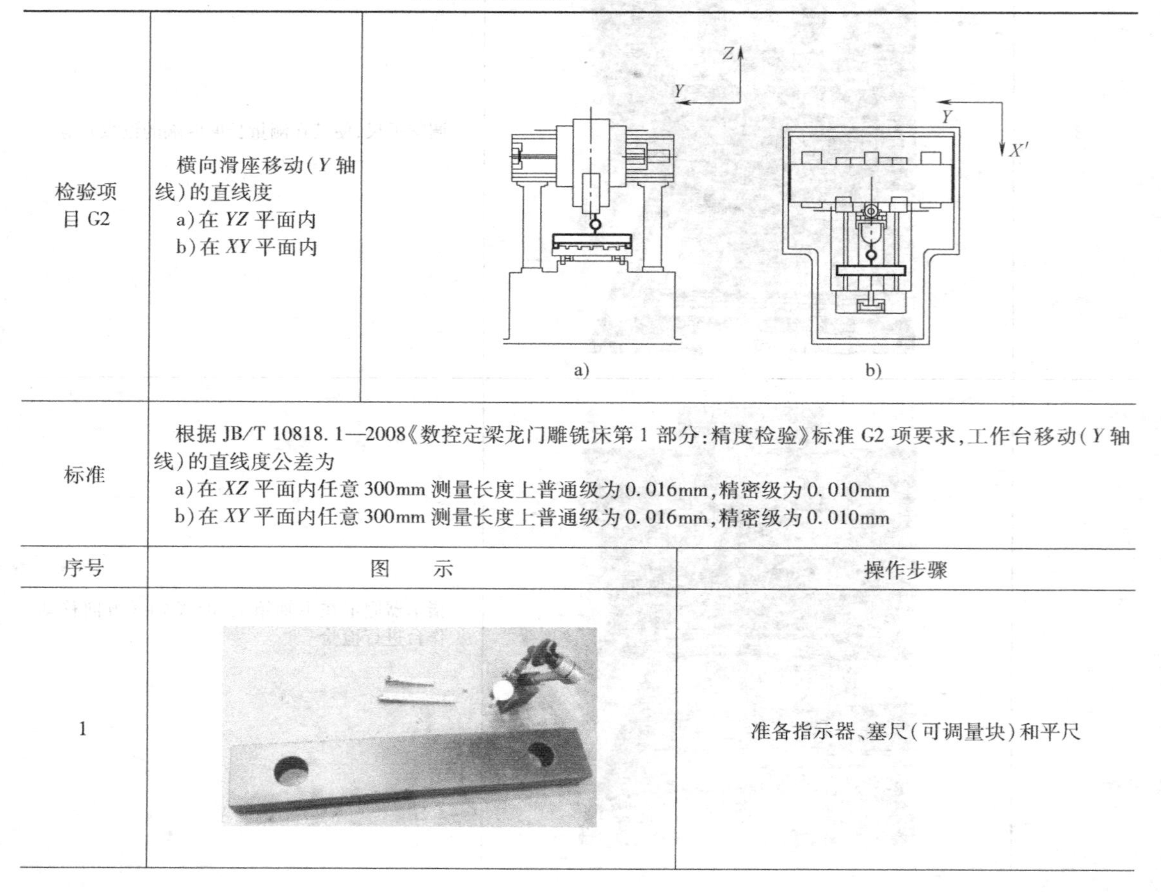

检验项目 G2	横向滑座移动（*Y* 轴线）的直线度 a)在 *YZ* 平面内 b)在 *XY* 平面内	a)　b)
标准	根据 JB/T 10818.1—2008《数控定梁龙门雕铣床第 1 部分：精度检验》标准 G2 项要求，工作台移动（*Y* 轴线）的直线度公差为 a)在 *XZ* 平面内任意 300mm 测量长度上普通级为 0.016mm，精密级为 0.010mm b)在 *XY* 平面内任意 300mm 测量长度上普通级为 0.016mm，精密级为 0.010mm	

序号	图　　示	操作步骤
1		准备指示器、塞尺（可调量块）和平尺

（续）

序号	图　示	操作步骤
2	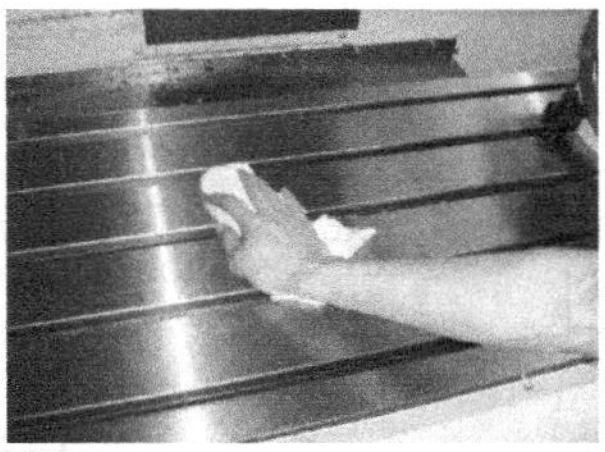	用干净的棉布擦拭工作台面，并且用手检查一遍，以防有棉布残留物
3		调整平尺，使其在测量长度两端的读数相等
4		指示器固定在主轴箱上，沿 Y 轴线方向移动横向滑座进行检验 把平尺放倒，表打在检验表面上，检验在 XY 平面内的横向滑座移动（Y 轴线）的直线度误差
5	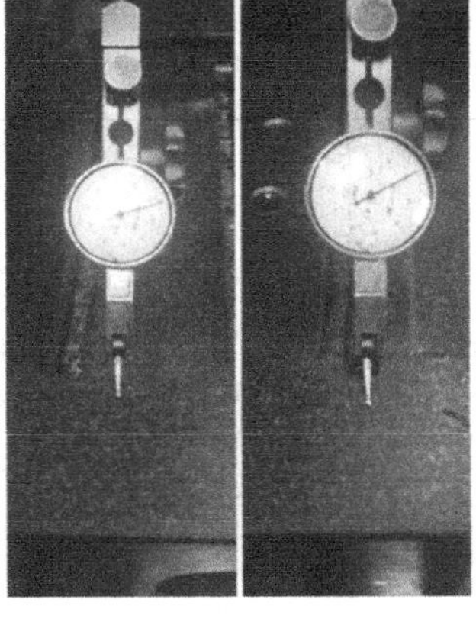	记录读数 a）、b）误差分别计算，误差以指示器读数的最大差值计
6		整理工作场地，清洁量具、检具及数控雕铣床

（3）检验垂向滑枕移动（Z 轴线）的直线度检验方法见表 3-4。

表 3-4　检验垂向滑枕移动（Z 轴线）直线度的方法

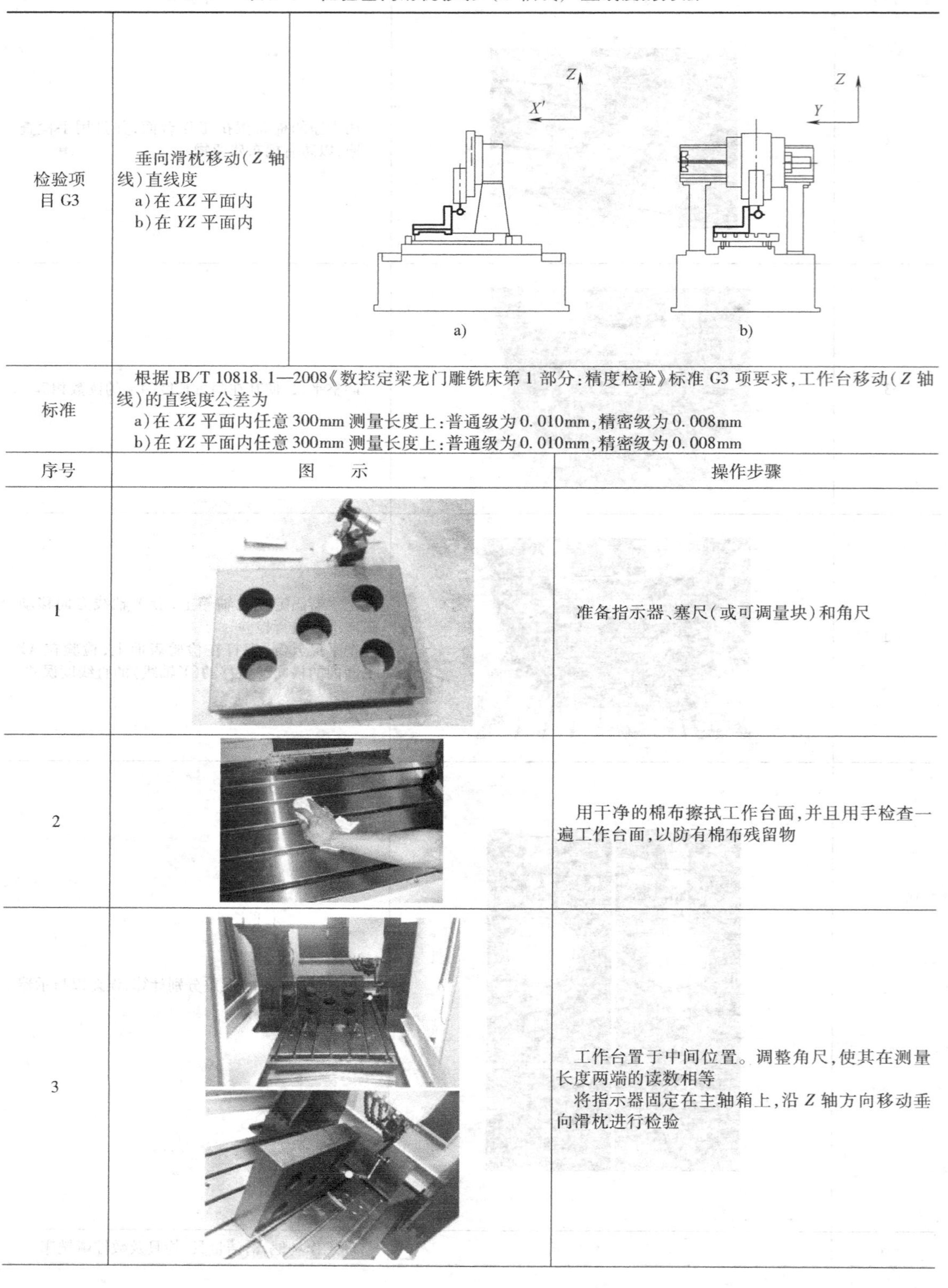

检验项目 G3	垂向滑枕移动（Z 轴线）直线度 a）在 XZ 平面内 b）在 YZ 平面内	
标准	根据 JB/T 10818.1—2008《数控定梁龙门雕铣床第 1 部分：精度检验》标准 G3 项要求，工作台移动（Z 轴线）的直线度公差为 a）在 XZ 平面内任意 300mm 测量长度上：普通级为 0.010mm，精密级为 0.008mm b）在 YZ 平面内任意 300mm 测量长度上：普通级为 0.010mm，精密级为 0.008mm	
序号	图　　示	操作步骤
1		准备指示器、塞尺（或可调量块）和角尺
2		用干净的棉布擦拭工作台面，并且用手检查一遍工作台面，以防有棉布残留物
3		工作台置于中间位置。调整角尺，使其在测量长度两端的读数相等 将指示器固定在主轴箱上，沿 Z 轴方向移动垂向滑枕进行检验

（续）

序号	图　示	操作步骤
4	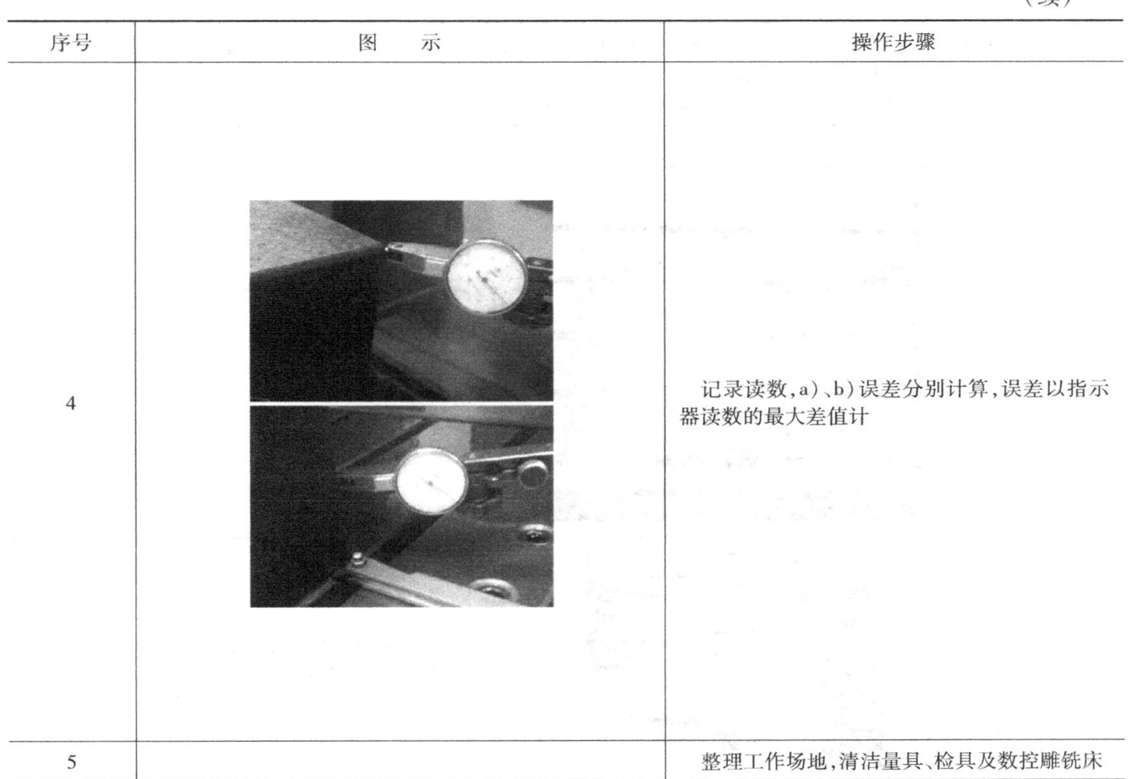	记录读数，a）、b）误差分别计算，误差以指示器读数的最大差值计
5		整理工作场地，清洁量具、检具及数控雕铣床

（4）检验横向滑座移动（*Y* 轴线）与工作台纵向移动（*X* 轴线）的垂直度，检验方法见表3-5，检验时用方尺替代平尺和角尺。

表3-5　检验横向滑座移动（*Y* 轴线）与工作台纵向移动（*X* 轴线）垂直度的方法

检验项目 G4	横向滑座移动（*Y* 轴线）与工作台纵向移动（*X* 轴线）的垂直度	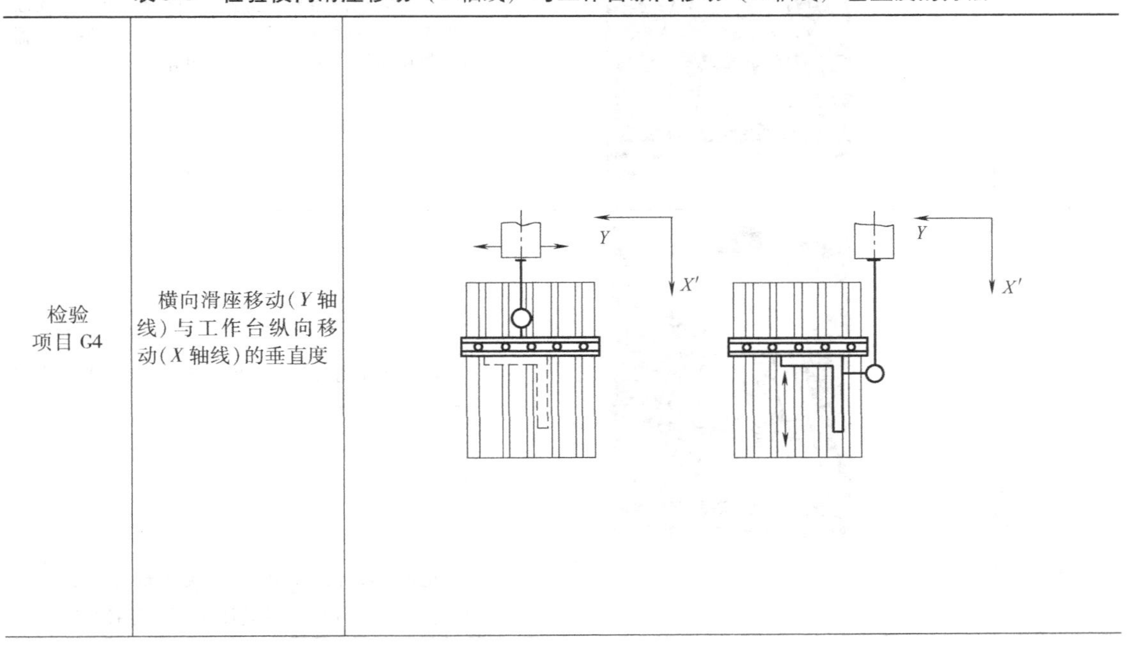

（续）

<table>
<tr><td>标准</td><td colspan="2">根据 JB/T 10818. 1—2008《数控定梁龙门雕铣床第 1 部分：精度检验》标准 G4 项要求，检测横向滑座移动（Y 轴线）与工作台纵向移动（X 轴线）的垂直度公差为
普通级为 0. 020mm/300mm，精密级为 0. 016mm/300mm</td></tr>
<tr><td>序号</td><td>图　示</td><td>操作步骤</td></tr>
<tr><td>1</td><td> </td><td>准备指示器、方尺</td></tr>
<tr><td>2</td><td> 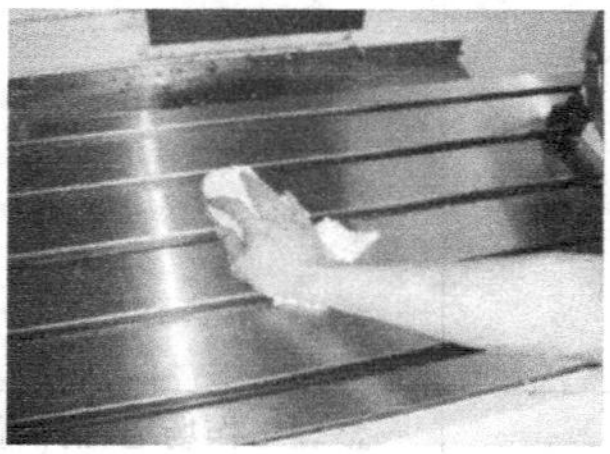</td><td>用干净的棉布擦拭工作台面，并且用手检查一遍工作台面，以防有棉布残留物</td></tr>
<tr><td>3</td><td> 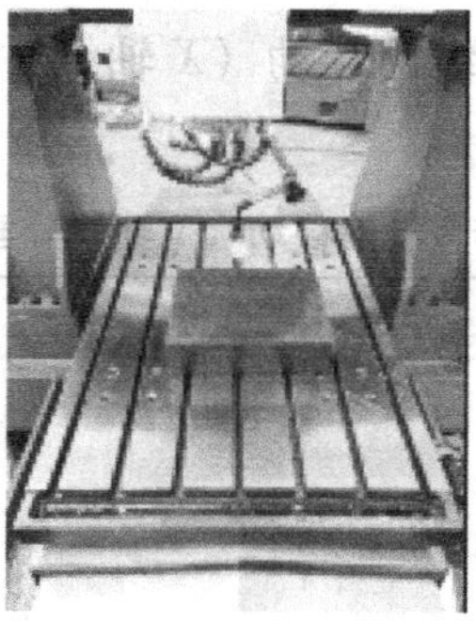</td><td>将指示器固定在主轴箱上，将方尺平行于横向滑座移动方向（Y 轴线）放置，调整方尺，使指示器读数在横向移动长度的两端相等</td></tr>
<tr><td>4</td><td> </td><td>将指示器测头触及方尺的另一边，沿 X 轴线移动工作台检验</td></tr>
<tr><td>5</td><td></td><td>记录读数，误差以指示器读数的最大差值计</td></tr>
<tr><td>6</td><td></td><td>整理工作场地，清洁量具、检具及数控雕铣床</td></tr>
</table>

（5）检验垂向滑枕移动（Z 轴线）分别与 X 轴线、Y 轴线的垂直度　检验方法见表3-6，用方尺替代平尺和角尺。

表 3-6　检验垂向滑枕移动（Z 轴线）分别与 X 轴线、Y 轴线垂直度的方法

检验项目 G5	垂向滑枕移动（Z 轴线）与 a）工作台纵向移动（X 轴线）的垂直度 b）横向滑座移动（Y 轴线）的垂直度	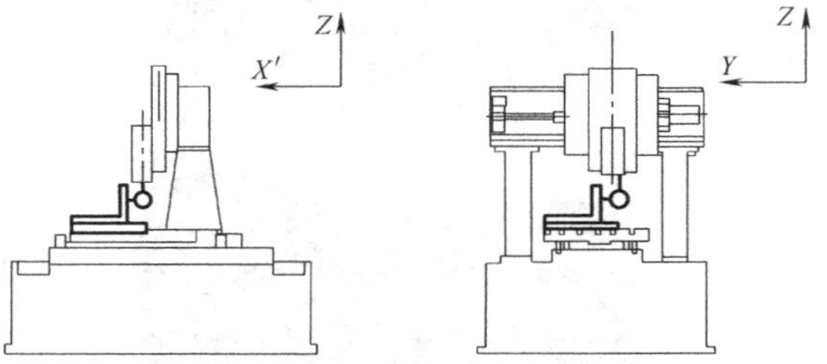 a)　　b)
标准	根据 JB/T 10818.1—2008《数控定梁龙门雕铣床第 1 部分：精度检验》标准 G5 项要求检测垂向滑枕移动（Z 轴线）与 a）工作台纵向移动（X 轴线）的垂直度公差：普通级为 0.020mm/300mm，精密级为 0.016mm/300mm b）横向滑座移动（Y 轴线）的垂直度公差：普通级为 0.020mm/300mm，精密级为 0.016mm/300mm	
序号	图　示	操作步骤
1		准备指示器、方尺
2	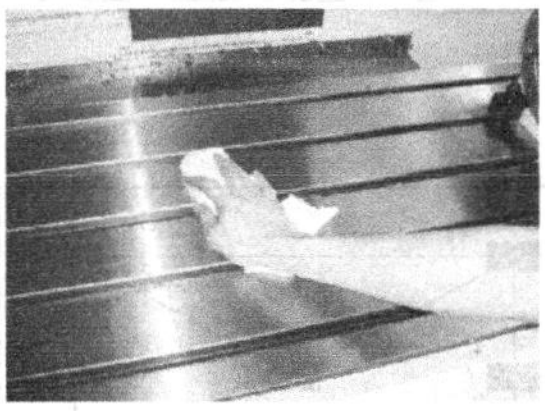	用干净的棉布擦拭工作台面，并且用手检查一遍工作台面，以防有棉布残留物

（续）

序号	图　　示	操作步骤
3		将方尺放置在工作台上，使其分别平行于 *X* 轴线和 *Y* 轴线方向
4		将指示器测头分别在 *X*、*Y* 方向上触及方尺，上、下移动 *Z* 轴线进行检验
5		记录读数，a)、b)误差分别计算，且误差以指示器读数的最大差值计
6		整理工作场地，清洁量具、检具及数控雕铣床

2. 工作台

（1）检验工作台面平面度的检验方法见表 3-7。

表 3-7　工作台面平面度的检验方法

检验项目 G6	工作台面的平面度	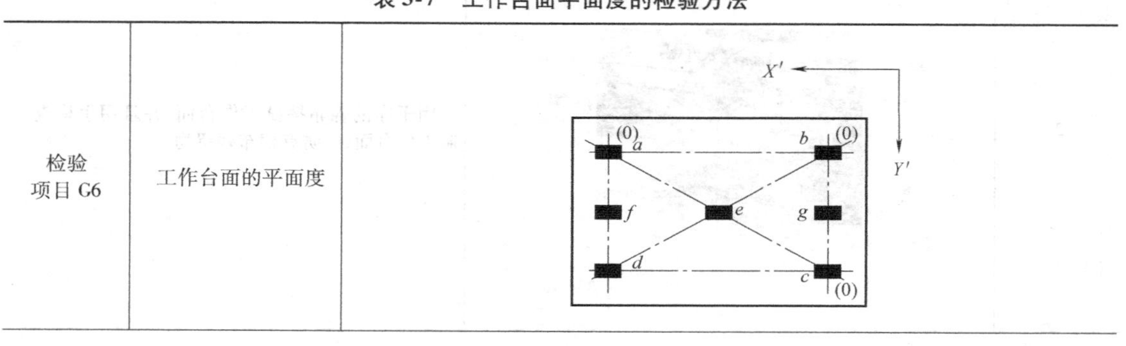

（续）

标准	根据 JB/T 10818.1—2008《数控定梁龙门雕铣床　第1部分：精度检验》标准 G6 项要求，检测工作台面的平面度公差为 1000mm 测量长度内，普通级为 0.032mm，精密级为 0.025mm（仅允许凹） 工作台长度每增加 1000mm，公差增加 0.005mm。普通级最大公差为 0.050mm，精密级最大公差为 0.030mm 局部公差：300mm 测量长度上普通级为 0.020mm，精密级为 0.012mm	
序号	图　示	操作步骤
1		准备水平仪
2	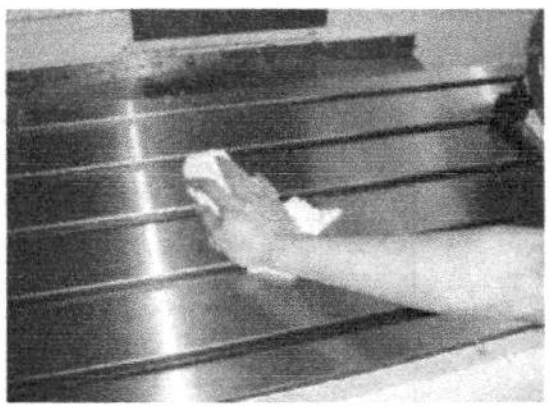	用干净的棉布擦拭工作台面，并且用手检查一遍工作台面，以防有棉布残留物
3		将工作台（X 轴线）至于中间位置

（续）

序号	图　示	操作步骤
4	 	沿 X 轴移动工作台到两个极限位置
5		记录读数，误差以读数的最大差值计
6		整理工作场地，清洁量具、检具及数控雕铣床

（2）工作台面与 X 轴线、Y 轴线平行度的检验方法见表 3-8。

表 3-8　工作台面与 X 轴线、Y 轴线平行度的检验方法

检验项目 G7	工作台面与 a）工作台纵向移动（X 轴线）在 XZ 垂直平面内的平行度 b）横向滑座移动（Y 轴线）在 YZ 垂直平面内的平行度	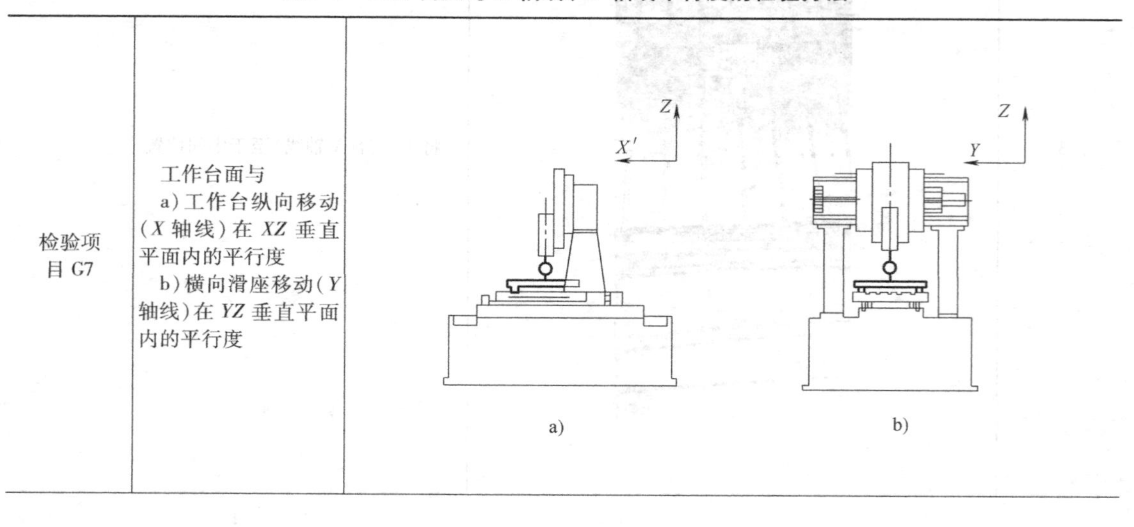

a)　　b)

（续）

标准	根据 JB/T 10818. 1—2008《数控定梁龙门雕铣床第 1 部分：精度检验》标准 G7 项要求， a）和 b）在任意 300mm 测量长度上的平行度公差为：普通级为 0. 02mm、精密级为 0. 015mm	
序号	图　　示	操作步骤
1		准备指示器、平尺和塞尺（或等高块）
2		用干净的棉布擦拭主轴端面，并且用手检查一遍主轴端面，以防有棉布残留物 将指示器安装在机床的固定部件上，使其测头垂直触及平尺检验面，分别移动工作台和横向滑座进行检验
3		记录数值，a）、b）误差分别计算，且误差以指示器读数的最大差值计
4		整理工作场地，清洁量具、检具及数控雕铣床

3. 主轴

（1）检验主轴周期性轴向窜动和主轴轴线的径向跳动　检验方法见表 3-9。

表 3-9　主轴周期性轴向窜动和主轴轴线的径向跳动的检验方法

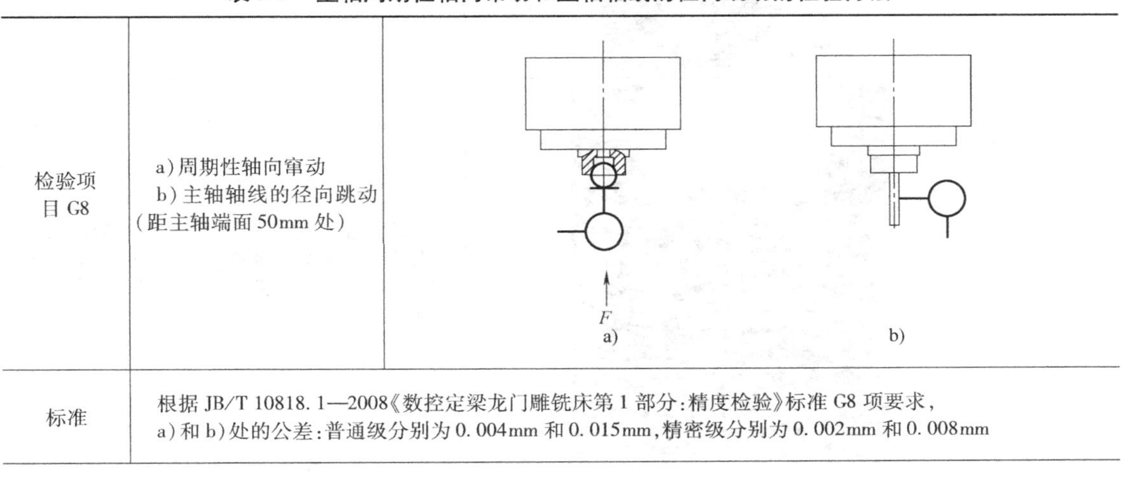

检验项目 G8	a）周期性轴向窜动 b）主轴轴线的径向跳动（距主轴端面 50mm 处）	
标准	根据 JB/T 10818. 1—2008《数控定梁龙门雕铣床第 1 部分：精度检验》标准 G8 项要求， a）和 b）处的公差：普通级分别为 0. 004mm 和 0. 015mm，精密级分别为 0. 002mm 和 0. 008mm	

（续）

序号	图　　示	操作步骤
1		准备杠杆表、专用检验棒 2 个
2		用干净的棉布擦拭主轴锥孔、主轴检验棒及工作台面，并且用手检查一遍这些表面，以防有棉布残留物
3		将检验棒固定在主轴孔中，固定杠杆表，在主轴检验棒中心孔内放置一钢球，杠杆表测头触及钢球表面，旋转主轴检验，并测取读数 施加力 F 的大小和方向按制造厂规定，当使用轴向预加负荷轴承时，则不必施加力 F 误差以指示器读数的最大差值计
4		移动主轴箱，使其测头在距主轴端部 50mm 处触及检验棒，旋转主轴检验。拔出检验棒，相对主轴旋转 90°，重新装入主轴中，依次重复检验三次

（续）

序号	图　　示	操作步骤
5		记录读数，误差以四次测量结果的算术平均值计
6		整理工作场地，清洁量具、检具、数控雕铣床

（2）检验主轴旋转轴线与工作台的垂直度误差　检验其方法见表3-10。

表3-10　检验主轴旋转轴线与工作台垂直度检验的方法

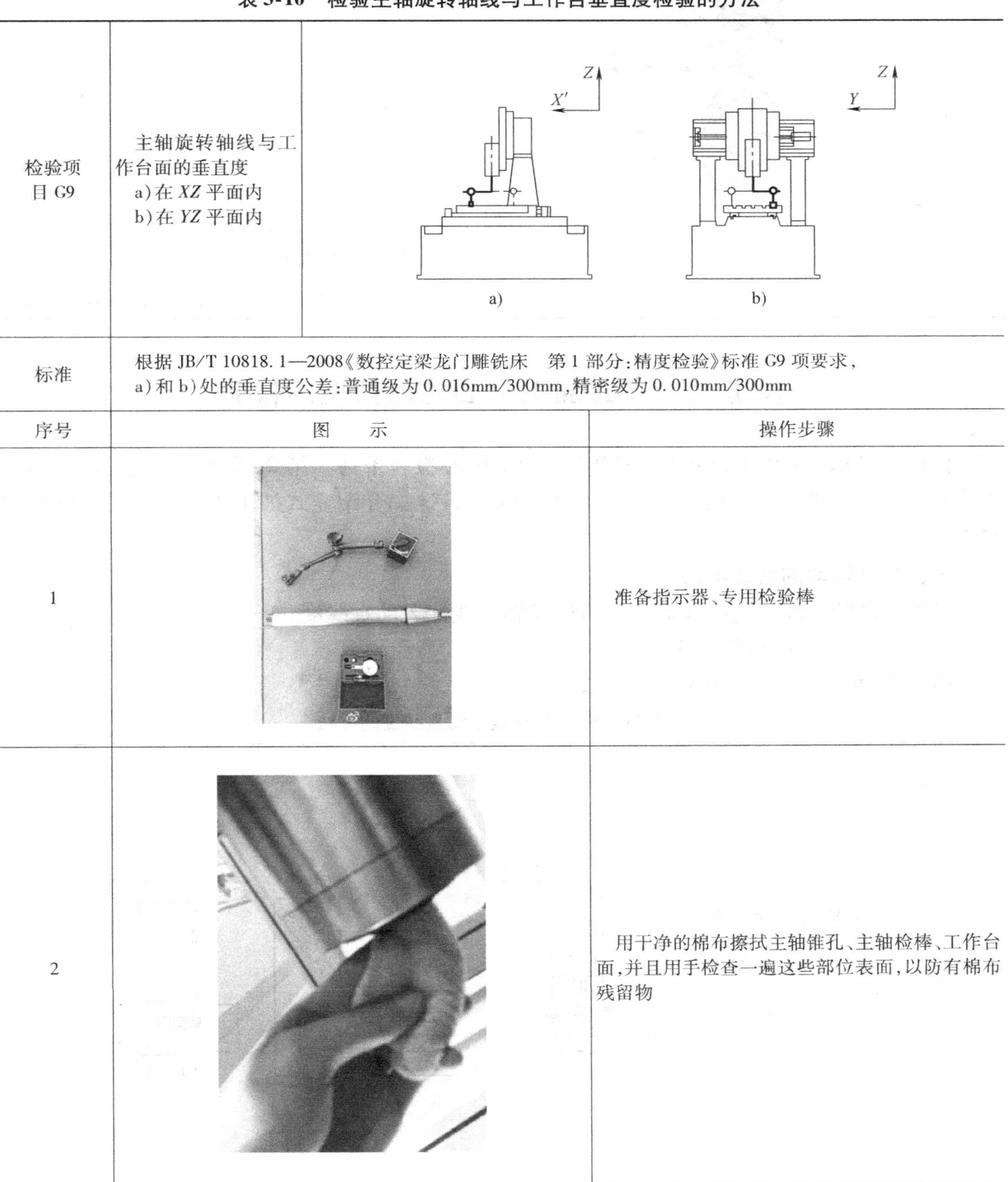

检验项目G9	主轴旋转轴线与工作台面的垂直度 a）在XZ平面内 b）在YZ平面内	（图a）、b)）
标准	根据JB/T 10818.1—2008《数控定梁龙门雕铣床　第1部分：精度检验》标准G9项要求，a）和b）处的垂直度公差：普通级为0.016mm/300mm，精密级为0.010mm/300mm	
序号	图　　示	操作步骤
1		准备指示器、专用检验棒
2		用干净的棉布擦拭主轴锥孔、主轴检棒、工作台面，并且用手检查一遍这些部位表面，以防有棉布残留物

（续）

序号	图　示	操作步骤
3		工作台及 Y 向滑座置于行程中间位置。将专用检验棒固定在主轴上，其上固定指示器，使其测头触及工作台面。旋转主轴，分别在 XZ、YZ 平面内检验
4		拔出检验棒，旋转 180°，固定在主轴上，重复检验一次
5		记录读数，a）、b）误差分别计算，误差以两次测量结果的代数和之半计
6		整理工作场地，清洁量具、检具及数控雕铣床

任务二　立式加工中心几何精度的检验

根据国家标准 GB/T 18400.2—2010《加工中心检验条件　第 2 部分：立式或带主回转轴的万能主轴头机床几何精度检验（垂直 Z 轴）》，选择介绍立式加工中心几何精度的检验方法。

一、线性运动的直线度检验

线性运动的直线度包括 X 轴、Y 轴和 Z 轴的线性运动直线度。

1. 检验 X 轴线运动的直线度

检验 X 轴线运动直线度的方法见表 3-11。

表 3-11　检验 X 轴线运动直线度的方法

检验项目 G1	X 轴线运动的直线度 a）在 ZX 垂直平面内 b）在 XY 水平面内	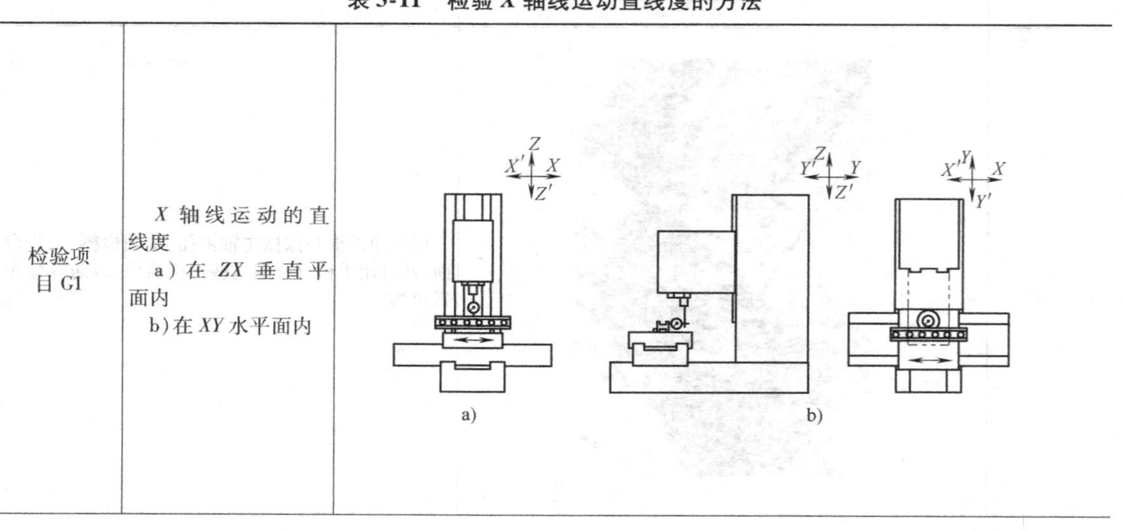

（续）

标准	GB/T 18400.2—2010《加工中心检验条件　第2部分：立式或带主回转轴的万能主轴头机床几何精度检验（垂直 Z 轴）》规定，G1项公差为	
	a）和 b）/mm	
	$X\leqslant500$	0.010
	$500<X\leqslant800$	0.015
	$800<X\leqslant1250$	0.020
	$1250<X\leqslant2000$	0.025
	局部公差：在任意300测量长度上为0.007	

序号	图　示	操作步骤
1		准备平尺、百分表/千分表、可调等高块
2	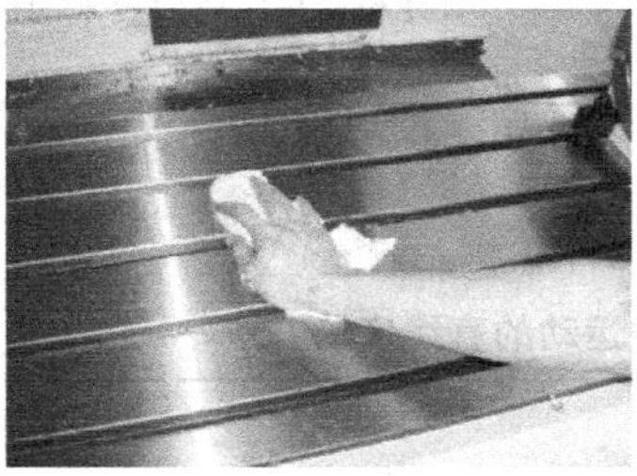	用干净的棉布擦拭工作台面、主轴箱体、平尺、可调等高块工作面，使其上不得有切屑、残渣、油污等
3		检验a）项时，把工作台移到 Y 轴行程的中间位置，在工作台面上放置两个可调等高块，其位于距平尺两端为2/9的平尺长度处，再把平尺平放在可调等高块上，并且使平尺平行于 X 轴轴线
4		把装好百分表/千分表的磁性表座吸到主轴固定套筒上，使百分表/千分表的测头垂直触及平尺检验面，压表适量，移动工作台，并调整平尺，使百分表/千分表读数在平尺的两端相等

（续）

序号	图　示	操作步骤
5		手轮模式下沿 X 轴移动工作台，在全行程上进行检验，记录百分表/千分表读数的最大差值，即为在 ZX 垂直平面内 X 轴线运动的直线度误差
6		检验 b）项时，在中央 T 形槽中放置两个可调等高块，将平尺卧靠在其上，固定百分表/千分表，压表适量，使其测头触及平尺检验面，移动工作台并调整平尺，使百分表/千分表读数在平尺的两端相等。手轮模式下沿 X 轴线移动工作台，在全行程上进行检验。记录百分表/千分表读数的最大差值，即为在 XY 水平面内 X 轴线运动的直线度误差
7		整理、清洁。准备进行下一项目检验，不用的量具和检具应放回规定的位置，不能随意在检验区域摆放

2. 检验 Y 轴线运动的直线度

检验 Y 轴线运动直线度的方法见表 3-12。

表 3-12　检验 Y 轴线运动的直线度的方法

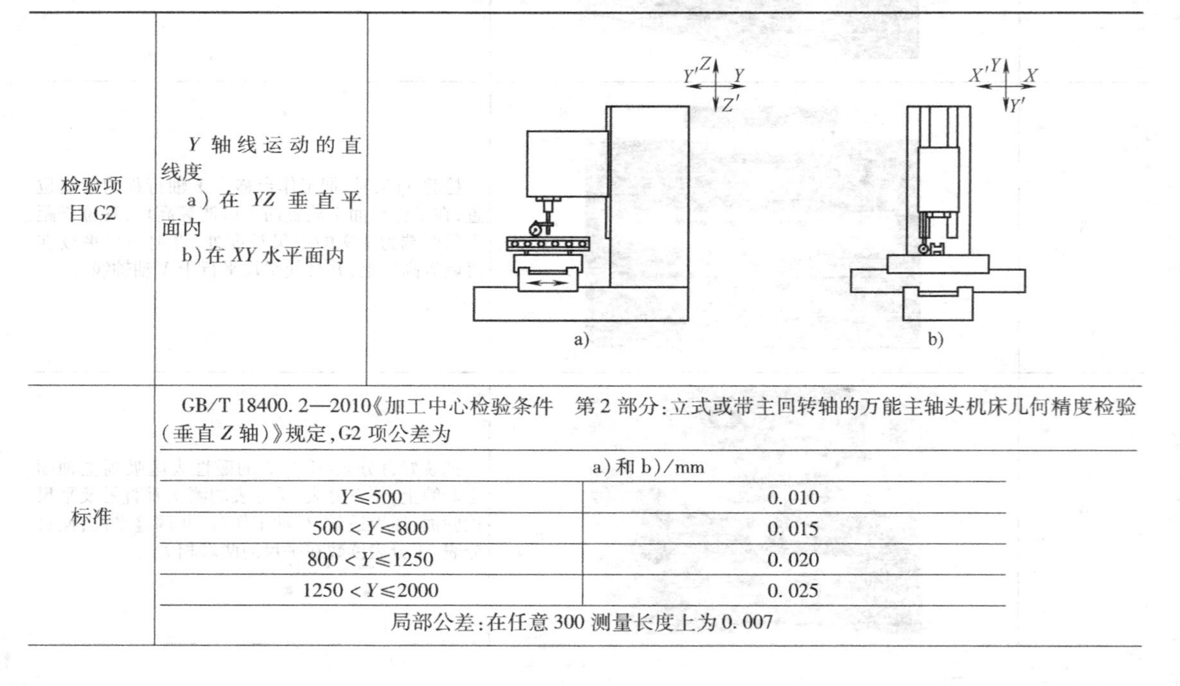

检验项目 G2	Y 轴线运动的直线度 a）在 YZ 垂直平面内 b）在 XY 水平面内	（图）

标准：GB/T 18400.2—2010《加工中心检验条件　第 2 部分：立式或带主回转轴的万能主轴头机床几何精度检验（垂直 Z 轴）》规定，G2 项公差为

	a）和 b）/mm
$Y \leqslant 500$	0.010
$500 < Y \leqslant 800$	0.015
$800 < Y \leqslant 1250$	0.020
$1250 < Y \leqslant 2000$	0.025

局部公差：在任意 300 测量长度上为 0.007

（续）

序号	图　示	操作步骤
1		准备平尺、百分表/千分表、可调等高块
2	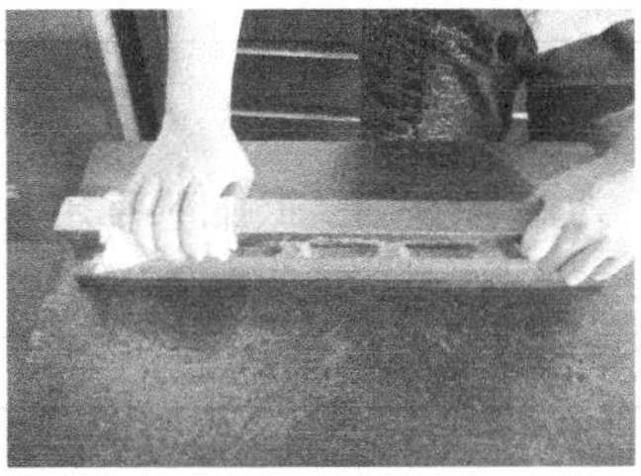	用干净的棉布擦拭工作台面、主轴箱体、平尺、可调等高块工作面，使其上不得有切屑、残渣、油污等
3		检验a）项时，把工作台移到X轴线行程的中间位置，在工作台面上中间放置两个可调等高块，将平尺平放在其上，并平行于Y轴线。把装好百分表/千分表的磁性表座吸到主轴箱体上，使表的测头垂直触及平尺检验面，压表适量，移动工作台，并调整平尺，使表读数在平尺的两端相等
4		手动模式下沿Y轴线移动工作台，在全行程上检验，记录百分表/千分表的最大读数差，即为在YZ垂直平面内Y轴线运动的直线度误差
5		检验b）项时，将平尺平行于Y轴线卧放在工作台面上的中间位置，固定百分表/千分表，使其测头垂直触及平尺检验面，压表适量，移动工作台并调整平尺，使百分表/千分表读数在平尺的两端相等

（续）

序号	图　示	操作步骤
6		手轮模式下沿 Y 轴线移动工作台，在全行程上进行检验。记录百分表/千分表读数的最大差值，即为在 XY 水平面内 Y 轴线运动的直线度误差
7		整理、清洁。准备进行下一项目检验，不用的量具和检具应放回规定的位置，不能随意在检验区域摆放

3. 检验 Z 轴线运动的直线度

检验 Z 轴线运动直线度的方法见表 3-13。为了减少主轴箱体与角尺发生碰撞的概率，检验该项精度时可以使用柱形角尺。

表 3-13　检验 Z 轴线运动直线度的方法

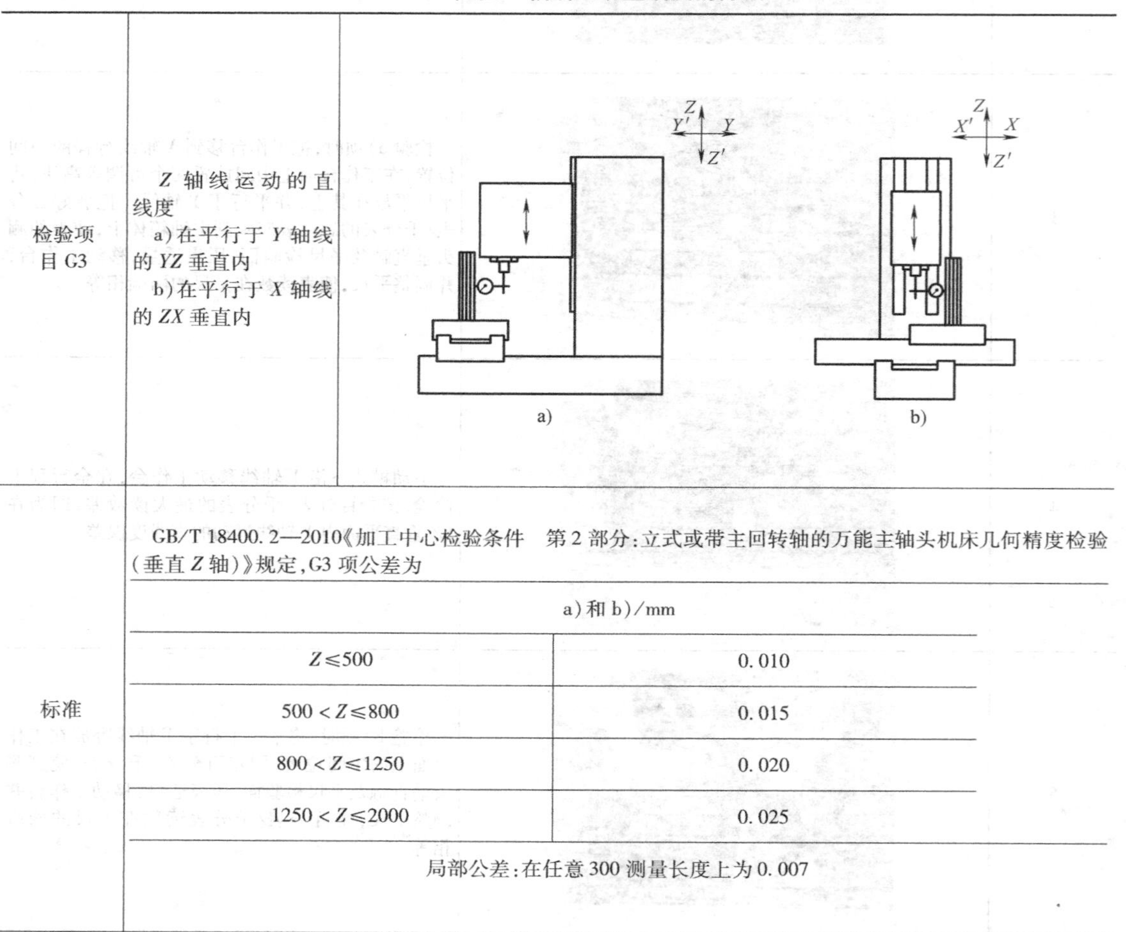

检验项目 G3	Z 轴线运动的直线度 a）在平行于 Y 轴线的 YZ 垂直内 b）在平行于 X 轴线的 ZX 垂直内	（图 a）、b)）
标准	GB/T 18400.2—2010《加工中心检验条件　第 2 部分：立式或带主回转轴的万能主轴头机床几何精度检验（垂直 Z 轴）》规定，G3 项公差为	

a）和 b）/mm	
$Z \leqslant 500$	0.010
$500 < Z \leqslant 800$	0.015
$800 < Z \leqslant 1250$	0.020
$1250 < Z \leqslant 2000$	0.025

局部公差：在任意 300 测量长度上为 0.007

（续）

序号	图　示	操作步骤
1		准备角尺和百分表
2		用干净的棉布擦拭工作台面、主轴箱体、角尺工作面，使其上不得有切屑、残渣、油污等
3	 	把工作台（或立柱等）位于 X 轴线和 Y 轴线行程的中间位置，对于 a）项，角尺的检验面平行于 XZ 平面；对于 b）项，角尺的检验面平行于 YZ 平面，固定指示器使其测头垂直触及角尺的检验面 压表适量，移动主轴箱，并调整角尺，使指示器读数在测量长度的两端相等，在全行程上进行检验，记录指示器的最大读数差，即分别为在平行于 X 轴线的 ZX 垂直平面内 Z 轴线运动的直线度误差及在平行于 Y 轴线的 YZ 垂直平面内 Z 轴线运动的直线度误差
4		整理、清洁。准备进行下一项目检验，不用的量具和检具应放回规定的位置，不能随意在检验区域摆放

二、线性运动的角度偏差检验

线性运动的角度偏差包括 X 轴、Y 轴和 Z 轴线性运动的角度偏差，现介绍检验 X 轴线性运动角度偏差的方法，见表3-14。

表 3-14 检验 X 轴线性运动角度偏差的方法

检验项目 G4	X 轴线性运动的角度偏差 a) 在平行于移动方向的 ZX 垂直平面内（俯仰） b) 在 XY 水平面内（偏摆） c) 在垂直于移动方向的 YZ 垂直平面内（倾斜）	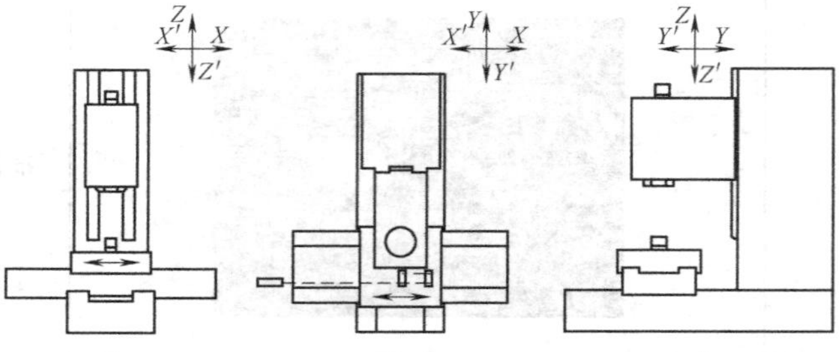 a)　b)　c)
标准	GB/T 18400.2—2010《加工中心检验条件　第 2 部分：立式或带主回转轴的万能主轴头机床几何精度检验（垂直 Z 轴）》规定，G4 项公差为 a)、b) 和 c)：0.060mm/1000mm（或 60μrad 或 12″）	

序号	图　示	操作步骤
1		准备水平仪、自准直仪及附件
2	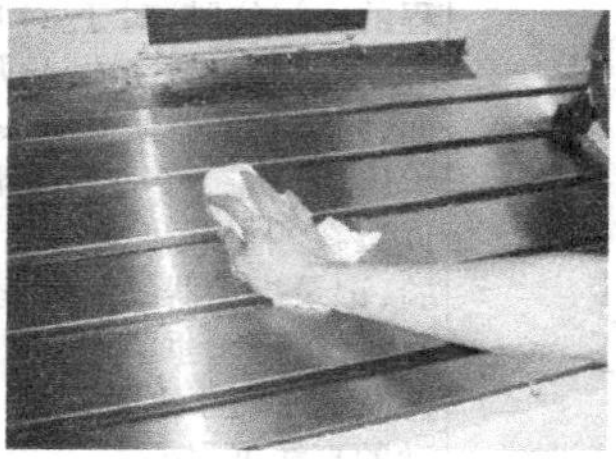	用干净的棉布擦拭工作台面、水平仪、反射镜工作面，使其上不得有切屑、残渣、油污等
3		工作台位于 Y 轴线行程的中间位置，对于 a) 项，将精密水平仪平行于 X 轴线放置在工作台的中间位置或主轴箱上，主轴箱不动，沿 X 轴线移动工作台，在全行程等距离的五个位置上进行检验，应在每个位置的两个运动方向测取读数，最大与最小读数的差值应不超过公差

（续）

序号	图　示	操作步骤
4		对于b)项，将自准直仪中的反射镜放在工作台的中间位置，沿 X 轴线移动工作台，在全行程等距离的五个位置上进行检验，应在每个位置的两个运动方向测取读数，最大与最小读数的差值应不超过公差
5		对于c)项，将精密水平仪平行于 Y 轴线放置在工作台的中间位置或主轴箱上，主轴箱不动，沿 X 轴线移动工作台，在全行程等距离的五个位置上进行检验，应在每个位置的两个运动方向测取读数，最大与最小读数的差值应不超过公差
6		整理、清洁。准备进行下一项目检验，不用的量具和检具应放回规定的位置，不能随意在检验区域摆放

三、线性运动间的垂直度检验

1. 检验加工中心 Z 轴线运动和 X 轴线运动间的垂直度

加工中心 Z 轴线运动和 X 轴线运动间垂直度的检验方法见表3-15。

表3-15　检验加工中心 Z 轴线运动和 X 轴线运动间的垂直度的检验方法

检验项目G7	Z 轴线运动和 X 轴线运动间的垂直度	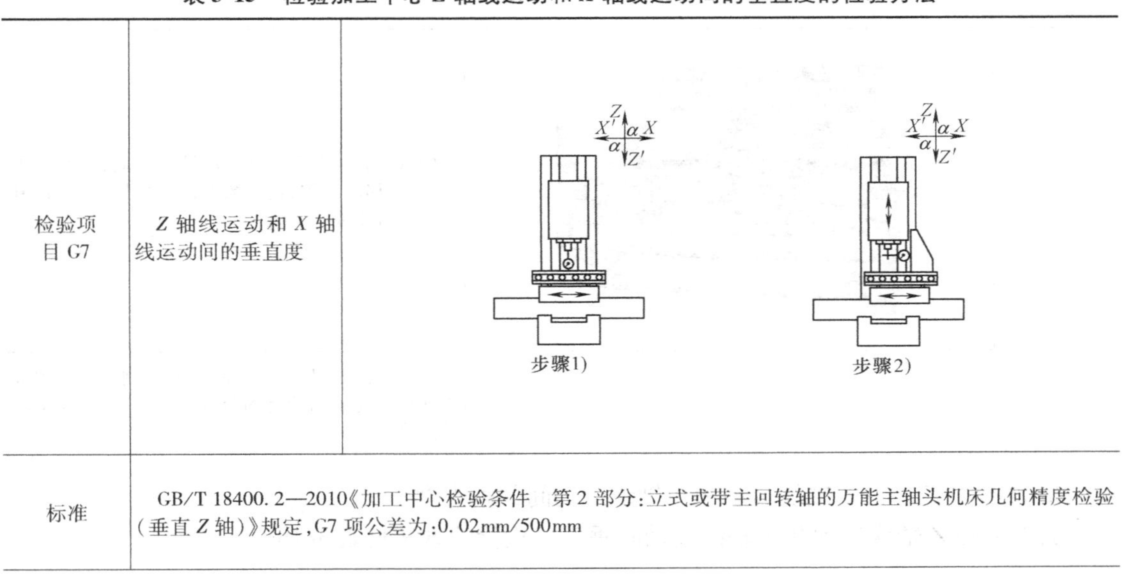 步骤1)　步骤2)
标准	GB/T 18400.2—2010《加工中心检验条件　第2部分：立式或带主回转轴的万能主轴头机床几何精度检验（垂直 Z 轴）》规定，G7项公差为：0.02mm/500mm	

（续）

序号	图　示	操作步骤
1	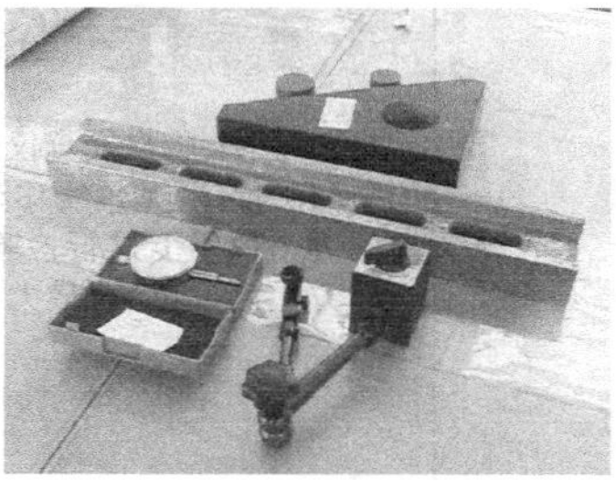	准备平尺、角尺、百分表、磁性表座
2	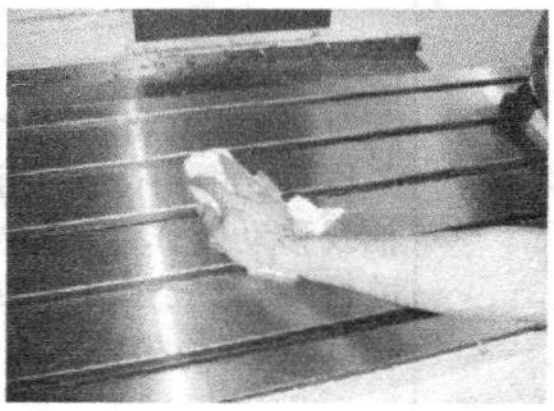	用干净的棉布分别擦拭工作台面、主轴箱体及平尺、角尺的工作面，使其上不得有切屑、残渣、油污等
3		在手动模式下，把工作台移动到行程中间位置，把平尺平放在工作台的适当位置，并且使平尺平行于 X 轴轴线，放置角尺在平尺上，把磁性表座吸到主轴箱体上。量具和检具在工作台面上要轻放轻推，以免损伤其工作表面
4	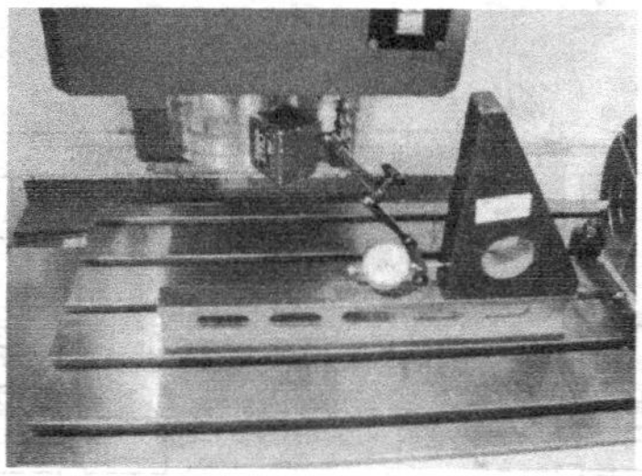	使百分表测头垂直触及角尺 Z 轴向检验面，压表适量，移动 Z 轴，记录数据，同时记录角度 α 值（大于、等于或小于 90°）
5		整理、清洁。准备进行下一项目检验，不用的量具和检具应放回规定的位置，不能随意在检验区域摆放

2. 检验加工中心 Z 轴线运动和 Y 轴线运动间的垂直度

加工中心 Z 轴线运动和 Y 轴线运动间垂直度检验的方法见表 3-16。

表 3-16　检验加工中心 *Z* 轴线运动和 *Y* 轴线运动间垂直度的方法

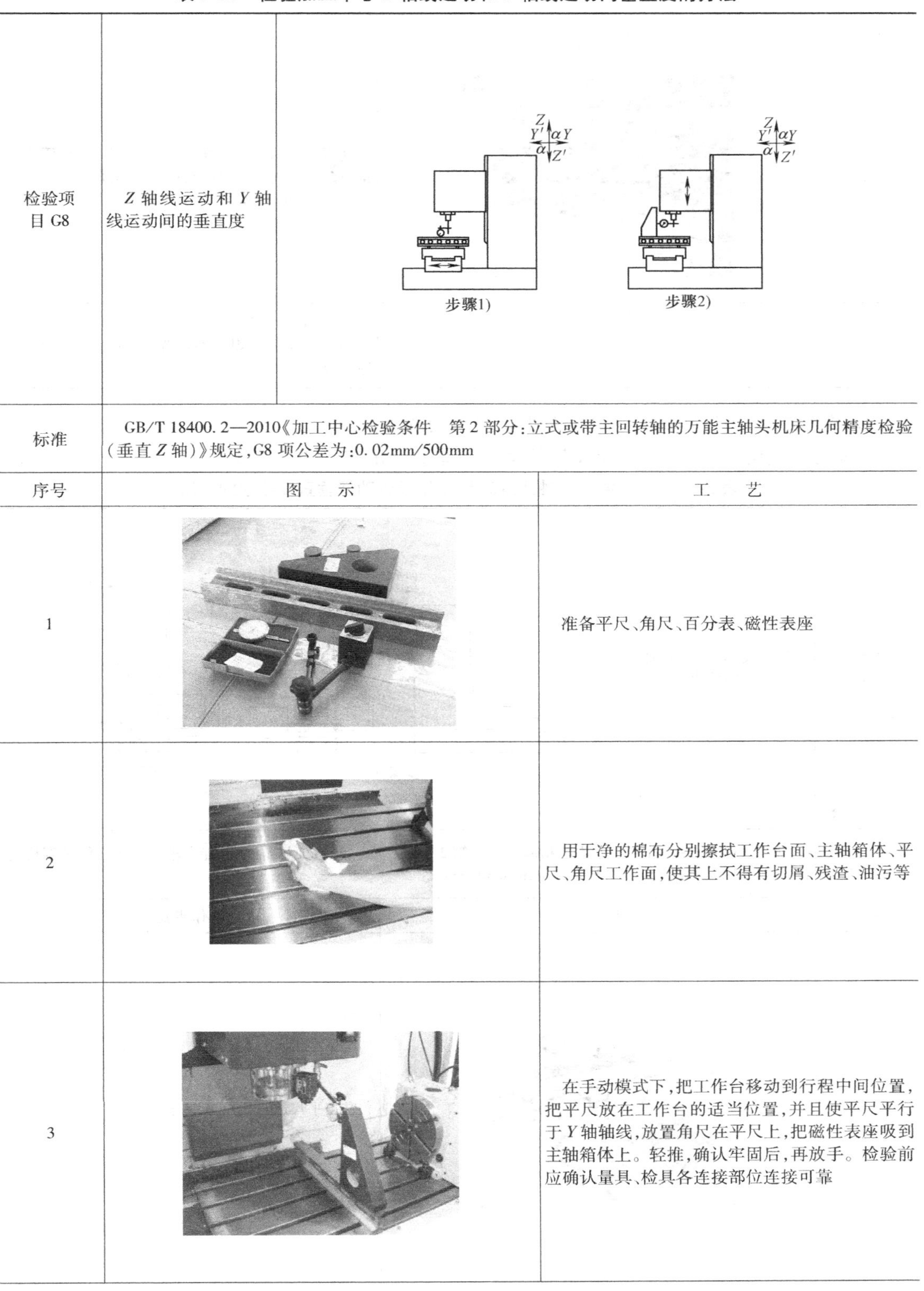

检验项目 G8	*Z* 轴线运动和 *Y* 轴线运动间的垂直度	Z Y' αY α Z' 步骤1)　Z Y' αY α Z' 步骤2)
标准	GB/T 18400.2—2010《加工中心检验条件　第 2 部分：立式或带主回转轴的万能主轴头机床几何精度检验（垂直 *Z* 轴）》规定，G8 项公差为：0.02mm/500mm	
序号	图　示	工　艺
1		准备平尺、角尺、百分表、磁性表座
2		用干净的棉布分别擦拭工作台面、主轴箱体、平尺、角尺工作面，使其上不得有切屑、残渣、油污等
3		在手动模式下，把工作台移动到行程中间位置，把平尺放在工作台的适当位置，并且使平尺平行于 *Y* 轴轴线，放置角尺在平尺上，把磁性表座吸到主轴箱体上。轻推，确认牢固后，再放手。检验前应确认量具、检具各连接部位连接可靠

（续）

序号	图　　示	工　　艺
4		使百分表测头触及角尺 Z 轴向检验面，压表适量，移动 Z 轴，记录数值，同时记录角度 α 值（大于、等于或小于 90°）
5		整理、清洁。准备进行下一项目检验，不用的量具和检具应放回规定的位置，不能随意在检验区域摆放

3. 检验加工中心 Y 轴线运动和 X 轴线运动间的垂直度

检验加工中心 Y 轴线运动和 X 轴线运动间垂直度的方法见表 3-17。

表 3-17　加工中心 Y 轴线运动和 X 轴线运动间垂直度检验的方法

检验项目 G9	Y 轴线运动和 X 轴线运动间的垂直度	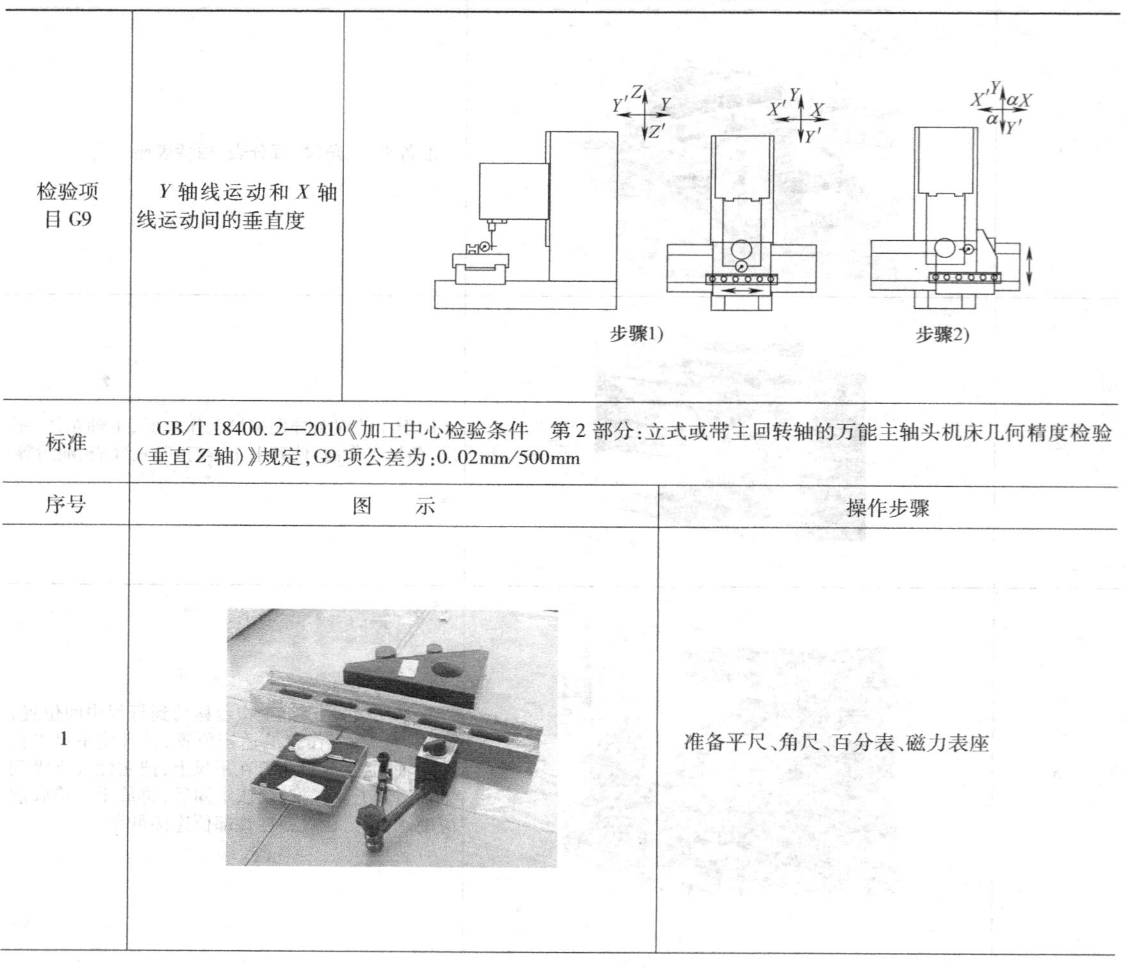
标准	GB/T 18400.2—2010《加工中心检验条件　第 2 部分：立式或带主回转轴的万能主轴头机床几何精度检验（垂直 Z 轴）》规定，G9 项公差为：0.02mm/500mm	
序号	图　　示	操作步骤
1		准备平尺、角尺、百分表、磁力表座

（续）

序号	图　示	操作步骤
2		用干净的棉布分别擦拭工作台面、主轴箱体、平尺、角尺工作面，使其上不得有切屑、残渣、油污等
3		在手动模式下，把工作台移动到行程中间位置，把平尺放在工作台的适当位置，并且使平尺平行于 X 轴轴线，把磁性表座吸到主轴箱体上，调整百分表的读数在平尺的 X 轴向两端相等
4		在平尺上沿 Y 向放置角尺，使百分表测头触及角尺 Y 轴向检验面，在手动模式下，移动 Y 轴，记录百分表读数的差值，同时记录 α 值（大于、等于或小于 90°）
5		整理、清洁。准备进行下一项目检验，不用的量具和检具应放回规定的位置，不能随意在检验区域摆放

四、主轴几何精度检验

检验主轴几何精度包括检验主轴的周期性轴向窜动、主轴端面跳动、主轴锥孔的径向跳动、主轴轴线和 Z 轴线运动间的平行度、主轴轴线和 X 轴线运动间的垂直度、主轴轴线和 Y 轴线运动间的垂直度，现介绍其中三项精度检验方法。

1. 检验主轴锥孔的径向跳动

检验主轴锥孔的径向跳动的方法见表 3-18。

表 3-18　检验主轴锥孔的径向跳动的方法

检验项目 G11	主轴锥孔的径向跳动 a) 靠近主轴端部 b) 距主轴端部 300mm 处	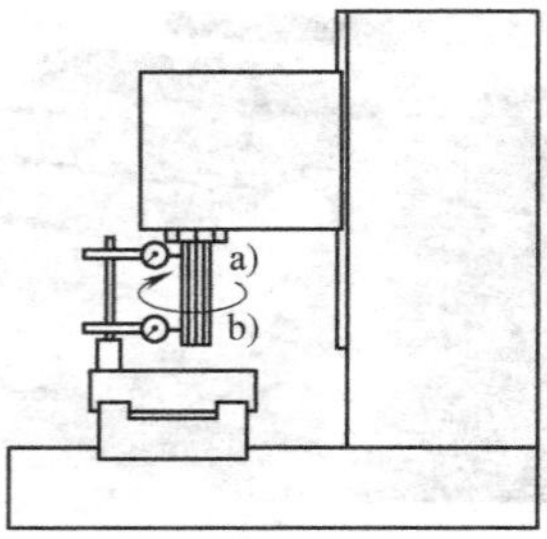 a) b)
标准	GB/T 18400.2—2010《加工中心检验条件　第 2 部分：立式或带主回转轴的万能主轴头机床几何精度检验（垂直 Z 轴）》规定，G11 项公差为 a) 靠近主轴端部：0.007mm b) 距主轴端部 300mm 处：0.015mm	

序号	图　示	操作步骤
1		准备主轴检验棒（带拉钉）、平头千分表、磁力表座
2	 	用干净的棉布擦拭主轴锥孔、主轴检验棒，并且用手检查一遍主轴锥孔及主轴检验棒，以防有棉布残留物
3		戴上手套，把主轴检验棒插入主轴锥孔中

（续）

序号	图　示	操作步骤
4		把装有平头千分表的磁性表座吸在工作台上，在手轮模式下，移动 X 轴，使平头千分表测头垂直触及检验棒靠近主轴端部处，压表，找到检验棒侧素线，手动旋转主轴至少两整圈以上进行检验，记录读数 拔出检验棒，相对起始位置按照标记旋转 90°，重新插入主轴锥孔中，依次重复检验三次，共检验四次，计算误差，最后以四次测量结果的平均数值为其误差
5	 	让平头千分表测头垂直触及检验棒上，距主轴端部 300mm 处，重复步骤 4，计算此处的误差，分别以四次测量结果的平均数值为其误差
6		整理、清洁。准备进行下一项目检验，不用的量具和检具应放回规定的位置，不能随意在检验区域摆放

2. 检验主轴轴线和 Z 轴线运动间的平行度

主轴轴线和 Z 轴线运动间平行度的检验方法见表 3-19。

表 3-19　主轴轴线和 Z 轴线运动间平行度的检验方法

检验项目 G12	主轴轴线和 Z 轴线运动间的平行度 a）在 YZ 垂直平面内 b）在 ZX 垂直平面内	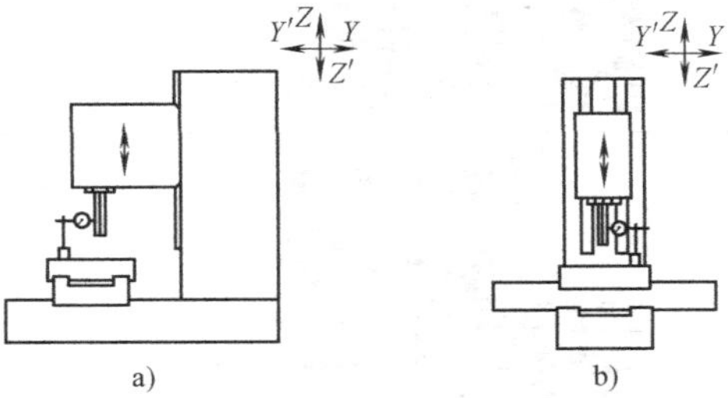 Y′ Z Y Z′ a) Y′ Z Y Z′ b)

（续）

标准	GB/T 18400.2—2010《加工中心检验条件　第 2 部分：立式或带主回转轴的万能主轴头机床几何精度检验（垂直 Z 轴）》规定，G12 项公差 a）及 b）：在 300mm 测量长度上为 0.015mm	
序号	图　示	操作步骤
1		准备检验棒、杠杆表、磁力表座
2		用干净的棉布分别把主轴检验棒和主轴锥孔配合面擦拭干净，并且用手在配合面上检查一遍，以防有棉布残留物
3		将主轴检验棒每 180°设置一个记号，共两个记号，分别标上 1、2，然后将主轴检验棒装入主轴锥孔
4		将磁性表座沿 Y 轴放在工作台上，并使杠杆表的触头对应主轴检验棒根部的记号 1 处，移动工作台，找到最高点，并且压表适量
5		在 YZ 的垂直平面内移动 Z 轴（300mm 量程内），并记录读数差值 把主轴检验棒卸下，按记号 2 重新装上主轴检验棒，用同样方法检验，记录读数差值，并对两次读数差值取平均值，即为在 YZ 垂直平面内的主轴轴线和 Z 轴线运动间的平行度误差

（续）

序号	图　示	操作步骤
6		将磁性表座沿 X 轴放在工作台上，重复步骤 4 和 5，分别记录杠杆表两次读数的差值，并取其平均值，即为在 ZX 垂直平面内主轴轴线和 Z 轴线运动间的平行度误差
7		整理、清洁。准备进行下一项目检验，不用的量具和检具应放回规定的位置，不能随意在检验区域摆放

3. 检验主轴轴线和 X 轴线运动间的垂直度

主轴轴线和 X 轴线运动间垂直度的检验方法见表 3-20。

表 3-20　主轴轴线和 X 轴线运动间垂直度的检验方法

检验项目 G13	主轴轴线和 X 轴线运动间的垂直度	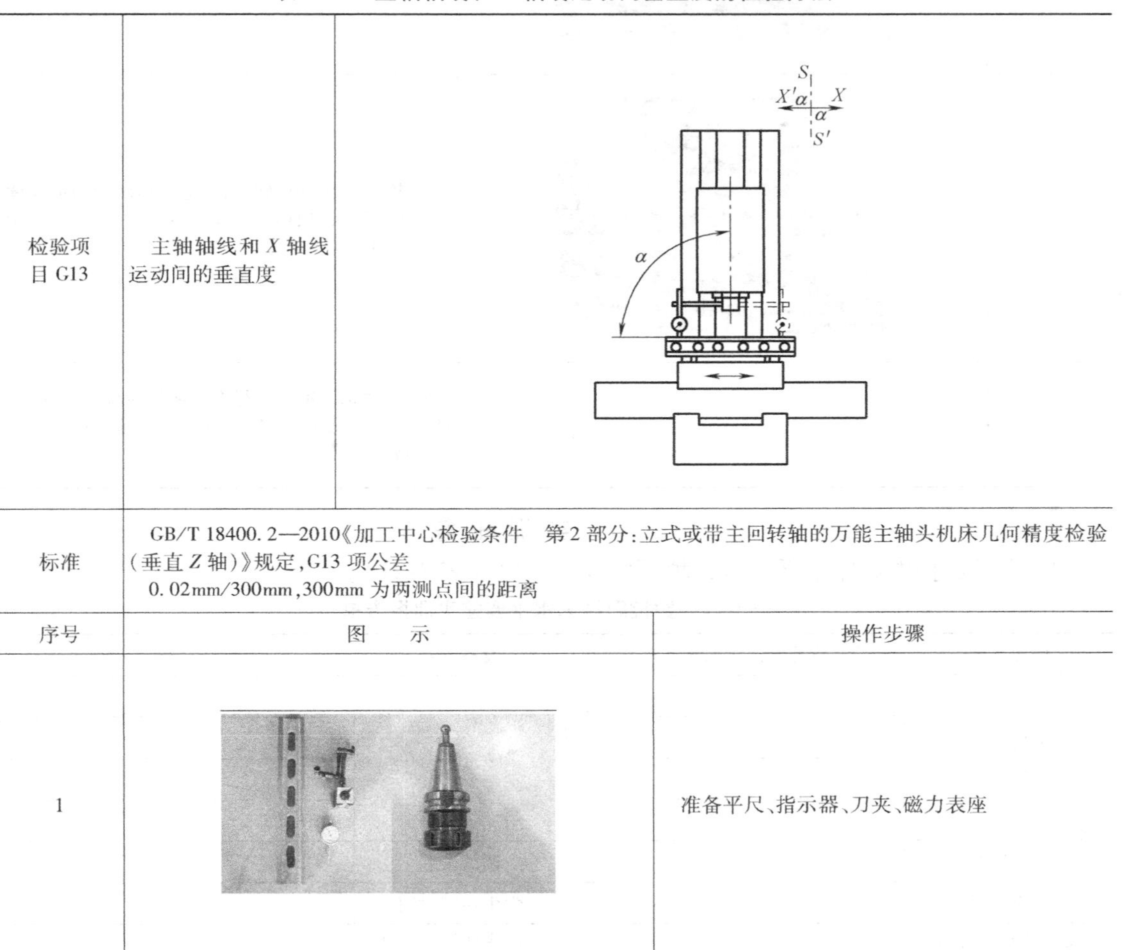
标准	GB/T 18400.2—2010《加工中心检验条件　第 2 部分：立式或带主回转轴的万能主轴头机床几何精度检验（垂直 Z 轴）》规定，G13 项公差 0.02mm/300mm，300mm 为两测点间的距离	
序号	图　示	操作步骤
1		准备平尺、指示器、刀夹、磁力表座

（续）

序号	图　示	操作步骤
2		用干净的棉布分别把工作台面、平尺、刀夹、主轴锥孔面擦拭干净，并且用手检查一遍，以防有棉布残留物
3		移动工作台居中，在工作台上平行于 X 轴线放置平尺，在主轴锥孔装上刀夹及磁力表座
4		压表适量，手动旋转主轴，记录指示器的最大读数差值，即为该项精度，同时记录 α 值（大于、等于或小于 90°）
5		整理、清洁。准备进行下一项目检验，不用的量具和检具应放回规定的位置，不能随意在检验区域摆放

实训任务

1. 完成数控雕铣床水平调整，填写实训报告单（表3-21）。

表 3-21　数控雕铣床水平调整实训报告单

任务名称	数控雕铣床水平调整	设备型号	
工具清单（规格）		参考资料清单	
允许误差		调试误差	
完成用时		学生签字时间	
技术员签字时间		车间主任签字时间	

2. 逐项完成数控雕铣床几何精度检测，填写检验记录单（表3-22）。

表3-22　数控雕铣床几何精度检测记录单

机床型号		实验日期	
检验项目	检测工具	检测结果	数据分析
G1 工作台移动(*X* 轴线)的直线度 a)在 *XZ* 平面内 b)在 *XY* 平面内			
G2 横向滑座移动(*Y* 轴线)的直线度 a)在 *YZ* 平面内 b)在 *XY* 平面内			
G3 垂向滑枕移动(*Z* 轴线)的直线度 a)在 *XZ* 平面内 b)在 *YZ* 平面内			
G4 横向滑座移动(*Y* 轴线)与工作台纵向移动(*X* 轴线)的垂直度			
G5 垂向滑枕移动(*Z* 轴线)与 a)工作台纵向移动(*X* 轴线)的垂直度 b)横向滑座移动(*Y* 轴线)的垂直度			
G6 工作台面的平面度			
G7 工作台面与 a)工作台纵向移动(*X* 轴线)在 *XZ* 垂直平面内的平行度 b)横向滑座移动(*Y* 轴线)在 *YZ* 垂直平面内的平行度			
G8 主轴 a)周期性轴向窜动 b)主轴轴线的径向跳动(距主轴端面 50mm 处)			
G9 主轴旋转轴线与工作台的垂直度 a)在 *XZ* 平面内 b)在 *YZ* 平面内			

3. 选项完成立式加工中心几何精度检测，填写检验记录单（表3-23）。

表 3-23　检验记录单

机床型号		实验日期	

检验项目	检测工具	检测结果	数据分析
G1 X 轴线运动的直线度 a) 在 ZX 平面内 b) 在 XY 平面内			
G2 Y 轴线运动的直线度 a) 在 YZ 平面内 b) 在 XY 平面内			
G3 Z 轴线运动的直线度 a) 在平行于 Y 轴线的 YZ 垂直平面内 b) 在平行于 X 轴线的 ZX 垂直平面内			
G4 X 轴线运动的角度偏差 a) 在平行于移动方向的 ZX 垂直平面内（俯仰） b) 在 XY 水平面内（偏摆） c) 在垂直于移动方向的 YZ 垂直平面内（倾斜）			
G5 Y 轴线运动的角度偏差 a) 在平行于移动方向的 YZ 垂直平面内（俯仰） b) 在 XY 水平面内（偏摆） c) 在垂直于移动方向的 ZX 垂直平面内（倾斜）			
G6 Z 轴线运动的角度偏差 a) 在平行于 Y 轴线的 YZ 垂直平面内 b) 在平行于 X 轴线的 ZX 垂直平面内			
G7 Z 轴线运动和 X 轴线运动间的垂直度			
G8 Z 轴线运动和 Y 轴线运动间的垂直度			
G9 Y 轴线运动和 X 轴线运动间的垂直度			
G10 主轴 a) 主轴的周期性轴向窜动 b) 主轴端面跳动			
G11 主轴锥孔的径向跳动 a) 靠近主轴端部 b) 距主轴端部 300mm 处			
G12 主轴轴线和 Z 轴线运动间的平行度			
G13 主轴轴线和 X 轴线运动间的垂直度			
G14 主轴轴线和 Y 轴线运动间的垂直度			

4. 思考题

（1）分析数控雕铣床主轴检验棒与数控车床检验主轴和尾座精度的检验棒不同之处。

（2）分析检测用的杠杆表特点。

（3）阐述数控雕铣床主轴精度对零件加工产生的影响。

（4）分析立式加工中心主轴检验棒的基准有几个，为什么？

（5）分析每个坐标轴包含几项精度。

（6）阐述四轴加工中心 A 轴精度对零件加工产生有什么影响。

（7）通过自主学习，阐述刀库几何精度检验方法。

（8）阐述加工中心几何精度误差大会对零件加工产生什么不利影响。

项目四　用激光干涉仪测量数控机床导轨的直线度、垂直度和平行度

任务一　用激光干涉仪测量数控机床导轨的直线度

一、数控机床水平轴直线度的测量原理

1. 直线度测量原理

用激光干涉仪测量水平轴直线度时，应将直线度干涉镜放置在激光头和直线度反射镜之间。激光头的输出光束穿过直线度干涉镜后，被分成两束夹角较小的光束。然后，两束光束经过直线度反射镜反射后沿一条新的光路返回到直线度干涉镜，并经过直线度干涉镜，两束光束汇合成一束光束，返回激光头的回光孔。图 4-1 所示为测量水平轴水平方向直线度的光路原理图。

水平轴水平方向直线度测量是通过检测直线度干涉镜和直线度反射镜的相对水平方向位移引起的光程差来实现的。

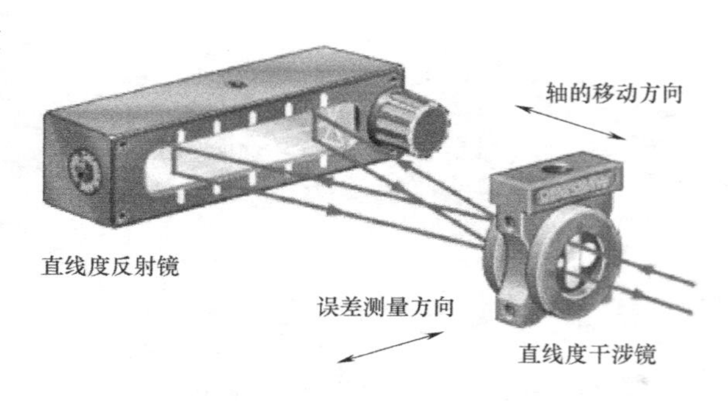

图 4-1　水平轴直线度测量光路原理图

2. 直线度测量所使用的光学元件

（1）直线度干涉镜　直线度干涉镜能把一束光束分成两束带有一定角度的光束。镜上有两个孔，一个出光孔和一个回光孔，另外还有一个白色环形光靶和一个小光孔，用来进行光束的精调。

直线度干涉镜的使用方法见表 4-1。

表 4-1　直线度干涉镜的使用方法

序号	内　　容	图　　示
1	在进行水平轴水平方向直线度测量时，直线度干涉镜的安装方向如右图所示，激光光束通过干涉镜的上孔（出光孔）射入，通过干涉镜的下孔（回光孔）将激光光束返回激光头	RENISHAW 出光孔 小光孔 白色光靶 回光孔
2	在进行水平轴垂直方向直线度测量时，直线度干涉镜的安装方向如右图所示，可以旋转干涉镜镜面上的圆钮来改变干涉镜的方位。激光光束则由干涉镜的右孔（出光孔）射入，通过干涉镜的左孔（回光孔）返回激光头	RENISHAW 小光孔 回光孔 出光孔 白色光靶

（2）直线度反射镜　直线度反射镜的作用是把照射到其上的两束光束反射回来，经过另外一条与入射光平行的光路回到直线度干涉镜上，其外观图如图 4-2 所示。

图 4-2　直线度反射镜外观图

直线度反射镜的结构是中心对称的，如图 4-3 所示，要求它必须安装得与测量轴垂直，而且要求两束分离的光束射入点在直线度反射镜中心等距并大约在中心线上方 6mm 位置处，如图 4-3 所示。反射镜壳体上有调光标志，方便进行光束的对称调整。倾斜度控制旋钮可以调整直线度反射镜内的光学镜围绕其纵向的倾斜角度。

短距离和长距离直线度测量要使用不同的直线度干涉镜和直线度反射镜。短距离直线度光学元件测量范围为 0.1～4m，就是两个光学元件在测量时分开的最远距离在 4m 以内；而长距离（LR）直线度光学元件测量范围为 1～30m，即两个光学元件在测量时分开的最远距离在 30m 以内。在两种不同测量的情况下，干涉仪和反射镜均必须配对使用。

（3）直线度光闸　水平轴直线度误差有水平方向误差和垂直方向误差。为了满足两种方向直线度误差的测量，激光头上安装了直线度光闸，通过调节直线度光闸可以方便两种方向的直线度测量，如图 4-4 所示。

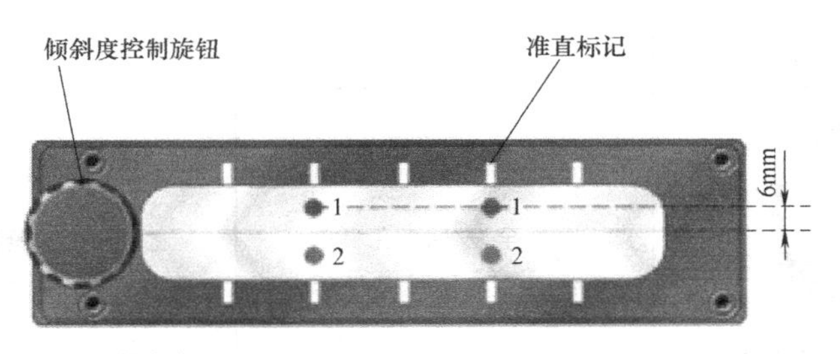

图 4-3　用于水平方向偏差的反射镜安装方位

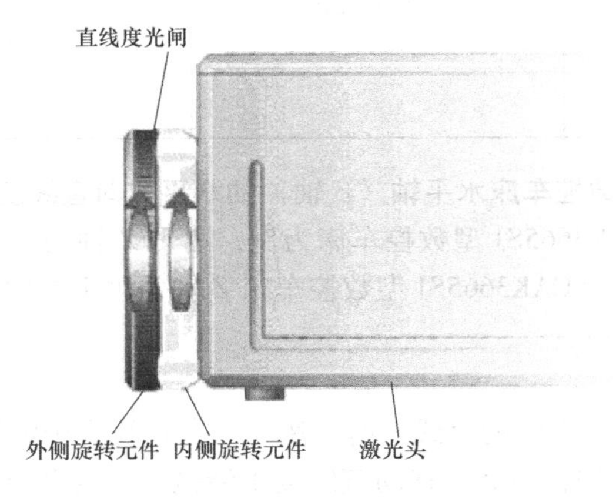

图 4-4　直线度光闸

直线度光闸有两个可旋转的元件，外旋转件有四个孔，而内旋转件有三个孔和两个光靶。外旋转件旋转180°时，使激光头出光、回光从一种布局（激光头输出光束与返回光束在同一垂直线上，此种布局用于水平方向直线度测量）变成另一种布局（激光头输出光束与返回光束在同一水平线上，此种布局用于垂直方向直线度测量）。沿逆时针方向再转90°，则使光闸处于关闭位置。表4-2表示内旋转件的顺时针旋转会使光闸处于四种位置，外旋转件位置为测量水平方向直线度误差的布局。

表4-2　直线度光闸内、外旋转件的调节及光闸状态

序号	图　　示	光闸状态	使用说明
1	最大光束/光靶	全光/光靶	光路准直时使用
2	最小光束/光靶	弱光/光靶	光路准直时使用
3	用来测量的最大光束/回光孔	全光/回光孔	测量时使用
4	最小光束/回光孔	弱光/回光孔	测量时使用

二、用激光干涉仪测量数控车床水平轴（Z轴）的水平方向直线度

以华中HNC-21系统CAK3665SJ型数控车床为例，测量Z轴的水平方向直线度。测量前，先将机床进行调平。测量CAK3665SJ型数控车床Z轴的水平方向直线度的布局图如图4-5所示。

1. 直线度测量配置

测量数控车床Z轴在水平方向的直线度时，激光头、直线度干涉镜、直线度反射镜应按照图4-6、图4-7所示配置进行安装。移动直线度干涉镜，固定直线度反射镜。其中，图4-6所示为水平方向直线度测量配置俯视图，图4-7所示为水平方向直线度测量配置侧视图。

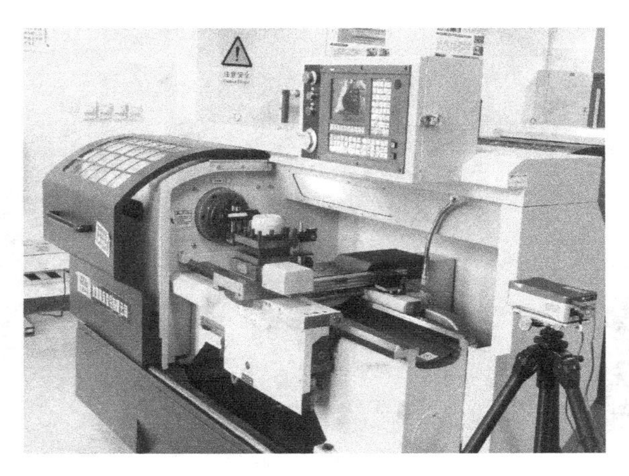

图 4-5　测量 CAK3665SJ 型数控车床 Z 轴的水平方向直线度的布局图

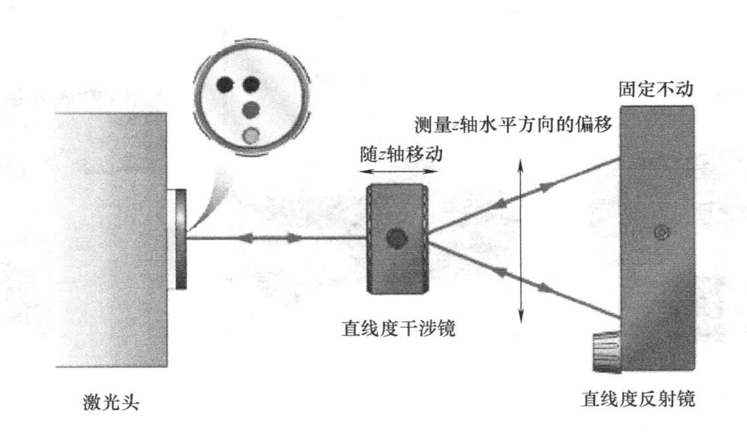

图 4-6　水平方向直线度测量配置俯视图

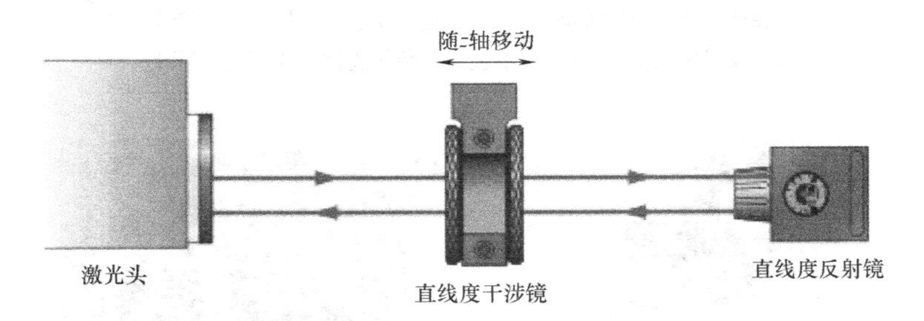

图 4-7　水平方向直线度测量配置侧视图

2. 光学元件的固定和安装

1）激光干涉仪随机配备了安装组件。如图 4-8 所示，将安装杆安装到磁性表座上备用，将光学元件与安装块连接到一起，再将安装块连接到安装杆上，以便于将直线度干涉镜和直线度反射镜通过磁性表座固定在床身上。

2）如图 4-9 所示，将直线度干涉镜安装在数控车床工作台上，在测量过程中随 Z 轴移动；直线度反射镜安装在数控车床的主轴上，在测量过程中始终不动。目测两个光学元件安装在同一水平面上，沿 Z 轴方向位于同一条直线上。

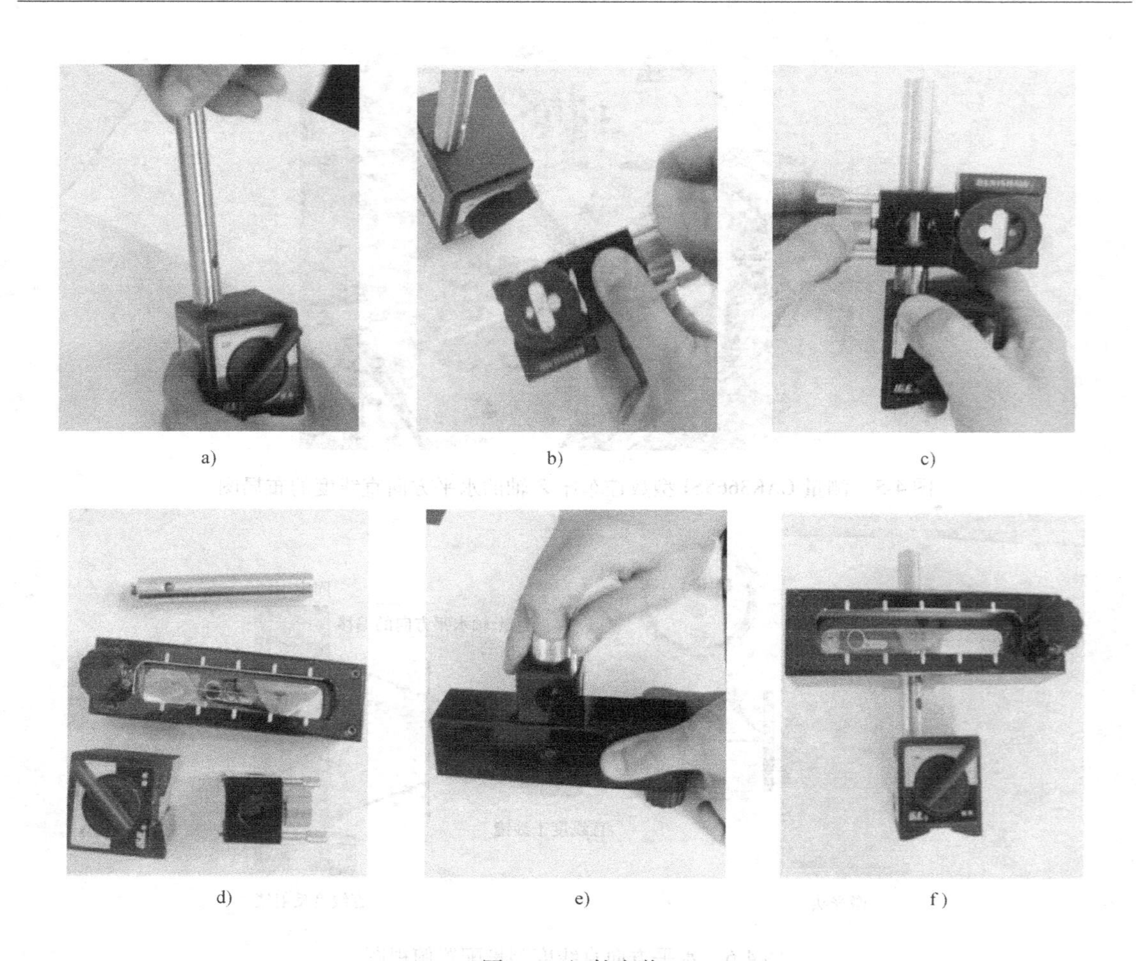

图 4-8　组件安装

a）安装杆安装到磁性表座　b）干涉镜与安装块连接　c）干涉镜装好

d）反射镜及附件　e）反射镜与安装块连接　f）反射镜装好

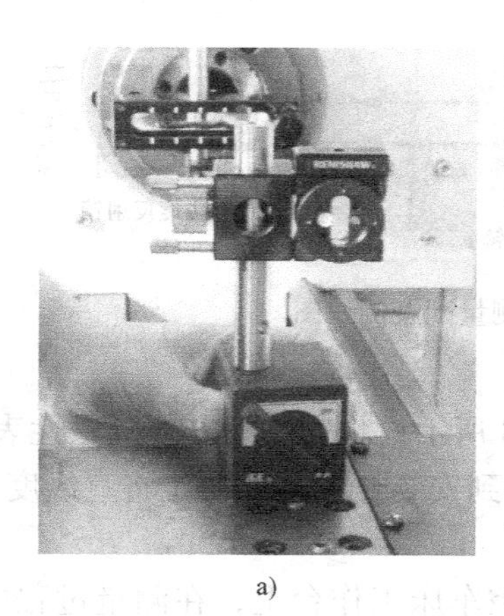

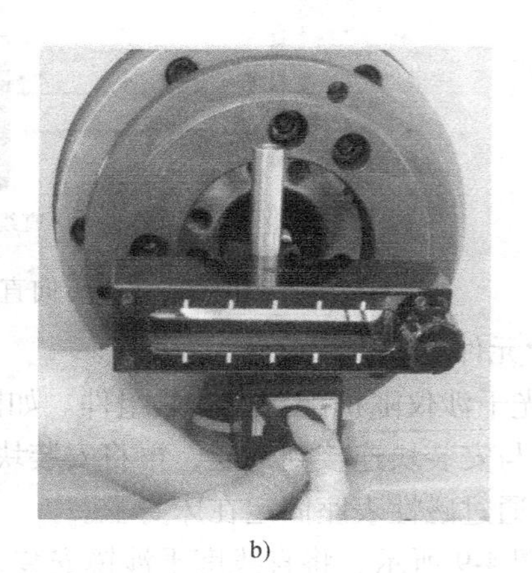

a)　　b)

图 4-9　在数控车床上安装光学元件

a）干涉镜的安装　b）反射镜的安装

3. 三脚架及云台的安装

三脚架及云台为激光系统提供了一个稳定的支承调节平台，从而将激光头设定在不同的高度上，并能够方便地控制激光光束的准直。三脚架、云台和激光头三者组合之后，能够对激光系统进行光束准直。

（1）云台　结构如图4-10和图4-11所示。云台是为安装激光头提供的一个底板，其图4-10所示为云台的上表面结构，前部的两个凹孔用于激光头两个前脚的安装，后部的凹孔用于激光头后脚安装。云台配有快速平移手柄和平移微调控制旋钮，可以对激光光束进行粗略和精细的水平平移。此外，云台还配有扭摆微调控制旋钮，可以调节角度扭摆。

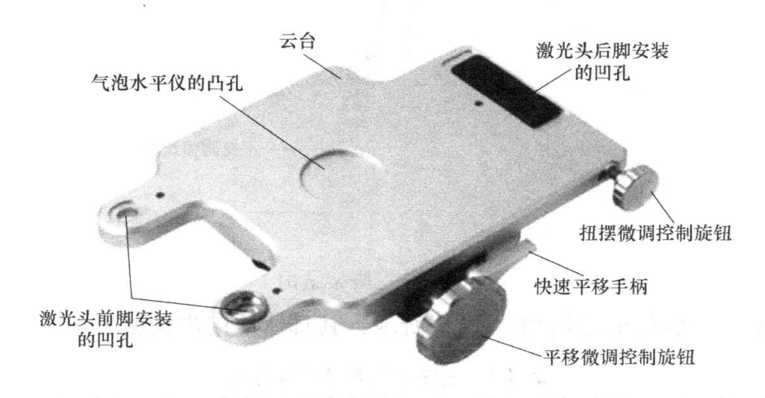

图4-10　云台上表面的结构图

图4-11所示为云台下表面结构。不固定激光头时，三个翼形螺钉可以旋入云台下表面的固定孔中；固定激光头时，将三个翼形螺钉旋入用于固定激光头的孔中。云台锁定手柄用于快速、便捷地将云台安装在三脚架上。云台锁定手柄有三个位置，关闭位将云台锁定位置；中间位允许云台在三脚架上旋转；打开位允许从三脚架适配器上卸下云台。

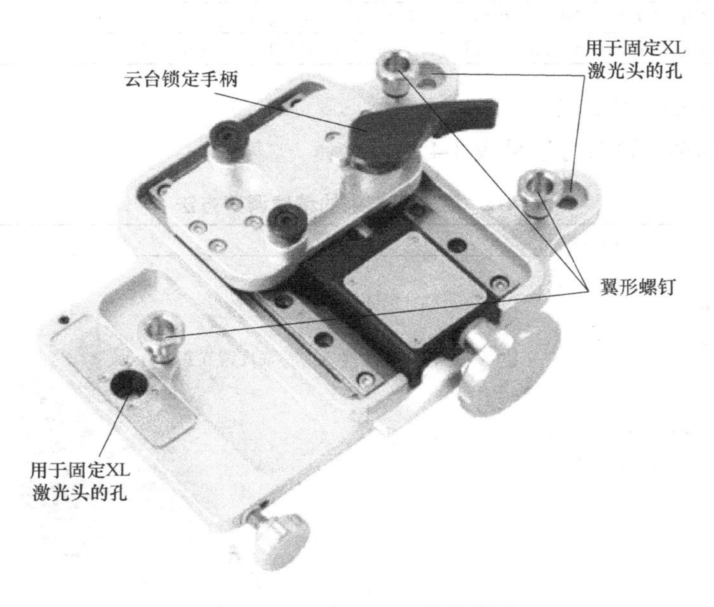

图4-11　云台下表面的结构图

云台套件还包括一个云台适配器，应该装配在通用三脚架的顶部，如图 4-12 所示。

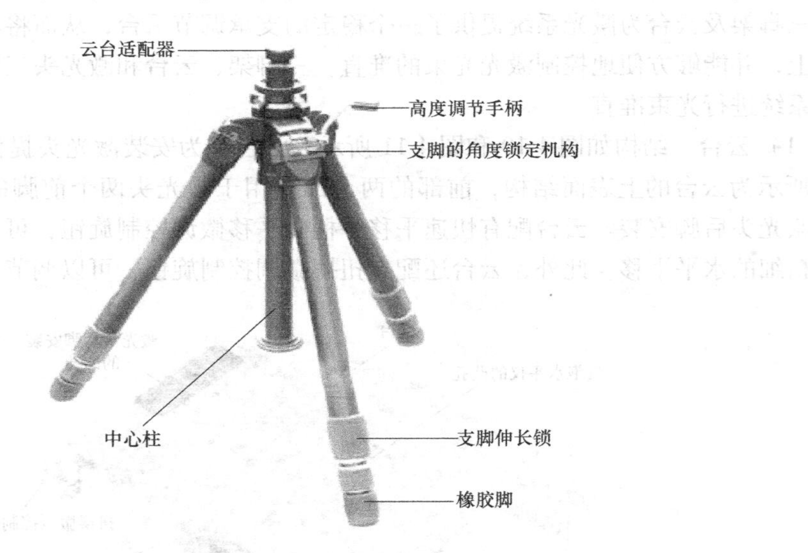

图 4-12　三脚架结构

（2）三脚架　三脚架的结构如图 4-12 所示，其具体使用步骤见表 4-3。

表 4-3　三脚架的具体使用步骤

序号	使 用 步 骤
1	将三脚架放在坚硬的地面上，不能放在机床前的木质脚踏板上
2	把伸缩式三脚架支脚拉至所需的长度，并锁定。用三脚架支脚上的标记线作为基准，使三脚架的支脚长度相等。三脚架的高度设定以使激光头光束射到装在待测机床上的光学元件上为准
3	展开三脚架的支脚，调节三脚架支脚的位置，利用支脚的角度锁定机构使其固定，保证其在测量过程中稳定站立
4	将气泡水平仪置于三脚架云台适配器上，调节三脚架水平
5	将激光头与云台固定，再将云台通过云台锁定手柄安装在三脚架上
6	用手粗略地调整激光头的准直，使其指向机床上的测量光学元件

4. 激光头光束的精确调节

激光头光束的精确调节方法见表 4-4。

表 4-4　激光头光束的精确调节方法

序号	名称	调节说明	图　　示
1	高度调整	使用三脚架中心柱上的垂直高度调整手柄，对高度进行精细调整	高度调节手柄 高度锁定环

（续）

序号	名称	调节说明	图　　示
2	水平平移调整	通过快速平移手柄进行水平位移的粗调，粗调平移范围约为 42mm 通过水平平移微调控制旋钮，进行水平位移的精调，精调平移范围约 30mm	
3	角度扭摆及俯仰调整	通过扭摆调节旋钮对激光光束进行水平方向旋转微调。通过激光头后部的俯仰调节旋钮对激光光束进行垂直方向微调	

5. 直线度测量软件的启动

首先在计算机上安装 Renishaw LaserXL 软件，其次保证激光头与计算机正确连接，如图 4-13 所示。

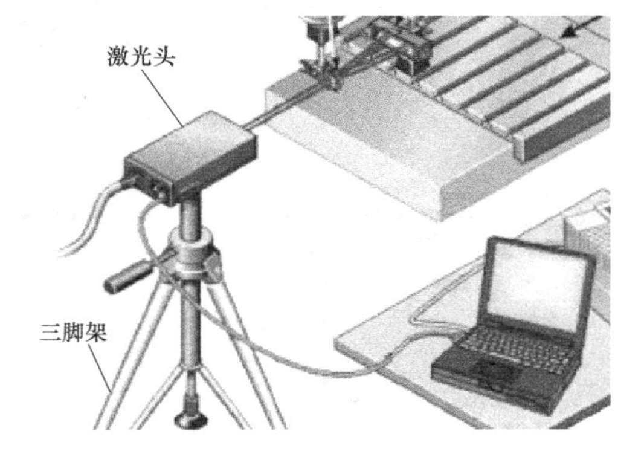

图 4-13　激光头与计算机连接

（1）启动软件　在系统任务栏中，单击“开始”按钮，选择 Renishaw LaserXL 程序，如图 4-14 所示。

（2）选择直线度测量　双击“短距离直线度测量”，如图 4-15 所示。

（3）打开数据采集主窗口　如图 4-16a 所示，数据采集主窗口无任何数据，表示 XL 激光头未连接，此时应检查 PC 机上 USB 电缆与 XL 激光头是否可靠连接；如图 4-16b 所示，表示 XL 激光头已连接。数据采集主窗口可以显示如下内容。

1）测量数据。实时显示激光读数。其单位由状态窗口右上角的单位指示灯标识。

2）信号强度。数据采集主窗口有一个显示光束返回激光头后的激光信号强度指示器，指示器绿色色块高度可以表示激光头与光学镜组的光路准直情况。指示器上的绿色色块越高，光路准直程度就越好。

3）帮助信息。如果需要帮助，可以打开在线帮助手册，方法是从帮助菜单中选择帮助选项或单击工具栏上按钮。

6. 光路的准直

（1）在 Z 轴移动的整个行程内准直直线度干涉镜　如图 4-17 所示，将直线度干涉镜安装在数控机床工作台上，目测情况下尽量保证其与激光光束垂直。测量水平方向直线度时，直线度干涉镜的安装应使激光光束从干涉镜的上孔射入，通过干涉镜的下孔返回。在光路准直调整过程中，要借助光靶，因此需旋转直线度干涉镜调节圈，使光靶朝上。

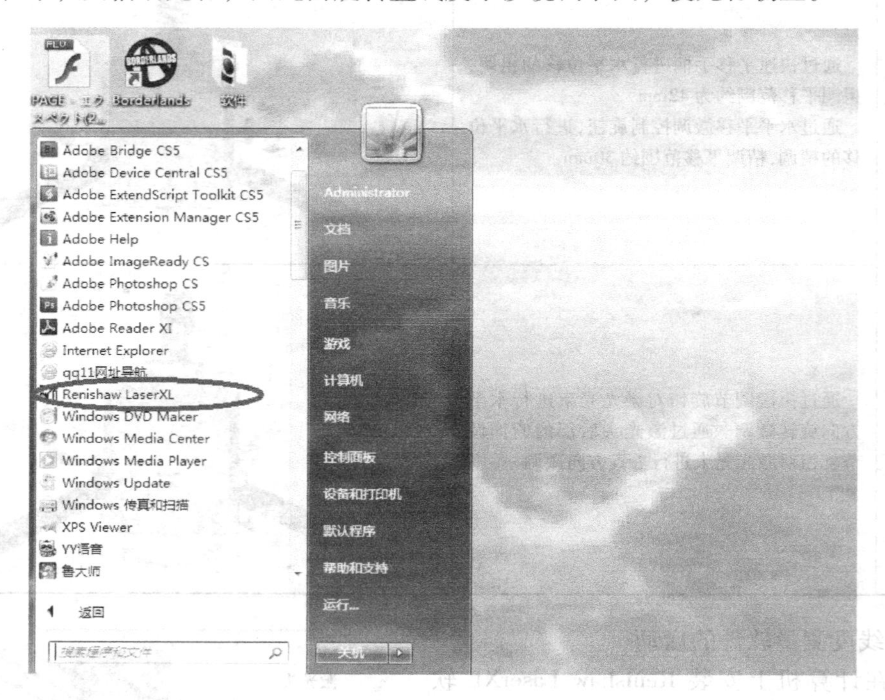

图 4-14　启动软件

图 4-15　短距离直线度测量

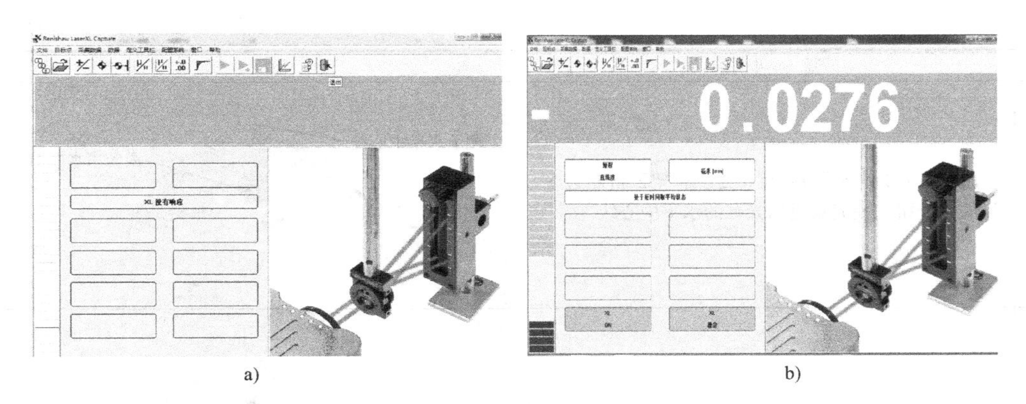

a)　　b)

图 4-16　打开数据采集主窗口

a）XL 激光头未连接　b）XL 激光头已连接

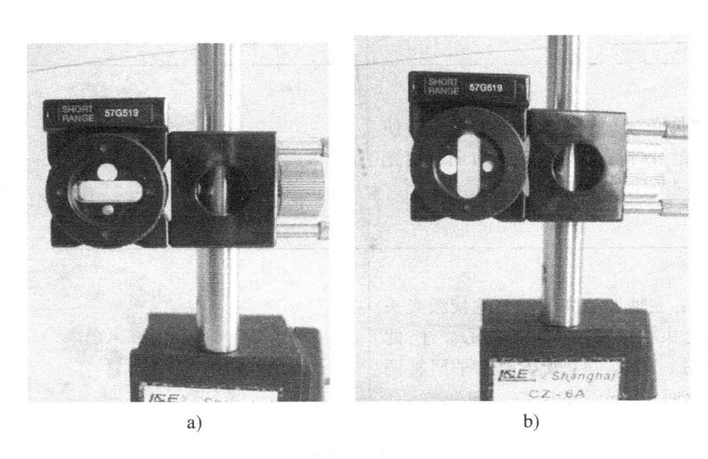

a)　　b)

图 4-17　直线度干涉镜准直

a）准直调节时干涉镜的状态　b）测量时干涉镜的状态

使用光靶准直激光光束，使光束在 Z 轴全程移动范围内都能击中直线度干涉镜光靶中心的调节步骤见表 4-5。

表 4-5　准直直线度干涉镜的调节步骤

序号	调节步骤	图示
1	水平光束调整 移动数控车床 Z 轴，使直线度干涉镜接近激光头。激光光束应准直并能击中直线度干涉镜上的白色光靶。沿着 Z 轴将工作台远离激光头，直到看到光束开始移开光靶。当只有一半的光束仍然击中白色光靶时，停止移动工作台，观察光束偏离光靶中心有多远	激光光束 光靶
2	调整激光头的角度偏转（旋钮在三脚架云台左后方），以使光束横扫过白色光靶。继续移动光束，直到它位于相反方向且离光靶中心的距离相同	

（续）

序号	调节步骤	图　示
3	调整激光头水平平移（旋钮是三脚架云台左边中间的大旋钮），使光束返回光靶的水平中心线	靶子水平中心线 激光束水平准直
4	垂直光束调整 观察激光束在光靶上的垂直位置	
5	调整激光头俯仰角度（旋钮在激光头后方），使光束垂直扫过光靶，直到光束位于相反方向且离光靶中心的距离相同的位置	
6	使用三脚架中心主轴上的高度调整轮使激光头上下移动，直到光束再一次击中光靶中心。注：此时，可能有必要进行另外一个较小的水平回转调整，以使激光束返回到该光靶的中心	
7	沿着 Z 轴将工作台继续远离激光头，当看到激光光束移开靶心时再一次停止。重复步骤 2 ~6 的准直调整，直到达到轴的末端	
8	达到轴的末端时，将机床 Z 轴移回激光头侧，回到轴的起点。若光束不再位于光靶中心，则水平平移激光器，使光束回到光靶的垂直中心线	靶子水平中心线 激光束水平准直
9	垂直平移激光头，使用三脚架中心主轴上的高度调整，使激光光束回到光靶的中心	

（续）

序号	调节步骤	图示
10	重复步骤1～9，直到激光光束在运动轴全程范围内都能保持在光靶的中心	

（2）直线度反射镜的安装与调整　如图4-18所示，在测量数控车床Z轴水平方向的直线度时，将直线度反射镜以水平方向安装在数控车床的主轴上，即反射镜的长边应与数控车床X轴方向平行。直线度反射镜在测量过程中始终保持不动。目测安装时，尽量保证直线度反射镜与激光光束垂直（可利用辅助调试元件简易水平泡进行调节）。

图4-18　直线度反射镜的安装

直线度反射镜的调节步骤见表4-6。

表4-6　直线度反射镜的调节步骤

序号	调节步骤	图示
1（近端调节）	先移动工作台Z轴，使直线度干涉镜与直线度反射镜靠近，以10cm为宜。直线度反射镜窗口上划有白色准直标记，以方便获得等距离的要求。调节反射镜的位置和高度，使从干涉镜射出的两束发散光束射到反射镜上半部（上部约6mm处）白色准直标记中心线等距处	倾斜度控制旋钮 准直标记 6mm 1—入射光束 2—输出光束

（续）

序号	调节步骤	图示
1（近端调节）	再进行精细的反射镜位置调节，确保光束经直线度反射镜反射后回到直线度干涉镜的回光孔内聚焦	
	适当调节直线度反射镜倾斜控制旋钮，让反射光束通过直线度干涉镜回到光闸回光孔	
2（远端调节）	移动 Z 轴，使干涉镜与反射镜分离，观察计算机屏幕上显示的信号强度（或激光头上的光强指示灯）。若随着移动光学件沿测量轴的运动屏幕上的信号强度逐渐减弱，需要进一步调节	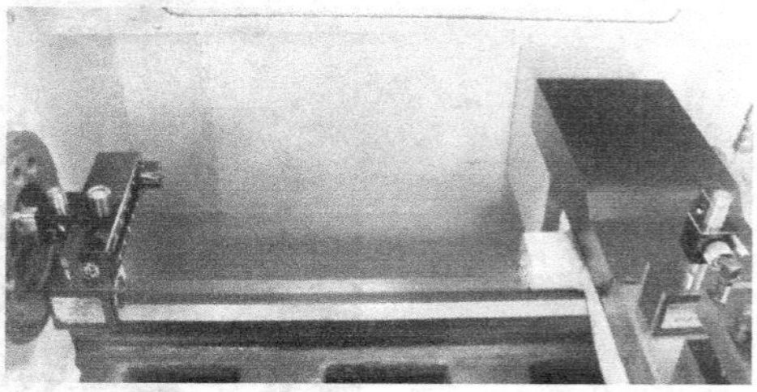
	观察光闸回光孔重合光点是否分开，如光点分开，应精细调节直线度干涉镜的位置或旋转直线度干涉镜上的旋钮，使光点重合	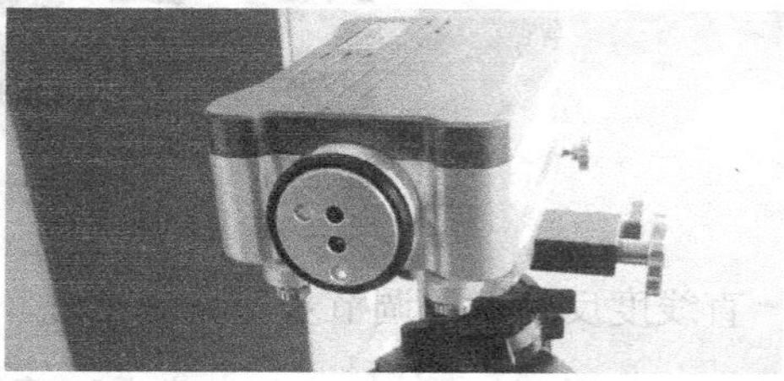
	直至在 Z 轴移动的全程范围内，计算机屏幕上显示的信号强度（或激光头上的光强指示灯）足够强，光路准直工作完毕	

（3）用人工去除斜率误差的方法来进一步精密调准激光光束

1）人工去除斜率误差校正原理。数控机床的位移轴和直线度反射镜的光学轴线之间不平行引起的误差称作斜率误差。为了校正斜率误差，倾斜调整直线度反射镜，使其光学轴和数控机床位移轴相平行。

2）调节方法。在 Z 轴水平方向直线度测量过程中，反射镜不动，干涉镜移动。调节步骤见表4-7。

表4-7　人工去除斜率误差调节步骤

序号	调节步骤	图　示
1（近端调节）	先移动工作台 Z 轴，使直线度干涉镜与直线度反射镜靠近，以10cm为宜。将计算机屏幕上显示的读数清零	
2（远端调节）	移动 Z 轴，使干涉镜与反射镜分离移动至最远端，记下计算机屏幕上显示的误差读数值	
	调节直线度反射镜的倾斜控制钮，使显示读数值不断减小	
3	重复进行几次调整（近端清零，远端调节），直至远端时，计算机屏幕上误差读数值尽可能的小，越小越好（参考值小于20μm）	

（4）误差数值的符号规定　在光路的准直完成后，采集数据之前，必须确定一个合适的符号协定。测量时数控车床 Z 轴从负向向正向移动，设定误差值的正方向与车床 X 轴正方向一致。

按图4-19所示方向轻推干涉镜，手指推的方向与 X 轴正方向相反（便于操作），观察计算机屏幕上显示的误差读数值，若是正向递减，则方向正确，不需要再调节。如果不是这种情况，那么需要改变符号，单击计算机屏幕上的快捷键“+/-”，操作如图4-20所示。

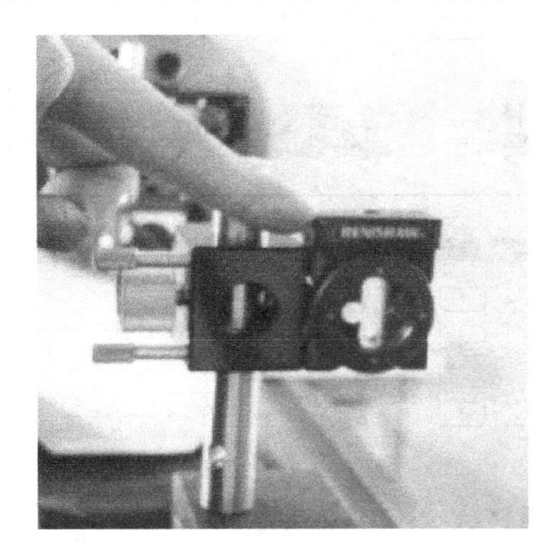

图4-19　轻推干涉镜

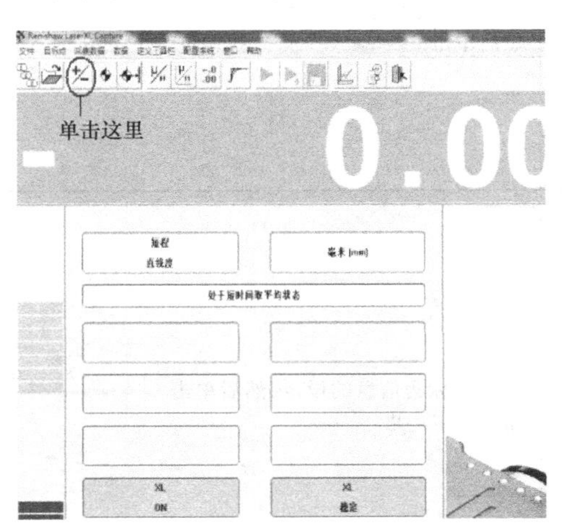

图4-20　改变符号

7. 数据采集

操作数控机车床，使车床的 Z 轴按照规定的间隔运动到一系列等距的位置上，并在相应的位置上测量其差值。数据采集之前，首先确定数控车床 Z 轴的最大行程（在光路准直的过程中已经将此值确定下来）。

例如：某小型教学用数控车床 Z 轴行程为 $-200 \sim 0$。根据标准惯例，测量时要求被测轴从负向向正向移动，即目标位置是正向递增的。

1）测量软件的定义方法见表 4-8。

表 4-8　测量软件的定义方法

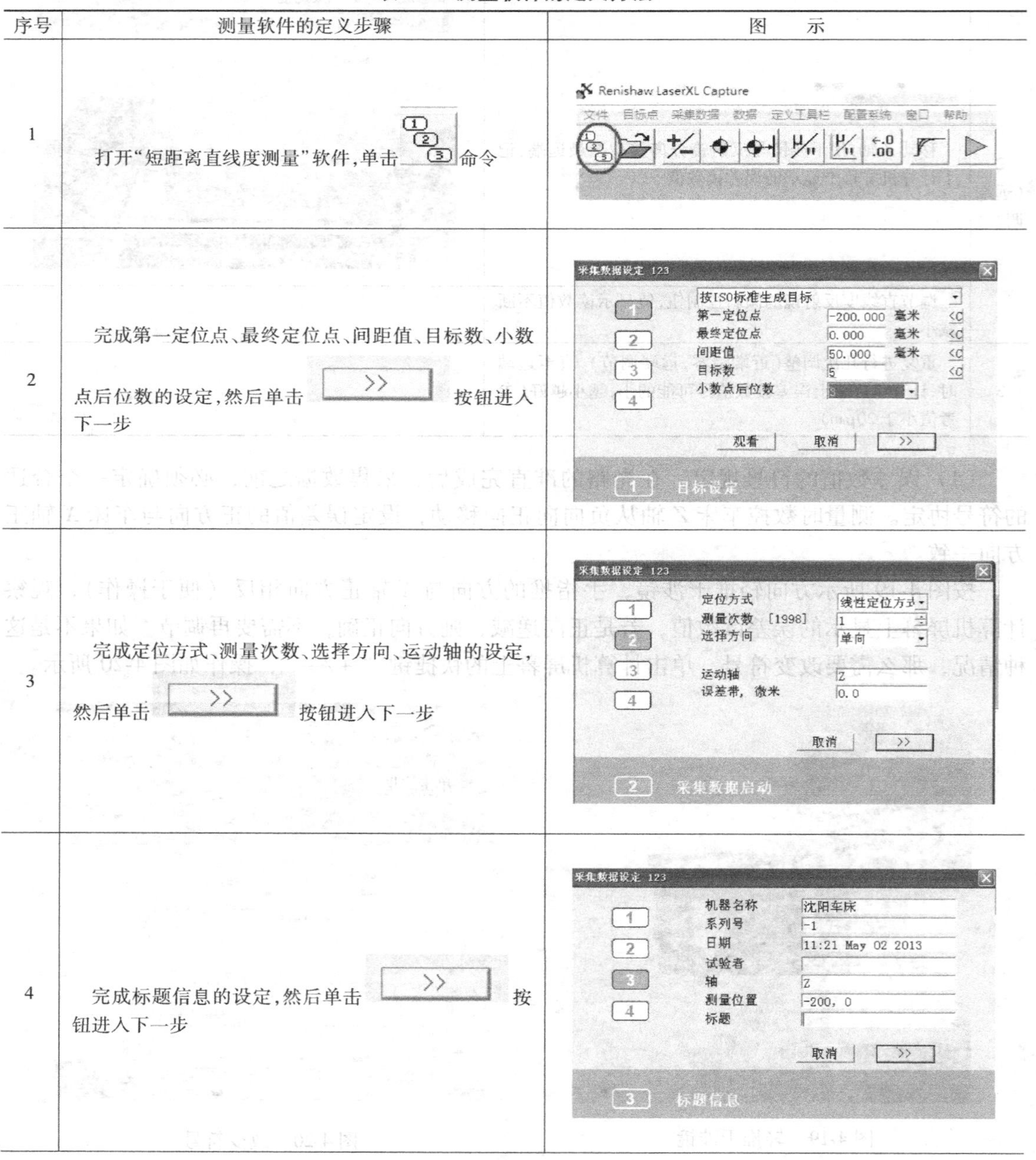

序号	测量软件的定义步骤	图　示
1	打开“短距离直线度测量”软件，单击 ①②③ 命令	
2	完成第一定位点、最终定位点、间距值、目标数、小数点后位数的设定，然后单击 >> 按钮进入下一步	
3	完成定位方式、测量次数、选择方向、运动轴的设定，然后单击 >> 按钮进入下一步	
4	完成标题信息的设定，然后单击 >> 按钮进入下一步	

（续）

序号	测量软件的定义步骤	图　示
5	设定自动采集为“无效”，即为手工采集方式，然后单击 >> 按钮进入下一步	采集数据设定 123 1 2 3 4 自动采集 无效 采集方式 定时 读数据时间 2.00 秒 越程周期 2.00 秒 越程行动 时间到 取消 >> 4 自动采集数据设定
6	设置完毕，为下一步的测量做好准备	次(方向 目 误差 1(+) -200.000000 无数据 1(+) -150.000000 无数据 1(+) -100.000000 无数据 1(+) -50.000000 无数据 1(+) 0.000000 无数据 采集数据 目标 完成 RENISHAW apply innovation™

2）操作机床，移动 Z 轴到起始点位置 -200mm，误差读数清零，正向移动 Z 轴到相应的间隔点，在 Z 轴暂停时手动采集数据，直至完成所有点的数据采集，单击“完成”按钮。

8. 数据分析

1）端点拟合法与最小二乘法。坐标轴的直线度误差可定义为两条平行线之间的距离，它包含了坐标轴上的所有的点，并且和坐标轴的总方向平行。

根据激光干涉仪系统采集的原始直线度数据绘制的线段不平行于坐标轴总方向。虽然激光光束的光学轴线通过人工去除斜率误差能大大减少激光光束与理论直线度基准线间的误差，但是并不能彻底消除，因此需要按理论基准拟合原始数据。

雷尼绍直线度分析软件提供了确定理论直线度基准线的两种方法，以便确定沿给定坐标轴的直线度误差。这两种方法是端点拟合法和最小二乘法。

端点拟合法是定义直线度基准线为首、尾数据点连线。这样全部误差是相对首、尾之连线形成的，如图 4-21 所示。图 4-21a 所示为未处理的直线度数据，图 4-21b 所示为用端点拟合法处理后的数据。这种方法与上述的直线度定义并不严格一致，但有些用户喜欢这种方法，特别是用于直线度误差的校正，因为坐标轴上的两个基准点很容易确定。

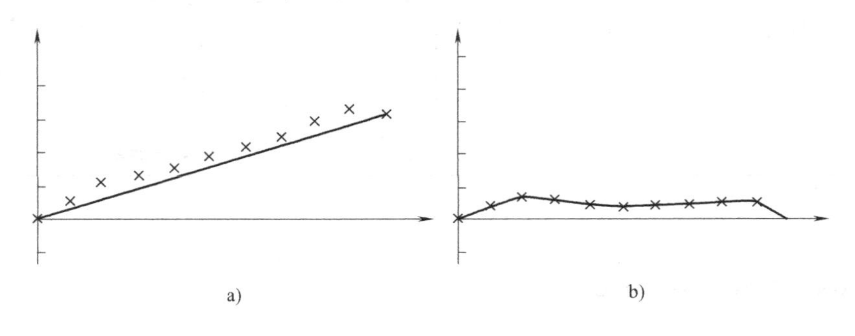

a)　　b)

图 4-21　用端点拟合法分析

a）未处理的直线度数据　b）用端点拟合处理后的数据

最小二乘法提供了一种更加严谨、正确的直线度基准的定义。在该方法中，基准线是这样定义的，即数据点到该线的距离之平方和为最小。图 4-22a 所示为未处理的直线度数据，图 4-22b 所示为用最小二乘法处理后的数据。

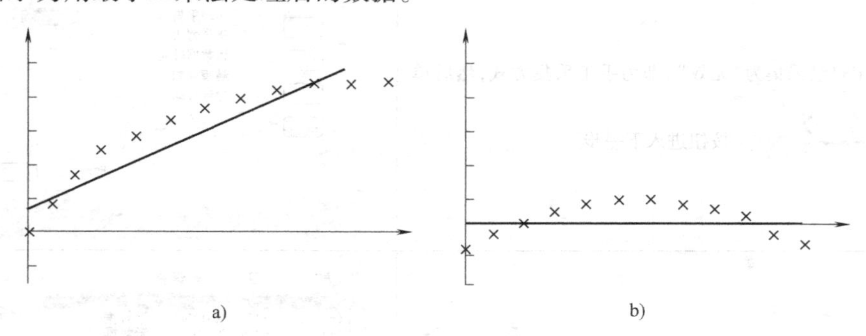

图 4-22　用最小二乘法分析

a）未处理的直线度数据　b）用最小二乘法处理后的数据

2）利用 Renishaw LasexXL 测量软件进行直线度误差数据分析，方法见表 4-9。

表 4-9　直线度误差数据分析方法

序号	测量软件的使用方法	图　示
1	打开“短距离直线度测量”软件，单击命令	
2	打开文件夹，找到 Z 轴水平方向直线度误差数据文件，单击“打开”按钮	
3	单击“分析数据”菜单，再单击“最小二乘法”命令	
4	得到数据图表和直线度误差数据	

（续）

序号	测量软件的使用方法	图　　示
5	放大显示直线度误差数据	机器名称:szht　轴:2 系列号　:　测量位置: 日期:2013-05-07 15:42:31　斜度:　-2.2000 μm/m 试验者:　直线度误差 :　0.01749

9. 直线度测量中的注意事项

1）激光头最好放置在靠近被测机床的三脚架上。若机床不易受到振动，可将激光头放置在机床的工作台或床身上。

2）测量元件在布局时，若条件允许，应尽量使直线度干涉镜成为移动件，直线度反射镜固定不动。相反的布局会导致测量误差增大。

3）一定要进行人工去除斜率误差的操作。

4）一定要进行合理的直线度误差值符号约定。

5）光学元件应尽可能在热平衡状态。这是因为光学元件温度的增减会影响光路的准直，降低测量精度。因此，在测量操作中不要过度地摸碰光学元件或使其受到其他热源的影响。

6）直线度干涉镜和直线度反射镜都标有一特定的出厂编号，测量中应配对使用。

三、用激光干涉仪测量数控车床水平轴（Z 轴）的垂直方向直线度

1. 水平轴垂直方向直线度测量配置

测量水平轴在垂直方向的直线度，应进行图 4-23 所示配置，移动直线度干涉镜，固定直线度反射镜。直线度干涉镜右侧进光，左侧回光；直线度反射镜沿铅垂方向放置。图4-23 所示为水平轴垂直方向直线度测量配置俯视图，图 4-24 所示为水平轴垂直方向直线度测量配置侧视图。

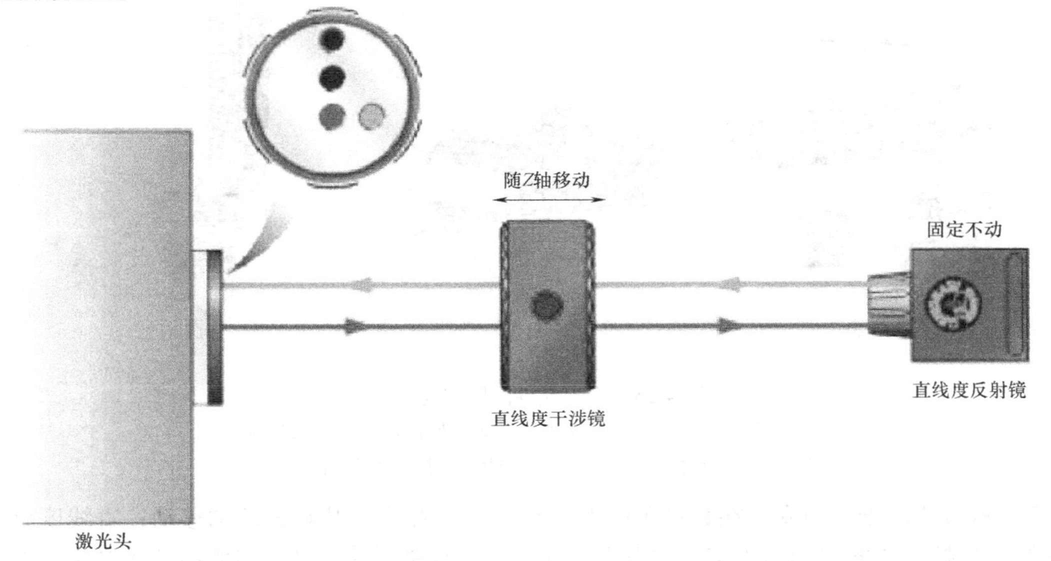

图 4-23　水平轴垂直方向直线度测量配置俯视图

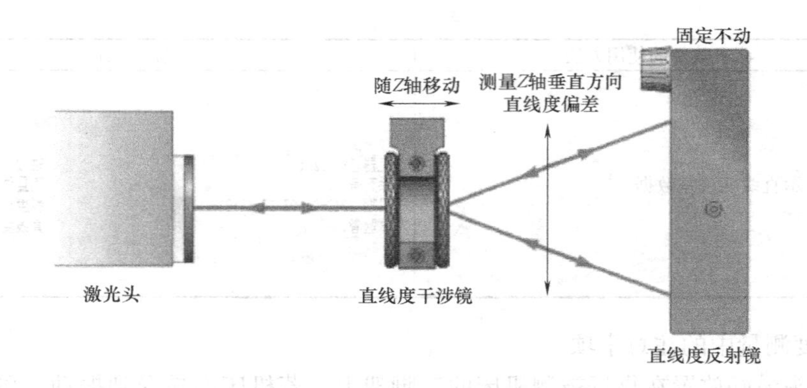

图 4-24　水平轴垂直方向直线度测量配置侧视图

2. 光学元件的固定与安装

1）直线度干涉仪和直线度反射镜的安装如图 4-25 所示。

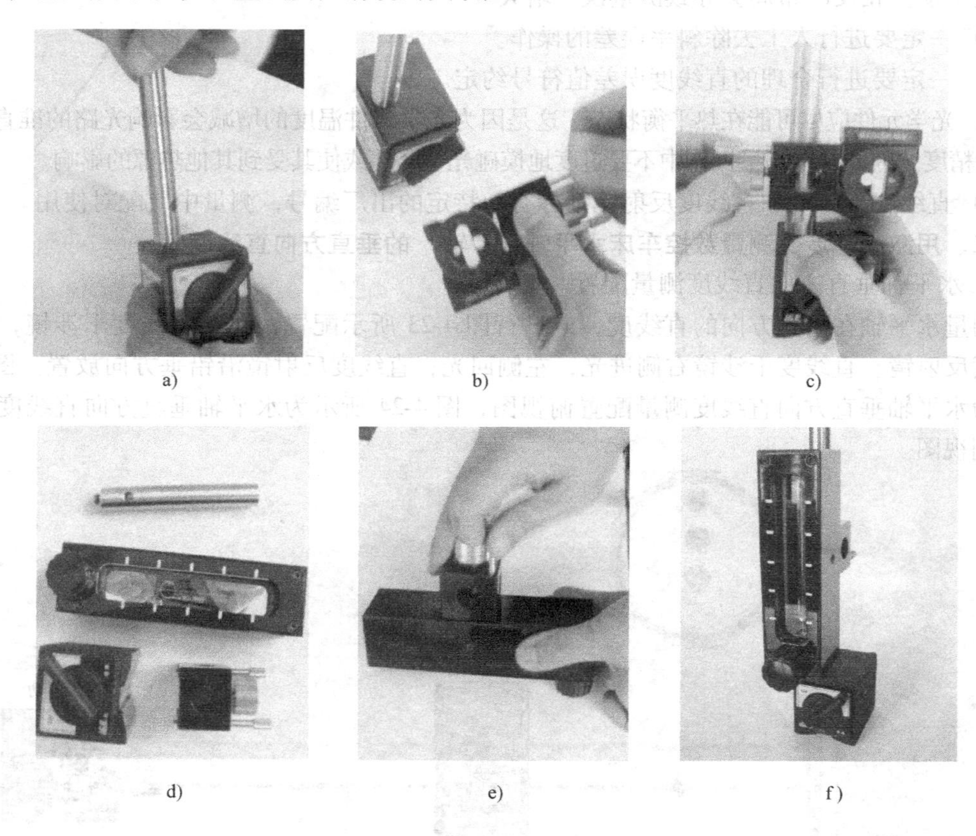

图 4-25　光学元件的固定与安装

a）安装杆与磁性表座　b）干涉镜与安装块连接　c）干涉镜装好

d）反射镜及附件　e）反射镜与安装块连接　f）反射镜装好

2）将直线度干涉镜安装在数控车床工作台上，在测量过程中随 Z 轴移动；直线度反射镜安装在数控车床的主轴前固定的位置上，在测量过程中保持不动。目测将两个光学元件安装在同一水平面上，Z 轴轴线方向在同一条直线上，如图 4-26 所示。

a)

b)

图 4-26a　光学元件安装到数控车床上

a）反射镜的安装　b）干涉镜的安装

3. 三脚架和激光头的安装

三脚架、云台以及激光头的安装在前面已经详细说明，只是激光头的光闸位置与 Z 轴水平方向直线度测量时不同如图 4-27 所示。

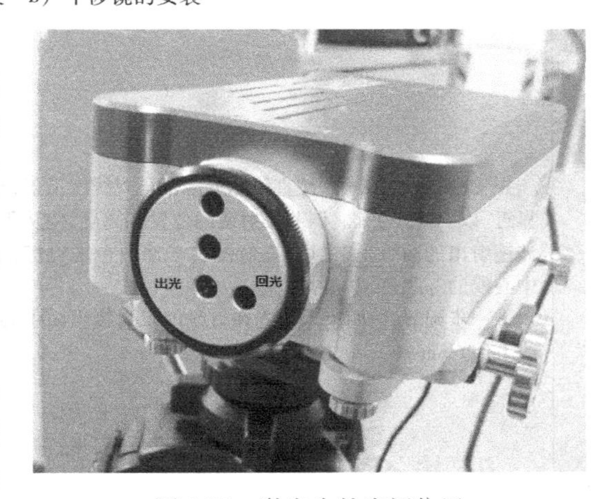

图 4-27　激光头的光闸位置

4. 直线度测量软件的启动（同水平方向直线度测量时的启动方法）

5. 光路的准直

1）在 Z 轴移动的全部行程内准直直线度干涉镜。将直线度干涉镜安装在数控机床工作台上，在光路准直调整过程中，要借助光靶，旋转直线度干涉镜调节圈，使光靶在右侧，如图 4-28a 所示。使用光靶准直激光光束，使光束在 Z 轴全程移动范围内都能击中光

a)

b)

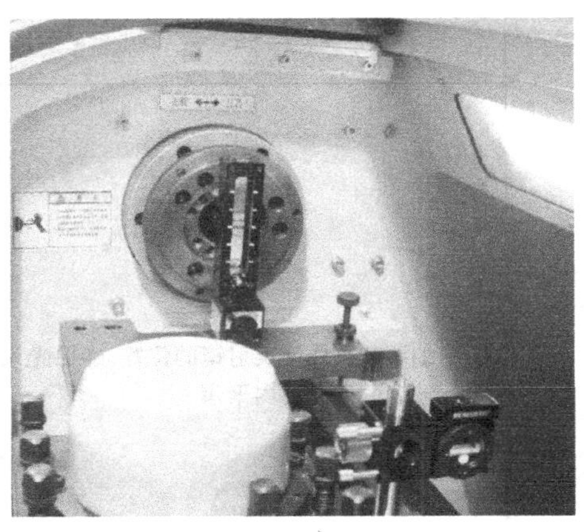

c)

图 4-28　直线度干涉镜反射镜准直调整

a）准直调节时干涉镜的状态　b）测量时干涉镜的状态　c）直线度反射镜的安装与调整

靶中心。具体调节步骤在前面已经详细说明，此外不再阐述。水平轴垂直方向直线度测量时，直线度干涉镜的安装应使激光光束从干涉镜的右侧射入，通过干涉镜的左侧返回，如图4-28b 所示。

2）直线度反射镜的安装与调整。如图 4-28c 所示，将直线度反射镜安装在数控车床导轨靠近主轴侧的桥尺上，水平轴垂直方向直线度测量要求反射镜竖直方向安装，即反射镜的长边应与 X 轴线方向垂直。直线度反射镜的倾斜控制旋钮应预调到中间位置，以方便光路准直过程中的调节。在测量过程中直线度反射镜始终不动。

直线度反射镜的调节步骤见表 4-10。

表 4-10　直线度反射镜的调节步骤

序号	调节步骤	图示
1 （近端调节）	先移动工作台 Z 轴，使直线度干涉镜与直线度反射镜靠近，以 10cm 为宜。调节反射镜的位置和高度，使从干涉镜射出的两束光束射到反射镜右半部白色准直标记中心线的等距处 进一步调节，使两束入射光在直线度反射镜纵向中心线上约 6mm 处	倾斜度控制旋钮 准直标记 6mm 1—入射光束 2—输出光束
	精细调节直线度反射镜的位置，确保光束反射回来后在干涉镜的回光孔内聚焦	

（续）

序号	调节步骤	图　示
1 （近端调节）	调节直线度反射镜倾斜控制旋钮，让反射光通过直线度干涉镜回到光闸回光孔	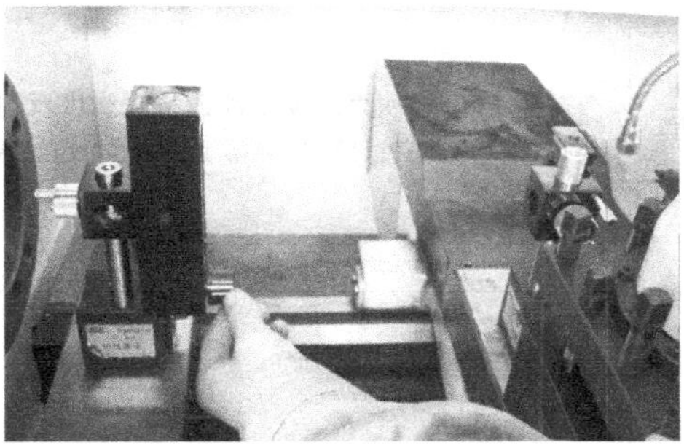
2 （远端调节）	移动 Z 轴，使干涉镜与反射镜分离，观察计算机屏幕上显示的信号强度（或激光头上的光强指示灯）。若信号强度逐渐减弱，则需要进一步调节	
	观察光闸回光孔重合光点是否分开，如光点分开，则细微调节直线度干涉镜位置或调节直线度干涉镜旋钮，使之重合	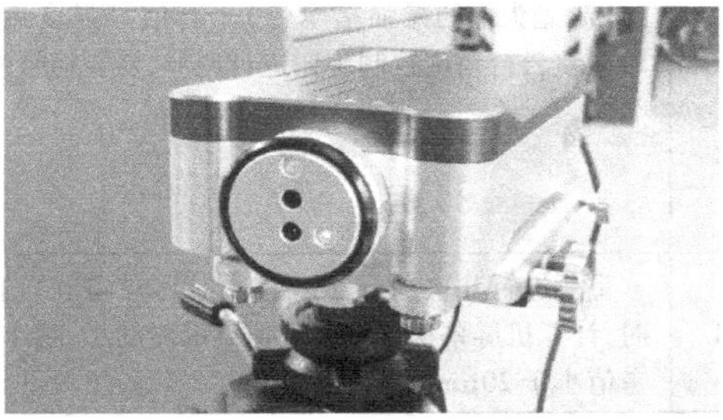
	直至在 Z 轴移动的全程范围内，计算机屏幕上显示的信号强度（或激光头上的光强指示灯）足够强，光路准直工作完毕	

3）用人工去除斜率误差的方法来进一步精密调准激光光束，调节步骤见表 4-11。

表 4-11　人工去除斜率误差法的调节步骤

序号	调节步骤	图　示
1（近端调节）	先移动 Z 轴，使直线度干涉镜与直线度反射镜靠近，以 10cm 为宜。将计算机屏幕上显示的激光读数清零	按此键
2（远端调节）	移动 Z 轴，使干涉镜与反射镜分离移动至最远端，记下计算机屏幕上显示的直线度误差读数值	
	调节直线度反射镜的倾斜控制钮，使显示误差读数不断变小，越小越好	
	在调节过程中，观察计算机屏幕上显示的信号强度（或激光头上的光强指示灯）。若信号强度逐渐减弱，可调整云台角度控制旋钮进行调节，恢复信号强度	
3	重复进行几次调节（近端清零，远端调节），直至远端时，计算机屏幕上误差读数值尽可能的小，越小越好（参考值小于 20μm）	

4）误差数值的符号规定。测量数控车床水平轴（Z 轴）垂直方向直线度误差时，假设规定误差值的正方向为垂直向下的方向。如图 4-29 所示，向下轻推干涉镜，观察计算机屏幕上显示的激光读数值是正向递增的，则方向正确，不需要再调节。如果不是这种情况，即计算机屏幕上显示的激光读数值不是正向递增的，那么需要改变符号，操作如图 4-30 所示。

6. 数据采集及分析

数据采集及利用 Renishaw Lasex XL 测量软件进行直线度数据分析的内容在前面已经详述，可以参照完成测量，获得水平轴（Z 轴）垂直方向直线度误差数据。

四、用激光干涉仪测量立式加工中心 Z 轴的 X 轴方向直线度

1. 垂直轴直线度测量需要增加的光学元件及辅助元件

（1）垂直转向镜　垂直转向镜用于垂直坐标轴的直线度测量场合，激光光束经过 90°反射镜垂直反射，如图4-31所示。控制旋钮1用来进行与输入和输出光束相垂直的那个轴的调节。控制旋钮2用来进行镜面倾斜的调节。注意，这两个旋钮在调节过程中有一些相互影响。

图4-29　向下轻推干涉镜

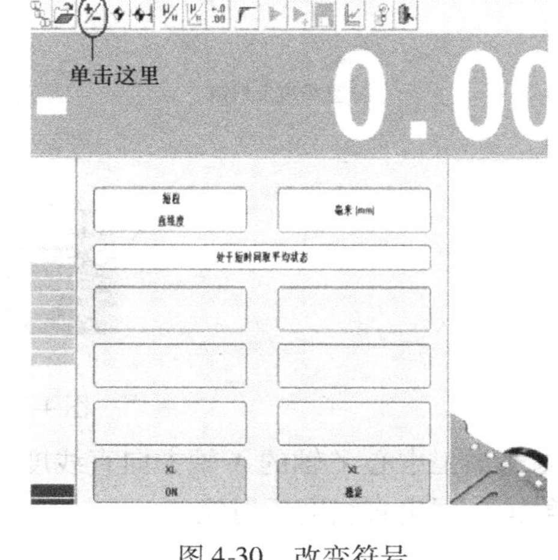

图4-30　改变符号

（2）大回转反射镜　大回转反射镜是一个大反射镜，如图4-32所示，它使激光光束穿过一个安装在其上的附属的直线度干涉镜返回。它用于机床垂直轴直线度的测量，适合于不能在直线度干涉镜后面安装固定直线度反射镜的垂直轴。

（3）直线度基板　直线度基板用于安装直线度反射镜和垂直转向镜。如图4-33所示，垂直转向镜和直线度反射镜用螺钉固定在基板上。

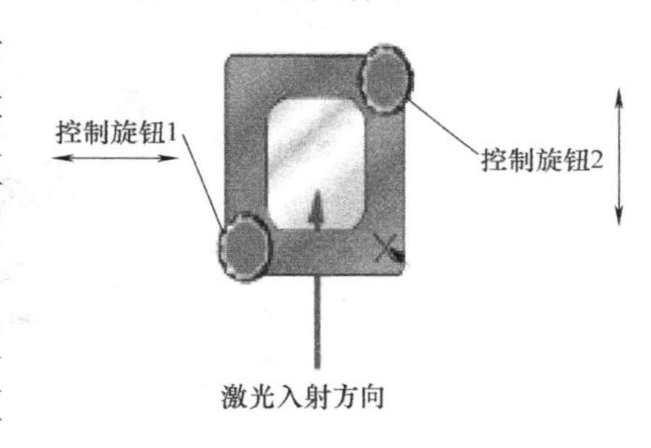

图4-31　垂直转向镜

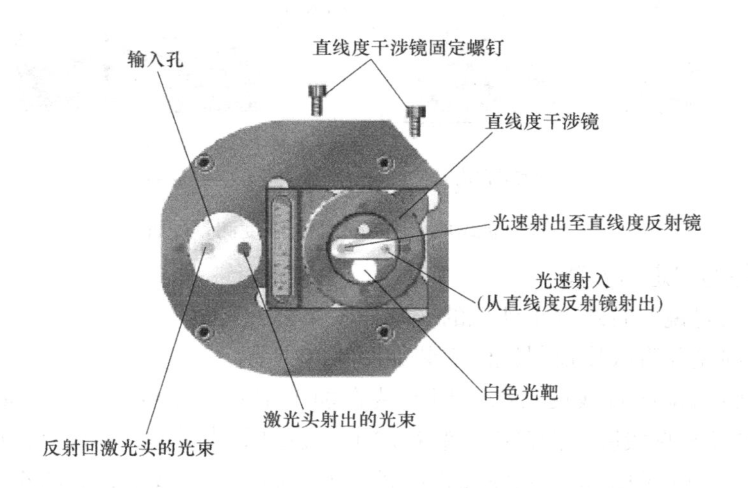

图4-32　大回转反射镜

2. 垂直轴直线度测量配置

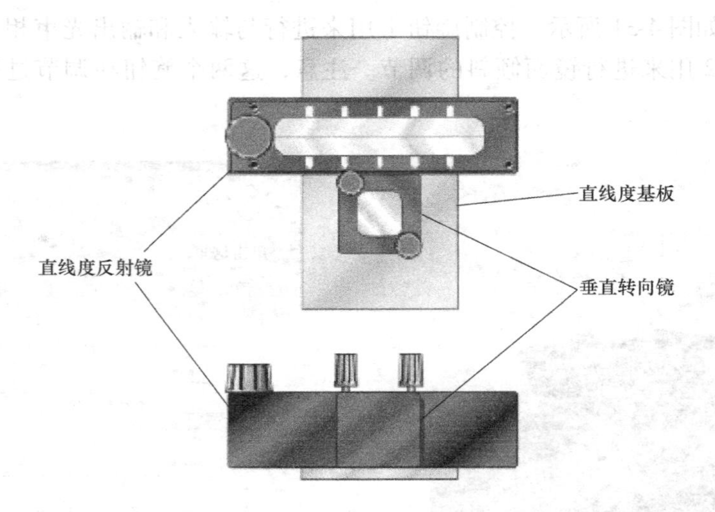

图 4-33 直线度基板

测量加工中心 Z 轴的 X 轴方向直线度时，应按图 4-34 所示配置，测量过程中移动大回转反射镜，固定直线度反射镜。

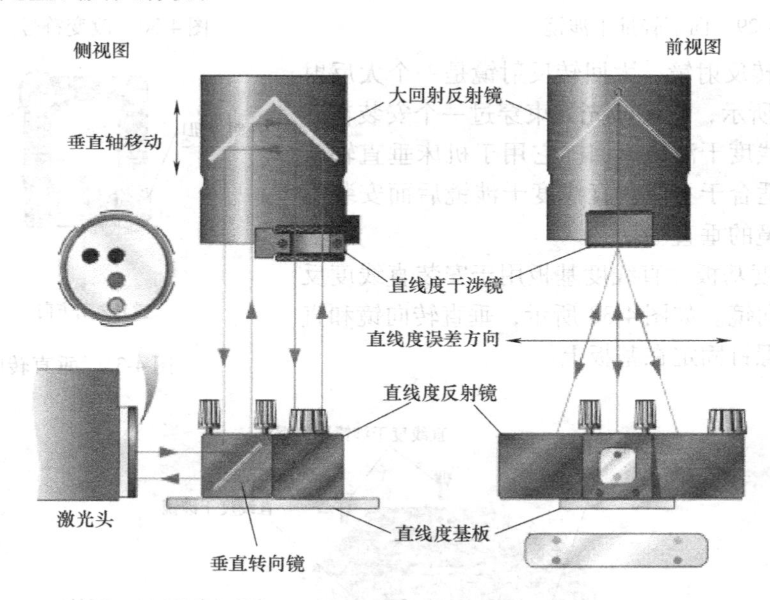

图 4-34 立式加工中心 Z 轴直线度测量配置

3. 光学元件的固定与安装

1）大回转反射镜和直线度干涉镜的安装如图 4-35 所示。

2）垂直转向镜和直线度反射镜的安装如图 4-36 所示。

3）将垂直转向镜和直线度反射镜组安装在加工中心工作台上，在测量过程中固定不动；大回转反射镜和直线度干涉镜组安装在加工中心的主轴固定的位置上，在测量过程中随 Z 轴上下移动。目测将两组光学元件安装在 Z 轴方向同一条直线上，如图 4-37 所示。

4. 激光头光闸的位置

图 4-38a 所示为光路准直时激光头的光闸位置，图 4-38b 所示为测量时激光头的光闸位置。

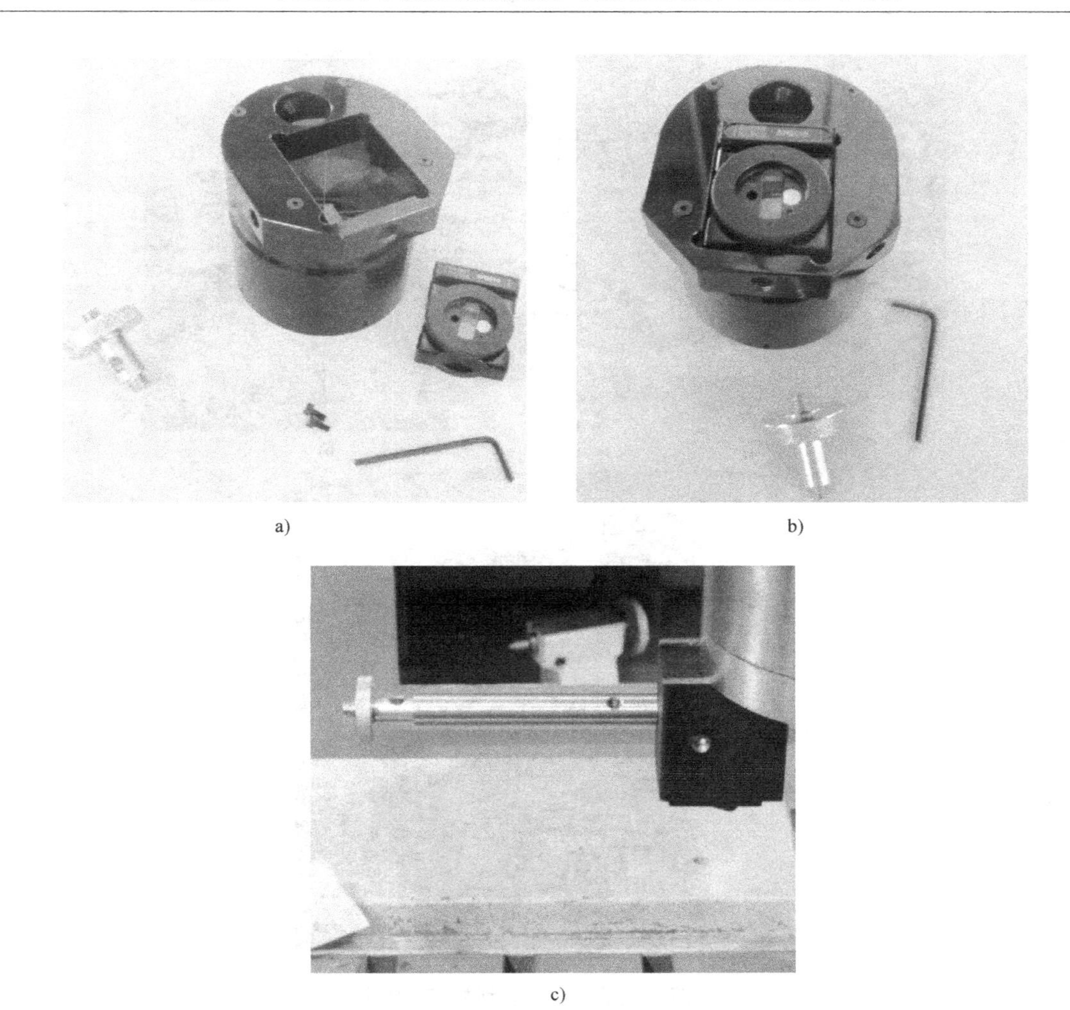

a)　　b)　　c)

图 4-35　大回转反射镜和直线度干涉镜的安装

a）待装的光学元件及工具　b）直线度干涉镜装入大回转反射镜　c）安装转接头和磁性表座

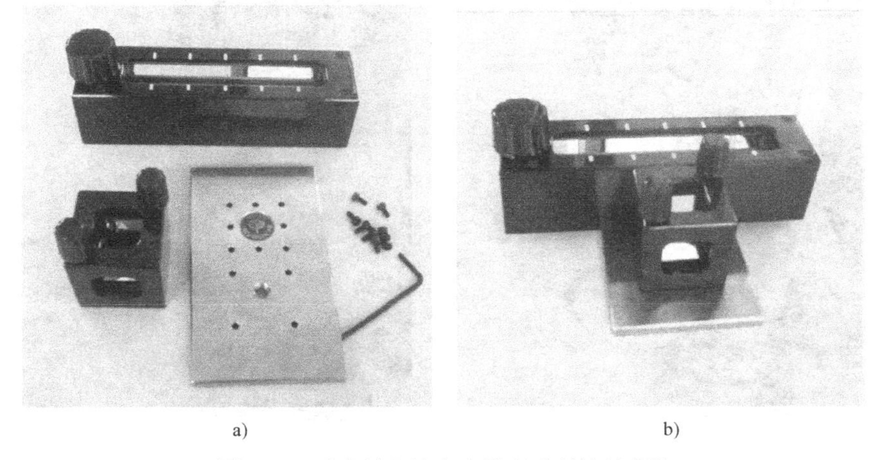

a)　　b)

图 4-36　垂直转向镜和直线度反射镜的安装

a）待装的光学元件及工具　b）垂直转向镜和直线度反射镜固定在基板上

a) b)

c)

图 4-37 光学元件安装到数控车床上

a）垂直转向镜和直线度反射镜组安装 b）大回转反射镜和直线度干涉镜组安装 c）整体安装图

a) b)

图 4-38 激光头的光闸位置

a）光路准直时激光头的光闸位置 b）测量时激光头的光闸位置

5. 直线度测量软件的启动（略）

6. 光路的准直

1）光路的准直调试步骤见表4-12。

表4-12　光路的准直调试步骤

序号	调节步骤	图　示
1	激光光束从光闸中间孔射出	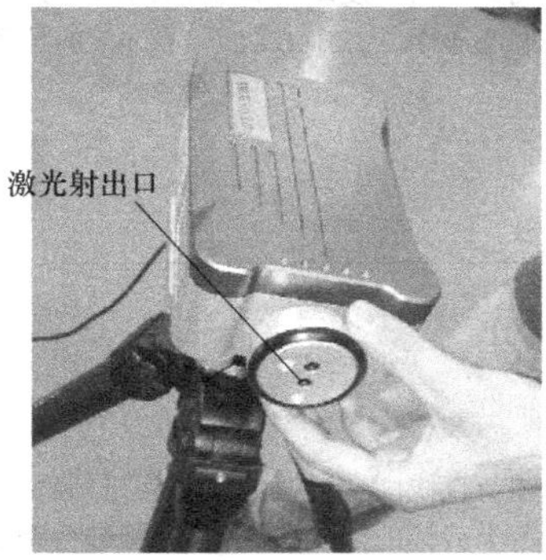 激光射出口
2	将光靶安装在垂直转向镜上，激光光束从靶点射入，之后取下光靶	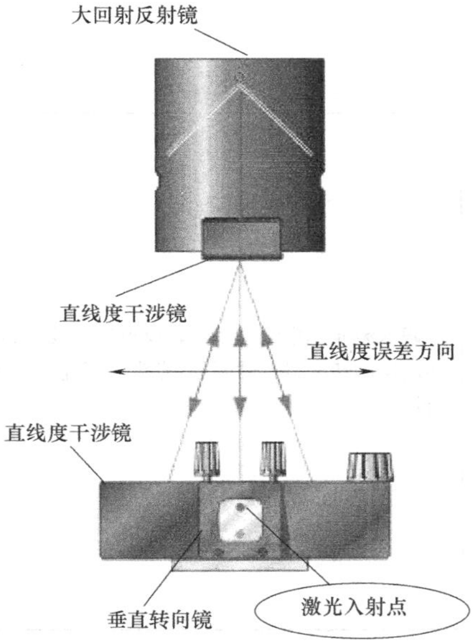 大回射反射镜 直线度干涉镜 直线度误差方向 直线度干涉镜 垂直转向镜 激光入射点
3	将光靶安装在大回转反射镜上，调节垂直转向镜上控制旋钮，使激光光束从靶点射入大回转反射镜，并在Z轴移动范围内都能从靶点射入。之后取下光靶，直线度干涉镜旋转旋钮调至图示位置	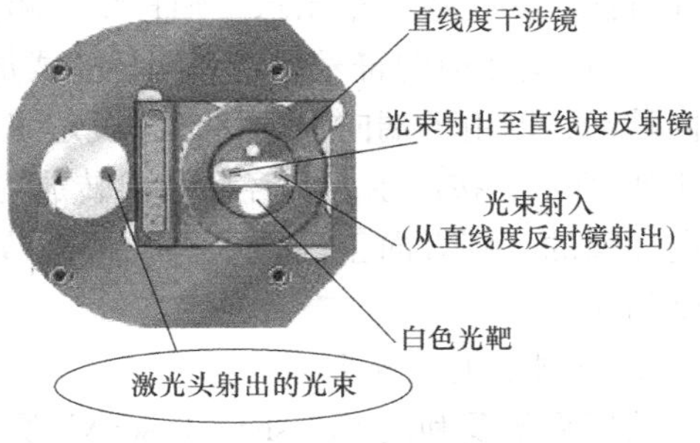 直线度干涉镜 光束射出至直线度反射镜 光束射入 （从直线度反射镜射出） 白色光靶 激光头射出的光束

（续）

序号	调节步骤	图示
4	确保从直线度干涉镜射出的两束光落在直线度反射镜中心等距并在中心线下约6mm的位置	激光入射点 直线度基板 直线度反射镜 垂直转向镜
5	调节直线度反射镜的控制旋钮，确保激光光束射入直线度干涉镜的回光孔，借助光靶进行调节	直线度干涉镜 光束射出至直线度反射镜 光束射入（从直线度反射镜射出） 白色光靶 激光头射出的光束
6	确保激光光束经过大回转反射镜的反射，再经过垂直转向镜的转向，最终回到激光头的回光孔。借助光靶进行调节	激光回光孔

2）用人工去除斜率误差的方法来进一步精密调准激光光束。人工去除斜率误差校正原理和方法步骤在数控车床水平轴直线度测量的章节中已经论述过，这里不再详述。

3）误差数值的符号规定。测量立式加工中心 Z 轴的 X 轴方向直线度时，Z 轴从负向向正向移动，即由下端向上端移动，设定 Z 轴误差值的正方向为加工中心 X 轴的正方向。如图4-39所示，按图示方向轻推大回转放射镜，观察计算机屏幕上显示的激光读数值，若是正向递增的，则方向正确，不需要再调节。如果不是这种情况，需要改变符号，操作如图4-40所示。

7. 数据采集及分析

数据采集及利用Renishaw LasexXL测量软件进行直线度数据分析的内容在前面已经详述，可以参照完成测量，获得加工中心 Z 轴的 X 轴方向直线度数据。

图 4-39　轻推大回转反射镜

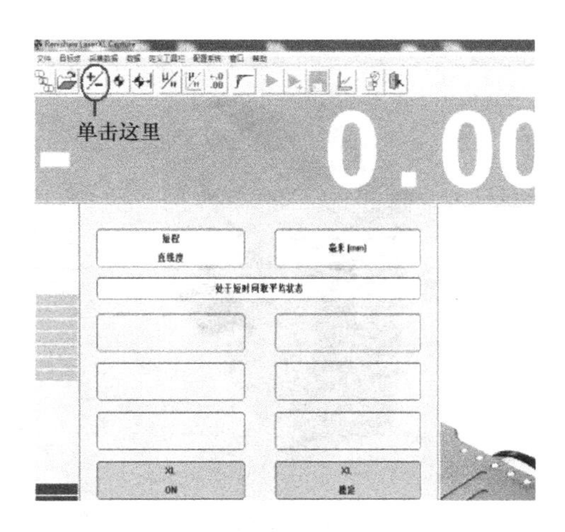

图 4-40　改变符号

任务二　用激光干涉仪测量数控机床导轨的垂直度

一、用激光干涉仪测量数控机床导轨垂直度的原理

用激光干涉仪测量数控机床导轨垂直度的原理是利用一个共同的基准，分别对两个相互垂直的轴进行直线度测量，得到两个轴的直线度数据，测量软件根据两个轴的直线度数据分析得出两轴的垂直度数据。

这个共同的基准就是直线度反射镜的光学准线，操作时首先测量垂直轴的直线度数据，并要求利用光学直角尺来完成，以使直线度反射镜成为两个轴测量的基准。然后测量水平轴的直线度数据，并要求在此次测量中不能移动和调整反射镜。

垂直度测量的光学原理和直线度测量是相同的，因此直线度测量是基础。垂直度数据分析也是利用两次直线度测量数据并通过测量软件分析得出的。

二、用激光干涉仪测量立式加工中心 *X* 轴与 *Z* 轴的垂直度

1. 垂直度测量需要增加的光学元件

测量两个垂直轴的垂直度，需要以下光学元件：直线度干涉镜 1 块、直线度反射镜 1 块、垂直转向镜 1 块、大回转反射镜 1 块、光学直角尺 1 块（图 4-41）。

光学直角尺仅用于垂直度测量，该装置可使激光束偏转 90°。使用光学直角尺测量垂直轴的垂直度时，应配装垂直转向镜。使用光学直角尺配带的专用托架，从侧面拧紧固定，垂直转向镜的两个控制旋钮应预调到中间位置，以方便在光路准直时的调节，如图 4-42 所示。

2. 加工中心 *Z* 轴与 *X* 轴的垂直度测量配置

垂直度测量的测量原理就是进行两次直线度的测量，首先进行加工中心 *Z* 轴的 *X* 轴方向直线度测量，然后在直线度反射镜不移动、不调整的情况下再做一次加工中心 *X* 轴垂直方向的直线度测量。

1）加工中心 *Z* 轴的 *X* 轴方向直线度测量配置如图 4-43 所示。

2）加工中心 *X* 轴垂直方向直线度测量配置如图 4-44 所示。

3. 第一步：测量加工中心 *Z* 轴的 *X* 轴方向直线度

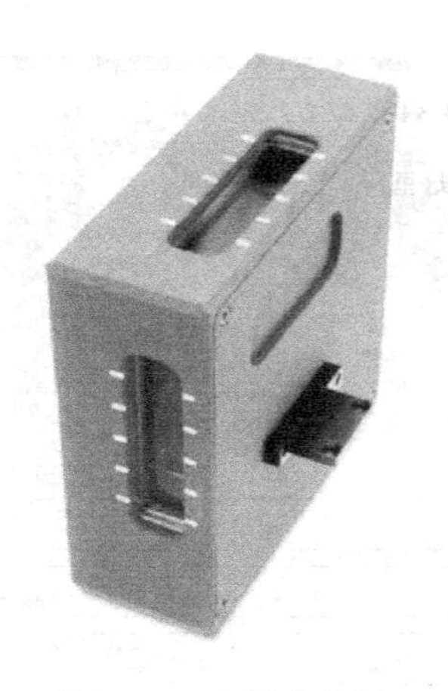

图 4-41 光学直角尺

图 4-42 光学直角尺配装垂直转向镜

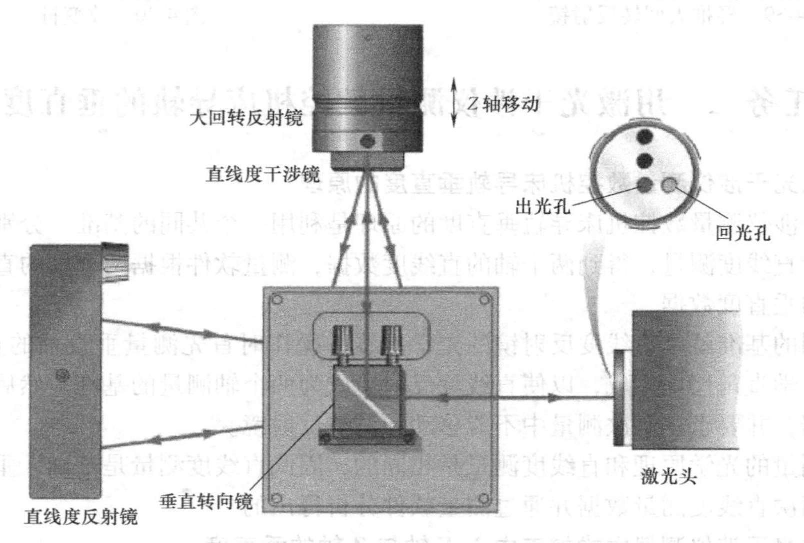

图 4-43 加工中心 Z 轴的 X 轴方向直线度测量配置

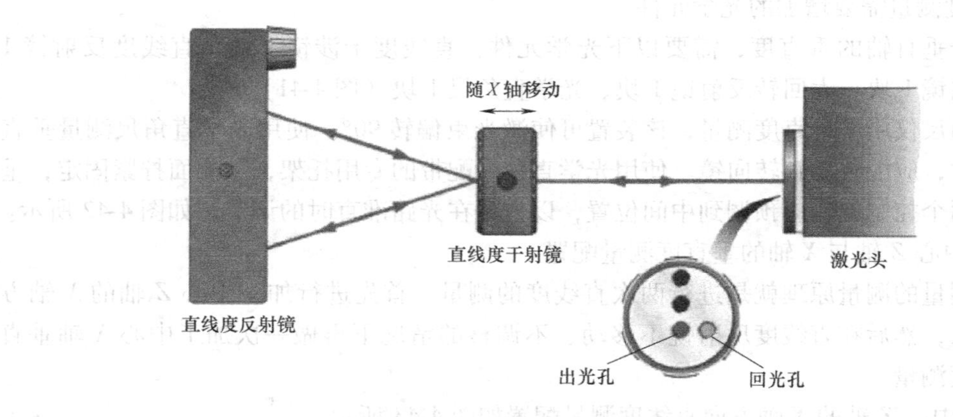

图 4-44 加工中心 X 轴垂直方向直线度测量配置

（1）光学元件的固定与安装

1）大回转反射镜和直线度干涉镜的安装如图 4-45 所示。

2）安装光学直角尺和垂直转向镜组，确保其与 X 轴的轴线平行，如图 4-46 所示。

图 4-45　大回转反射镜和直线度干涉镜的安装

图 4-46　光学直角尺和垂直转向镜的安装

3）安装直线度反射镜。直线度反射镜安装在加工中心左侧一固定位置上，反射镜竖直安装，高度与加工中心工作台等高。测量前应将控制旋钮调至中间位置，以便在准直光路过程中的调节。在第二步测量，即 X 轴垂直方向直线度测量时，要确保直线度反射镜不移动、不调整，如图 4-47 所示。

4）将激光头架设在加工中心的右侧，在测量过程中光学直角尺镜组固定不动，大回转反射镜组安装在加工中心的主轴上，在测量过程中随 Z 轴移动，如图 4-48 所示。

图 4-47　直线度反射镜的安装

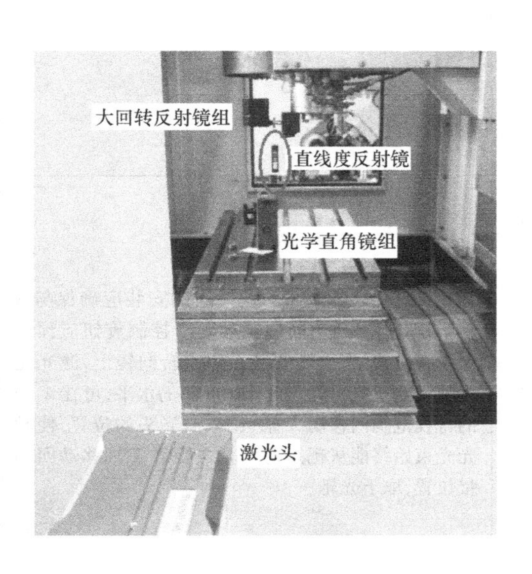

图 4-48　完整的光学元件配置图

（2）激光头的光闸位置（图 4-49）

图 4-49 激光头的光闸位置

（3）直线度测量软件的启动（略）

（4）光路的准直 *Z* 轴的 *X* 轴方向直线度测量光路准直步骤见表 4-13。

表 4-13 *Z* 轴的 *X* 轴方向直线度测量光路准直步骤

序号	调节步骤	图示
1	激光光束从光闸中间的出光孔射出	激光出光孔
2	光学直角尺和垂直转向镜组的安装应确保与 *X* 轴平行。注意垂直转向镜的两个控制旋钮应预调到中间位置，将光靶安装在垂直转向镜上，激光光束从靶点射入。为了确保激光头的水平，可在 *X* 轴的行程范围内移动 *X* 轴，调节激光头的位置，使激光光束始终能从靶点射入。之后将 *X* 轴移动回测量位置，取下光靶	

（续）

序号	调节步骤	图示
3	将光靶安装在大回转反射镜上，调节垂直转向镜上控制旋钮，使激光光束从靶点射入大回转反射镜，并在 Z 轴行程范围内都能从靶点射入。之后取下光靶，直线度干涉镜旋钮调至图示位置。手动操作使 Z 轴下降，即将大回转反射镜干涉镜组靠近直线度反射镜组，以便下一步的对准操作。此过程中，可以利用一块手持小镜子方便地观察大回转反射镜	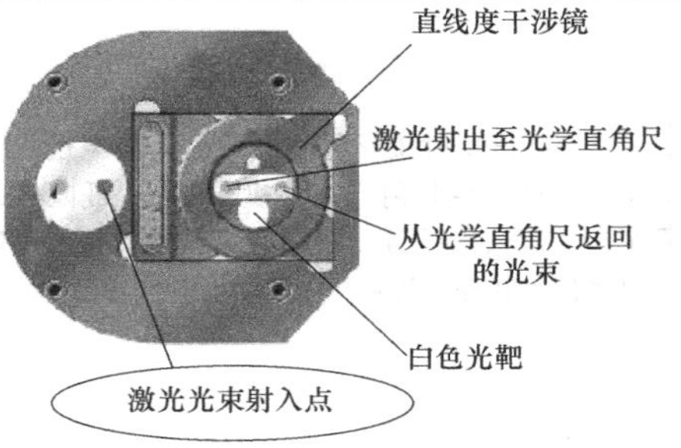
4	光束经过大回转反射镜的反射，从直线度干涉镜射出两束光至光学直角尺	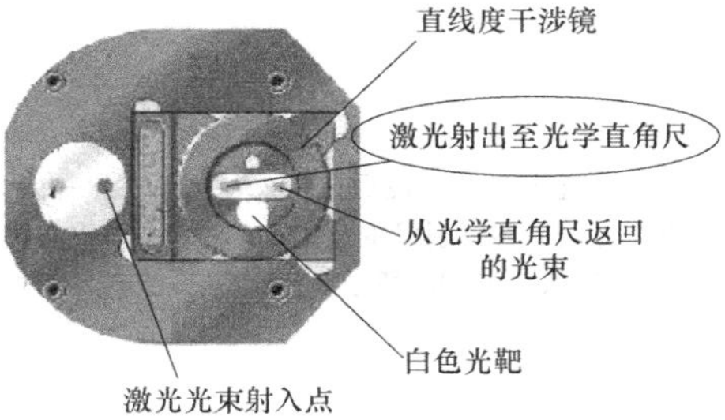
5	从直线度干涉镜射出的两束光落在光学直角尺上窗口中心等距并在中心线上（靠垂直转向镜一侧）约 6mm 的位置上，两束光经过 90°转向后从侧窗口中心线上约 6mm 的位置上射出	
6	从光学直角尺侧窗口射出的两束光射到放置在加工中心左侧的直线度反射镜上，调节直线度反射镜的位置，使激光光束入射到直线度反射镜中心等距并在中心线上左侧约 6mm 的位置上	

（续）

序号	调 节 步 骤	图　示
7	从直线度反射镜反射回的两束光再经过光学直角尺的90°反射，射入直线度干涉镜，可以借助光靶，入射点如图所示。此过程可精细调整直线度反射镜位置和控制旋钮	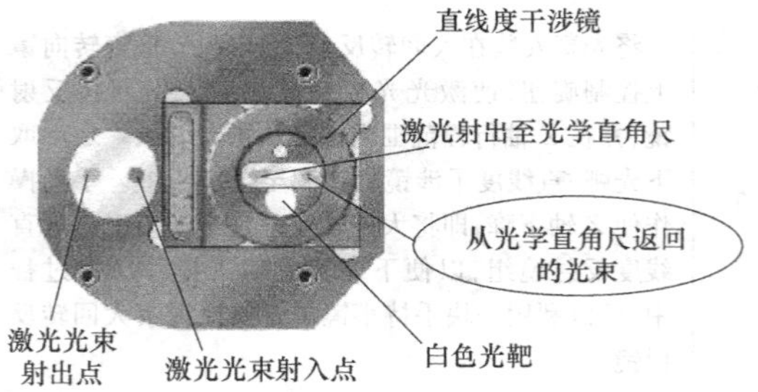 直线度干涉镜 激光射出至光学直角尺 从光学直角尺返回的光束 激光光束射出点 激光光束射入点 白色光靶
8	经过直线度干涉镜后，激光光束合成为一束光，再经过大回转反射镜的反射，光束射入垂直转向镜上窗口，入射点如图所示	
9	光束经过垂直转向镜90°转向，最终回到激光头回光孔	
10	将大回转反射镜干涉镜组升至 Z 轴行程的远端，观察光路是否偏离。若偏离，还需近端、远端的多次调节，在调节的过程中不断积累经验	

（5）用人工去除斜率误差的方法来进一步精密调准激光光束　人工去除斜率误差校正原理和方法步骤在数控机床水平轴直线度测量的章节中已经论述过，这里不再详述。

（6）误差数值的符号设定　设定立式加工中心 Z 轴的 X 轴方向直线度误差数值的符号，如图4-50a所示，测量时 Z 轴从负方向向正方向移动，设定直线度误差值的正方向为加工中心 X 轴的正方向。如图4-50b所示，按图示方向轻推大回转放射镜，观察计算机屏幕上显示的激光读数值，若是正向递增或负向递减，则方向正确，不需要再调节。如果不是这种情况，需要改变符号，操作如图4-50c所示。

（7）数据采集

4. 第二步：测量加工中心 X 轴垂直方向的直线度

（1）光学元件的固定与安装

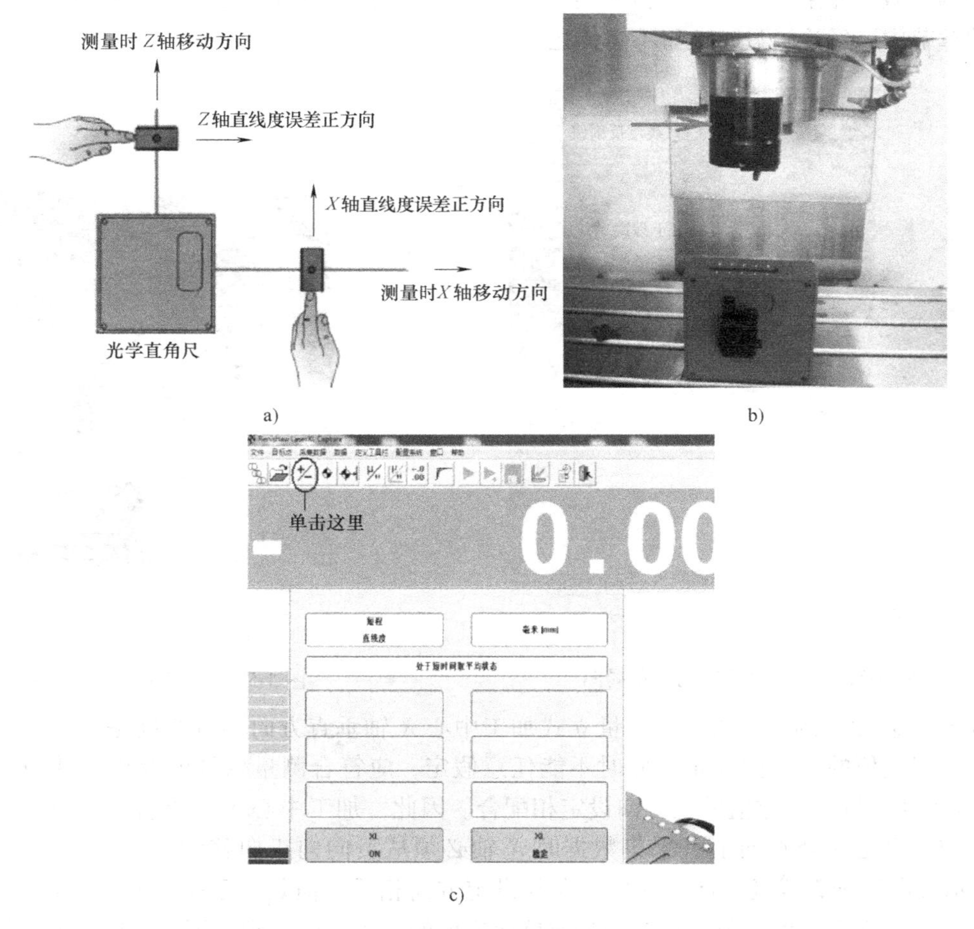

a)　b)　c)

图 4-50　加工中心 Z 轴的 X 轴方向直线度误差值符号设定

a）轴移动方向及误差值符号设定　b）按图示方向轻推大回转反射镜　c）改变符号

1）直线度反射镜不移动、不调整，作为两个轴直线度测量的光学基准。

2）直线度干涉镜的安装如图 4-51 所示。

3）将激光头安装在加工中心的右侧，在测量过程中直线度反射镜固定不动；直线度干涉镜安装在加工中心的工作台上，在测量过程中随 X 轴移动，如图 4-52 所示。

（2）激光头的光闸位置（图 4-53）。

（3）直线度测量软件的启动（略）

（4）光路的准直　X 轴垂直方向直线度误差光路的准直步骤在这里不再详述，相关内容在任务 1 使用激光干涉仪检测数控机床导轨的直线度中已经有详尽的讲述。

（5）用人工去除斜率误差的方法来进一

图 4-51　直线度干涉镜的安装

步精密调准激光光束　人工去除斜率误差校正原理和方法步骤在数控机床水平轴直线度误差测量的章节中已经论述过，这里不再详述。

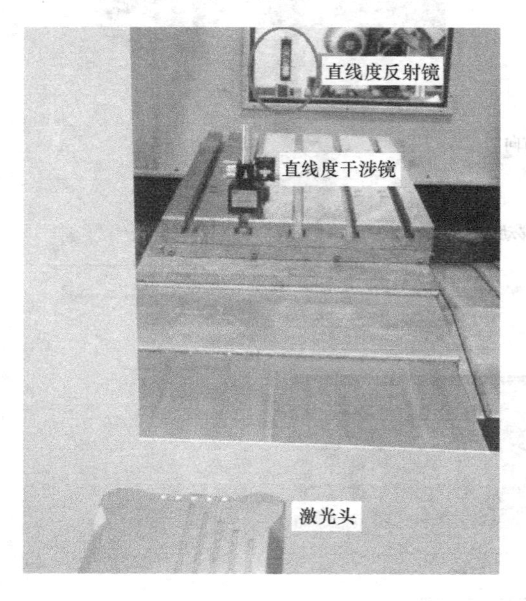

图 4-52　完整的光学元件布局图

图 4-53　激光头的光闸位置

（6）误差数值的符号规定　测量立式加工中心 X 轴垂直方向的直线度是垂直度测量的第二步，误差值的正方向设定，此时不能任意假定，应符合测量软件的要求，并与第一步（Z 轴直线度测量）误差值的正方向设定相配合。因此，加工中心 X 轴垂直方向直线度误差的正方向应设定为竖直向上且采集数据时 X 轴必须从负向向正向移动，如图 4-50a。按图 4-54所示方向轻推直线度干涉镜（此方向与设定方向相反，但是便于操作），观察计算机屏幕上显示的激光读数值，若是正向递减或反向递增的，则方向正确，不需要再调节。如果不是这种情况，需要改变符号，操作如图 4-55 所示。

图 4-54　轻推直线度干涉镜

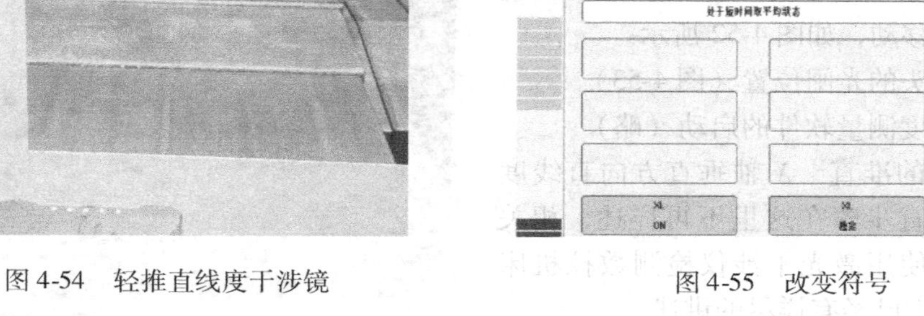

图 4-55　改变符号

（7）数据采集

5. 数据分析

经过两次直线度误差的测量，得到了 Z 轴和 X 轴的直线度误差数据，下面介绍利用 Renishaw LasexXL 测量软件进行垂直度数据分析，见表 4-14。

表 4-14　垂直度数据分析方法

序号	测量软件的使用方法	图　示
1	打开“短距离直线度测量”软件，单击命令 	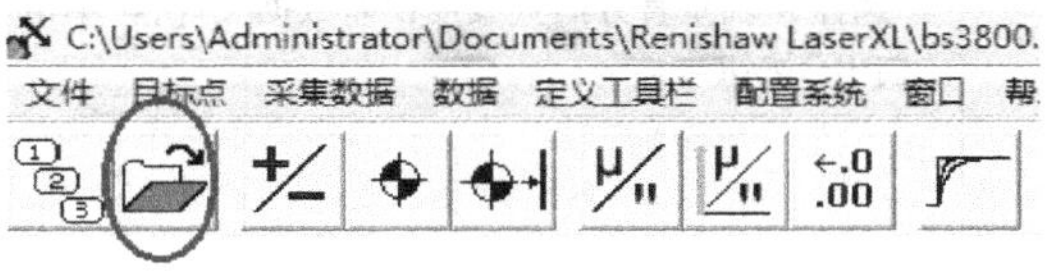
2	打开文件夹，找到 Z 轴直线度误差数据文件，单击“打开”按钮	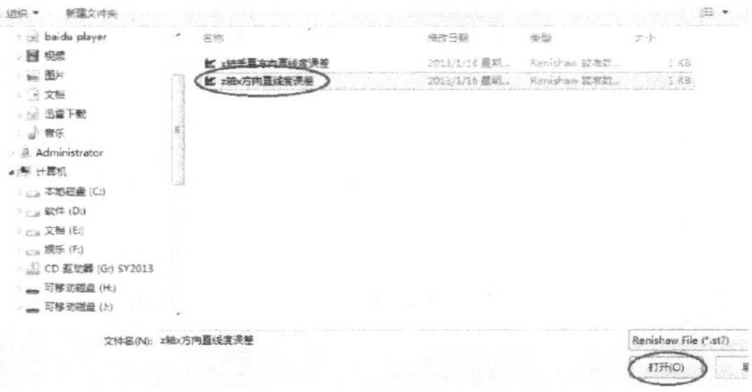
3	单击“数据”菜单，再单击“分析数据”命令	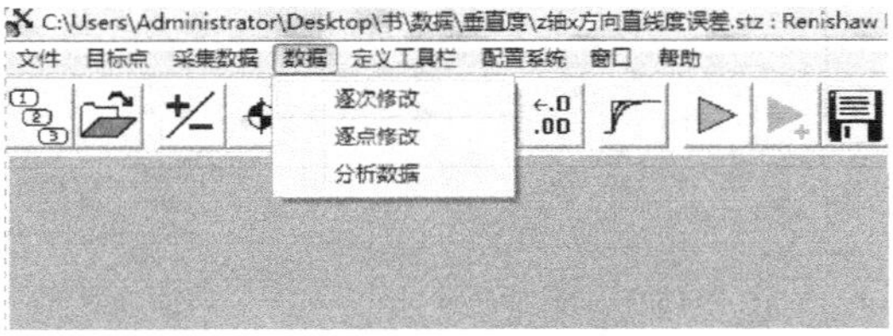
4	单击“数据分析”菜单，再单击“垂直度分析”命令	
5	单击“改变”按钮	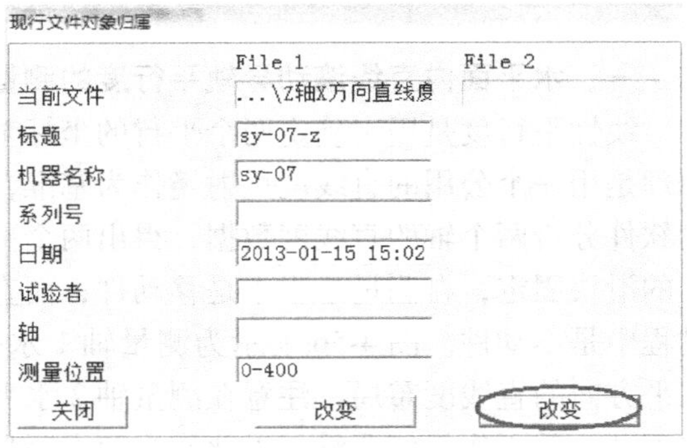

（续）

序号	测量软件的使用方法	图　示
6	选择 X 轴垂直方向直线度误差数据文件，再单击“打开”按钮	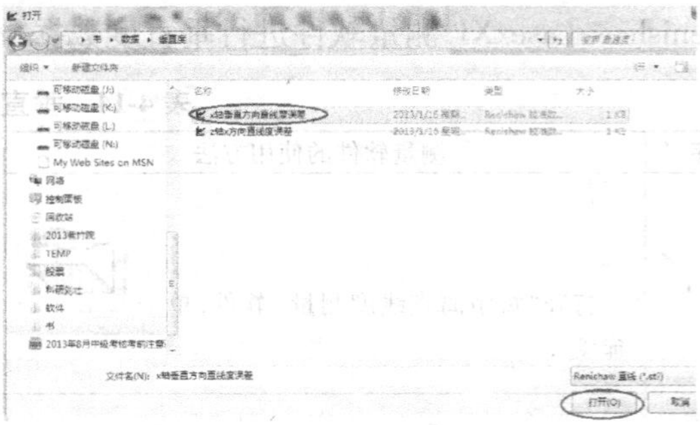
7	检查打开的两个文件无误后，单击“关闭”按钮	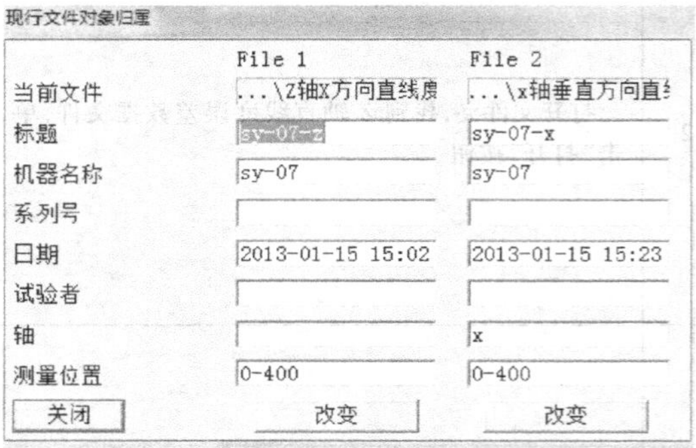
8	得到数据图表和垂直度误差数据	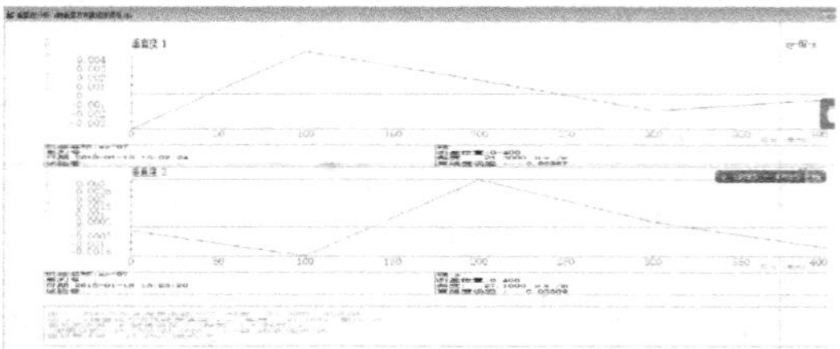
9	放大显示垂直度误差数据	

任务三　用激光干涉仪测量数控机床直线滚动导轨的平行度

一、水平面内直线滚动导轨平行度的测量原理

线性平行度是用来确定两个平行的坐标轴之间的偏差。用激光干涉仪进行平行度测量的原理是用一个公用的直线度反射镜作为基准，对两个平行轴分别进行直线度测量，再经过测量软件分析两个轴的直线度数据，得出两个平行轴的平行度数据。直线度干涉镜通常与导轨上的滑块固定，在测量过程中是移动件；而直线度反射镜安装在固定不动的床身上。在测量过程中是不动件。图 4-56 所示为测量轴 1 水平方向的直线度布局；图 4-57 所示为测量轴 2 水平方向的直线度布局。注意在测量轴 2 水平方向的直线度时，一定要确保直线度反射镜固定不动，并不作任何调整，以此作为两次测量的基准。

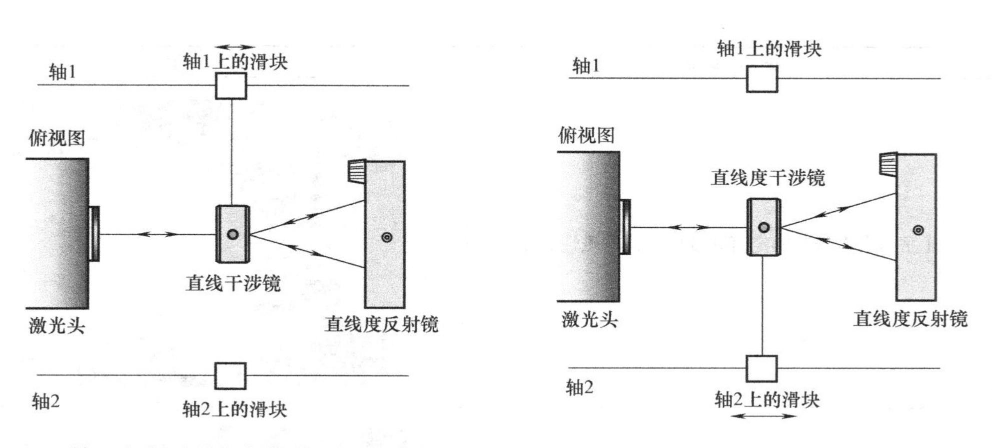

图 4-56　轴 1 在水平方向直线度测量布局俯视图　　图 4-57　轴 2 在水平方向直线度测量布局俯视图

二、用激光干涉仪测量十字滑台线性导轨的平行度

1. 光学元件的固定与安装步骤（表 4-15）

表 4-15　光学元件的固定与安装步骤

序号	安装步骤	图示
1	直线度干涉镜安装在固定块上	
2	磁性表座安装在轴 1 导轨的滑块上	
3	将直线度干涉镜安装到磁性表座上	

（续）

序号	安装步骤	图示
4	在十字滑台上安装固定直线度反射镜的磁性表座	
5	安装直线度反射镜	
6	轴 1 在水平方向直线度测量布局	

2. 光路的准直

1）准直直线度干涉镜。在轴 1 整个行程上移动滑块，使激光光束始终能打在光靶的中心。

2）直线度反射镜的调整。在轴 1 整个行程上移滑块动，使反射镜的返回光始终能通过直线度干涉镜回光孔，最终回到激光光闸回光孔中。

3）用人工去除斜率误差的方法来进一步精密调准激光光束。

4）误差数值的正方向设定。如图 4-58 所示，测量时直线度干涉镜从靠近反射镜的

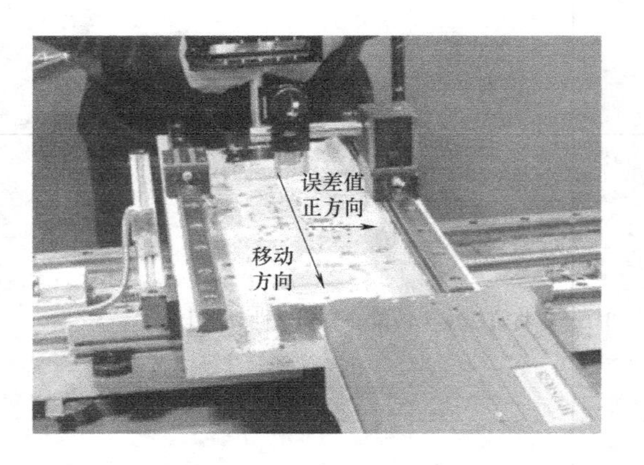

图 4-58　误差数值的正方向设定

一端向激光头一端移动，直线度误差值的正方向向右。注意，当测量轴 2 的水平方向直线度时，误差数值的正方向设定应与轴 1 的正方向设定一致。

3. 数据采集

根据直线滚动导轨的长度，决定测量长度为400mm，测量间隔为50mm，然后完成测量软件的定义。

按照软件设定的要求，并按规定的方向移动滑块，手动采集数据，直至所有点。最后单击“完成”按钮，将数据文件另存为“轴 1. stx”。

4. 轴 2 直线度测量重复 1 ~ 3 的步骤，完成轴 2 的水平方向直线度的测量，注意使用相同的误差数值的正方向设定，数据文件为“轴 2. stx”

5. 数据分析（表 4-16）

表 4-16　十字滑台线性导轨平行度数据分析

序号	测量软件的使用方法	图　示
1	打开“短距离直线度测量”软件，单击“数据”菜单，再单击“分析数据”命令，进入下一步的界面	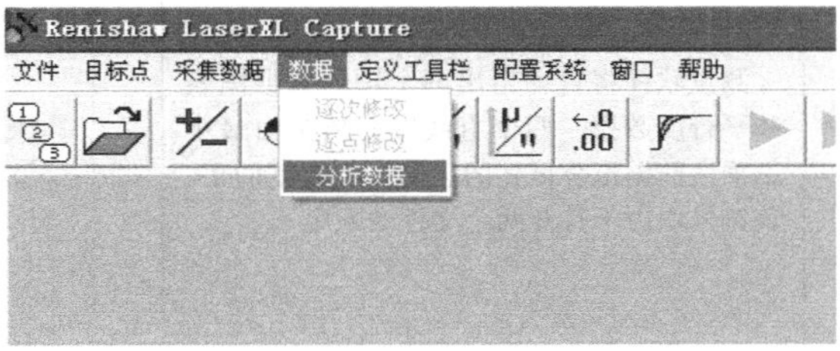
2	单击“打开”命令，找到轴 1 水平方向直线度数据文件“轴 1. stx”	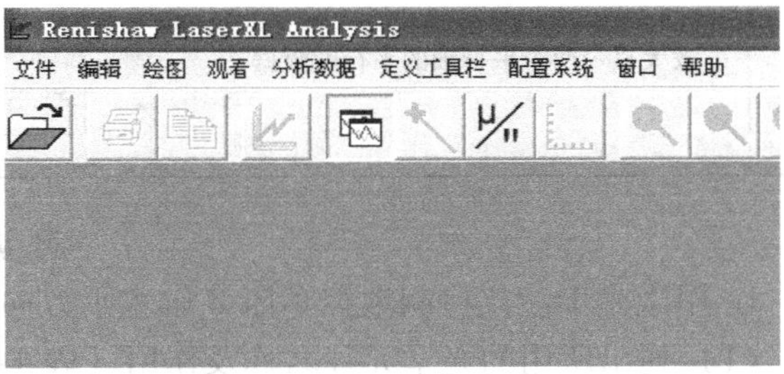
3	单击“分析数据”菜单，再单击“线性平行度”命令	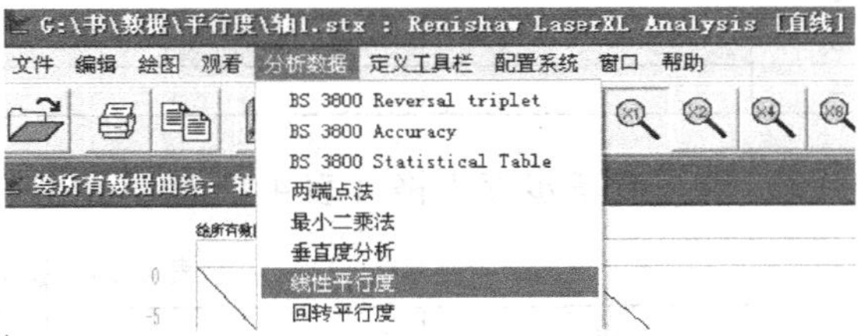

（续）

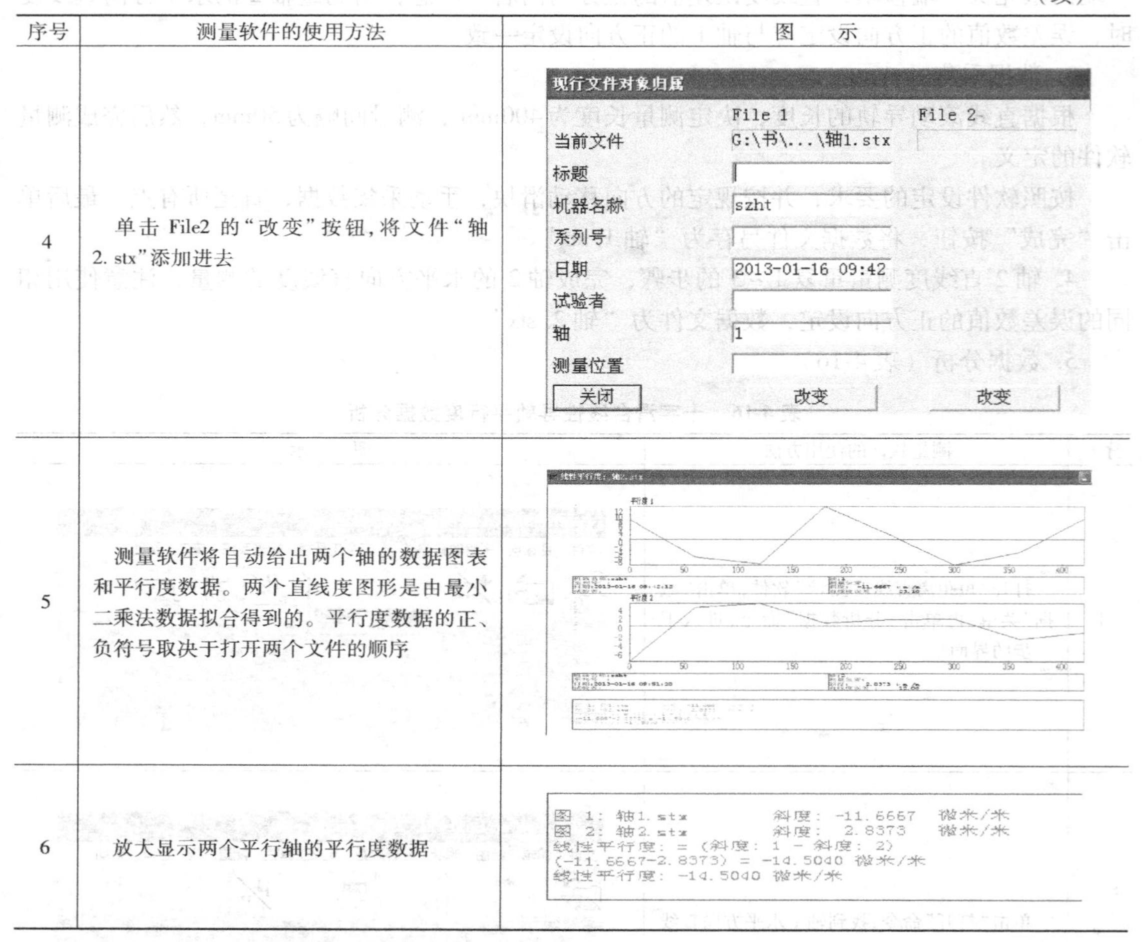

序号	测量软件的使用方法	图　示
4	单击 File2 的“改变”按钮，将文件“轴2. stx”添加进去	现行文件对象归属 File 1　File 2 当前文件　G:\书\...\轴1. stx 标题 机器名称　szht 系列号 日期　2013-01-16 09:42 试验者 轴　1 测量位置 关闭　改变　改变
5	测量软件将自动给出两个轴的数据图表和平行度数据。两个直线度图形是由最小二乘法数据拟合得到的。平行度数据的正、负符号取决于打开两个文件的顺序	
6	放大显示两个平行轴的平行度数据	图 1: 轴1. stx　斜度: -11.6667 微米/米 图 2: 轴2. stx　斜度: 2.8373 微米/米 线性平行度: = (斜度: 1 - 斜度: 2) (-11.6667-2.8373) = -14.5040 微米/米 线性平行度: -14.5040 微米/米

实训任务

1. 用激光干涉仪检测数控车床 Z 轴水平方向的直线度。

（1）列出所用的光学元件名称及作用（表 4-17）。

表 4-17　光学元件名称及作用

序号	元件名称	作　用
1		
2		
3		
4		

（2）填写测量步骤表格（表 4-18）。

表 4-18　测量步骤

序号	步骤名称	操作内容
1		
2		
3		

（续）

序号	步骤名称	操作内容
4		
5		
6		
7		

2. 用激光干涉仪检测数控车床 *Z* 轴垂直方向的直线度。

（1）列出所用的光学元件名称及作用（表4-19）。

表4-19　光学元件名称及作用

序号	元件名称	作　用
1		
2		
3		
4		

（2）填写测量步骤表格（表4-20）。

表4-20　测量步骤

序号	步骤名称	操作内容
1		
2		
3		
4		
5		
6		
7		

3. 用激光干涉仪检测立式加工中心 *Z* 轴、*X* 轴方向的直线度。

（1）列出所用的光学元件名称及作用（表4-21）。

表4-21　光学元件名称及作用

序号	元件名称	作　用
1		
2		
3		
4		
5		
6		

（2）填写测量步骤表格（表4-22）。

表4-22　测量步骤

序号	步骤名称	操作内容
1		
2		
3		
4		
5		
6		
7		

4. 用激光干涉仪测量立式加工中心 X 轴与 Z 轴的垂直度。

（1）列出所用的光学元件名称及作用（表 4-23）。

表 4-23　光学元件名称及作用

序号	元件名称	作　用
1		
2		
3		
4		
5		
6		
7		

（2）填写测量步骤表格（表 4-24）。

表 4-24　测量步骤

序号		步骤名称	操作内容
一、测量加工中心 Z 轴在 X 轴线方向的直线度误差	1		
	2		
	3		
	4		
	5		
	6		
二、测量加工中心 X 轴在垂直方向的直线度误差	7		
三、垂直度数据分析	8		

5. 用激光干涉仪检测十字滑台线性导轨平行度。

（1）列出所用的光学元件名称及作用（表 4-25）。

表 4-25　光学元件名称及作用

序号	元件名称	作　用
1		
2		
3		
4		

（2）填写测量步骤表格（表 4-26）。

表 4-26　测量步骤

序号	步骤名称	操作内容
1		
2		
3		
4		
5		
6		
7		
8		

6. 思考题

（1）用激光干涉仪检测数控机床导轨直线度的原理是什么？

（2）数控机床导轨直线度测量的正确步骤是什么？

（3）安全操作激光干涉仪有哪些注意事项？

（4）如何正确保养激光干涉仪？

（5）激光干涉仪测量数控机床导轨垂直度的原理是什么？

（6）测量数控机床两条垂直轴的垂直度误差需要用哪些光学元件？

（7）激光干涉仪检测数控机床十字滑台导轨平行度的原理是什么？

（8）数控机床十字滑台导轨平行度测量的正确步骤是什么？

参 考 文 献

[1] 全国金属切削机床标准化技术委员会．GB/T 18400．2—2010 加工中心检验条件　第2部分：立式或带垂直主回转轴的万能主轴头机床几何精度检验（垂直Z轴）[S]．北京：中国标准出版社，2011.

[2] 全国金属切削机床标准化技术委员会．GB/T 25659．1—2010 简式数控卧式车床　第1部分：精度检验 [S]．北京：中国标准出版社，2011.

[3] 全国金属切削机床标准化技术委员会．GB/T 25659．2—2010 简式数控卧式车床　第2部分：技术条件 [S]．北京：中国标准出版社，2011.

[4] 全国金属切削机床标准化技术委员会．GB/T 16462．1—2007 数控车床和车削中心检验条件　第1部分：卧式机床几何精度检验 [S]．北京：中国标准出版社，2007.

[5] 全国金属切削机床标准化技术委员会．JB/T 10818．1—2008 数控定梁龙门雕铣床　第1部分：精度检验 [S]．北京：机械工业出版社，2008.

[6] 全国金属切削机床标准化技术委员会．JB/T 8648．1—2008 钻削加工中心　第1部分：精度检验 [S]．北京：机械工业出版社，2008.

[7] 世纪星车床数控系统编程说明书．武汉华中数控股份有限公司，2006.

[8] FANUC Series 0i Mate-MODEL D 车床系统操作说明书．北京发那科有限公司，2010.

[9] 华中数控最新8型系统（HNC-8）用户说明书．武汉华中数控股份有限公司，2011.

[10] 数控机床高速数控雕铣机 SK-DX5060 用户说明书．南京高传四开数控装备制造有限公司，2010.

[11] 激光干涉仪原理及应用概述．雷尼绍（上海）贸易有限公司，2010.

[12] 雷尼绍激光干涉仪系统手册——线性测量．雷尼绍（上海）贸易有限公司，2010.

[13] 全国金属切削机床标准化技术委员会．GB/T 17421．1—1998 机床检验通则　第1部分：在无负荷或精加工条件下机床的几何精度 [S]．北京：中国标准出版社，1999.

[14] 全国金属切削机床标准化技术委员会．JB/T 8771．2—1998 加工中心检验条件　第2部分：立式加工中心　几何精度检验 [S]，北京：机械工业出版社，1998.

[15] 李玉兰．数控机床安装与验收 [M]．北京：机械工业出版社，2010.